KB109757

꽃차, 사상의학으로 만나다 Ⅱ

임병학
김형기
김득신
주 숙
박용금
윤수정

도서출판 中道

목 차

태음인 꽃차

소음인 꽃차

발간사

꽃차는 기운을 좋게 하고 몸을 건강하게 한다.
꽃차는 마음을 안정시키고 영혼을 맑게 한다.
꽃차는 우리 민족의 대용차 문화를 계승한다.
꽃차는 한류의 세계화를 위한 새로운 문화이다.

꽃차와 사상의학의 만남은 꽃차의 매력을 한 단계 높이고, 사람들과 함께하는 길을 여는 것이다. 저자들은 꽃차를 만들고 마시면서 경험한 아름다운 일을 사람들과 나누고자, 이 책을 저술하게 되었다. 꽃차와 사상의학을 배우고 공부하면서 사람들과 함께 나누고 싶은 마음은 더욱 간절해졌다.

『꽃차, 사상의학으로 만나다Ⅱ』(이하 꽃차Ⅱ)는 2021년에 출간한 『꽃차, 사상의학으로 만나다』(이하 꽃차Ⅰ)를 이은 것으로, 꽃차의 기본정보, 꽃차의 약성과 성분, 꽃차 제다법, 꽃차 블렌딩, 꽃차 음용법, 꽃차의 마음·기 작용으로 구성되어 있다. 태음인은 서늘한 하늘색을 바탕으로 32개의 꽃차, 소음인은 차가운 파랑색을 바탕으로 18개의 꽃차, 소양인은 뜨거운 빨강색을 바탕으로 26개의 꽃차, 태양인은 따뜻한 주황색을 바탕으로 7개의 꽃차를(총 83개) 담고 있다.

『꽃차Ⅰ』은 『동무유고』「동무약성가」에 나오는 51개의 꽃차를 중심으로, 꽃차와 사상의학의 만남을 처음으로 시도한 것이다. 『꽃차Ⅰ』이 『동의수세보원』과 『동무유고』에 충실하였다면, 『꽃차Ⅱ』는 사상의학의 이치를 근거로 대중적인 입장에서 현대인이 음용하고 있는 다양한 꽃차들을 쉽게 풀이하였다.

이 책은 다음과 같은 특징이 있다.

첫째, 꽃차의 기본정보에서는 선현들의 저술에 나타난 꽃차를 찾아냄으로써 우리의 역사와 문화 속에서 함께한 꽃차를 밝히고자 하였다. 또 꽃차의 약성과 성분에서는 다양한 정보와 연구 결과를 수집하고 분석하여, 독자들이 쉽게 이해할 수 있도록 정리하였다. 꽃차의 약성과 성분을 가능한 연결하고자 하였다.

둘째, 꽃차의 블렌딩을 통해 건강에 도움이 되는 다양한 꽃차를 즐길 수 있도록 하였다. 꽃차의 약효도 배가시키고 꽃차의 아름다운 색과 향기로운 맛을 느낄 수 있다. 또 꽃차의 제다는 연구자들의 오랜 경험과 실습을 통해 정리된 것으로, 누구나 쉽게 꽃차를 만들어 마실 수 있도록 하였다.

셋째, 사상의학의 근본인 마음과 기를 근거로 꽃차의 마음·기작용을 설명하였다. 『동의수세보원』「사단론」의 폐기肺氣·비기脾氣·간기肝氣·신기腎氣와 「장부론」의 수곡온기水穀溫氣·열기熱氣·량기凉氣·한기寒氣를 사상인의 꽃차에 맞게 서술하였다. 수곡온기는 따뜻한 주황색, 열기는 뜨거운 붉은색, 량기는 서늘한 하늘색, 한기는 차가운 파랑색으로 기 흐름을 정리하였다.

넷째, '사상인 변별 질문지'와 '몸·마음과 사상인'을 통해 독자가 스스로 자신의 사상인을 변별할 수 있게 하였다. 또 사상인의 기본적인 특징을 몸과 마음으로 정리하였다. 사상인의 변별은 『동의수세보원』과 『격치고』의 연구 성과와 공동저자의 토론을 통해 완성한 것이다.

공동저자는 원광대학교 동양학대학원에서 학문의 인연으로 만나, 2016년부터 「마음학 연구회」를 만들어 함께 공부하고 있다. 『동의수세보원』과 『격치고』의 사상철학(사상의학), 『맹자』·『논어』·『대학』·『중용』 등 선진유학 경전을 강설하고 있다. 꽃차와 사상의학의 만남은 「마음학 연구회」에서 공부하고 연구한 결과이다. 「마음학 연구회」 연구원들은 다양한 분야에서 사상철학 마음학이 펼쳐지도록 연구하고 있다.

이 책이 출판되도록 도와주신 신은경 선생님, 사진을 촬영해 주신 정인태 작가님, 그리고 음용 사례를 작성해주신 김인순·문소리·박선임·박용미·서정숙·이성숙·이수연·홍선화 선생님께 감사드리며, 도서출판 中道의 신원식 대표님께도 감사의 마음을 전합니다.

2022년 6월 25일 공동저자 근지謹識

태음인 꽃차

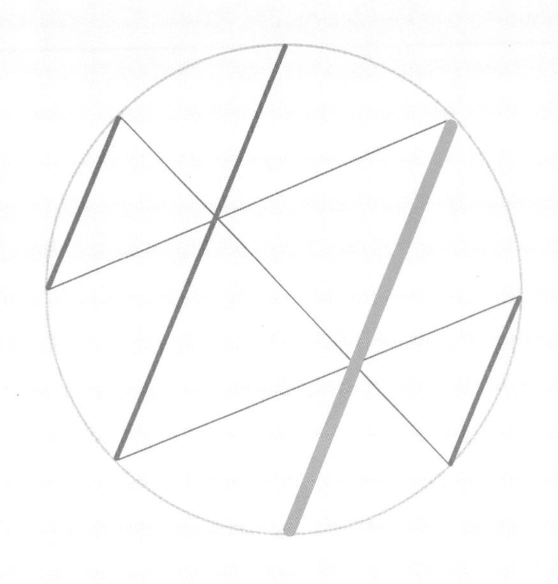

겨우살이
구지뽕잎
국화甘菊
금화규金花葵
도라지
동백冬柏
돼지감자
두충杜庶
둥굴레
매화梅花
무궁화꽃
민들레
벚꽃
비트Beetroot
뽕잎
살구꽃
쑥부쟁이
아까시꽃
엉겅퀴
연蓮
우엉뿌리
울금
진달래
칡꽃
캐모마일chamomile
팬지pansy
표고버섯
해바라기꽃
호박꽃
화살나무
황매화黃梅花
황칠나무

위 그림은 사상의학원리도의 기반이 되는『주역』의 문왕팔괘도文王八卦圖의 기흐름이다.
사상의학이 기氣철학에 근거하고 있음을 알수 있다.

겨우살이

Viscum album coloratum (Kom.) Ohwi.

간에 좋은 태음인 꽃차

겨우살이의 약성과 성분

기본 정보

- 학명은 *Viscum album coloratum* (Kom.) Ohwi.이다.
- 꽃말은 '강한 인내심'이고, 다른 이름은 북기생北寄生·동청冬青·곡기槲寄·류기생柳寄生이며, 생약명은 곡기생槲寄生·상기생桑寄生이다.
- 겨우살이과 겨우살이속에 속한 기생성 상록활엽관목이다. 고산지대의 참나무·팽나무·물오리나무·밤나무·자작나무 등의 키 큰 나무 가지 위에 붙어서 기생한다. 겨우살이 열매를 먹은 새의 배설물이 나뭇가지에 묻어 나무에 붙어서 산다.
- 우리나라는 전 지역의 고산지대에서 자생하고 있다.
- 고려 말 문인 안축安軸, 1282~1348의 『근재집』에 "겨우살이는 정겹게 엉겨 아교처럼 떼어 내기 어렵다."라고 해, 겨우살이를 이용했던 예가 있다.
- 이용부위는 줄기·가지·잎·열매이며, 차 또는 약용한다.

약성

- 성질은 평하고, 맛은 쓰다.
- 풍습風濕을 제거하고, 근육과 뼈를 튼튼하게 한다.
- 간과 신장을 보하고 지방간을 다스린다.
- 항산화 활성으로 고혈압과 동맥경화·암·심장질환·노화방지에 사용한다.
- 태동 불안·종기·어혈·비만·타박상 등에도 효과적이다.

성분

플라보노이드flavonoid 화합물의 아비쿠라린avicularin

퀴세틴quercetin

퀴시트린quercitrin

올레아놀릭산oleanolic acid

알파-아미린α-amyrin

메소-이노시톨meso-inositol

루페올lupeol

베타-시토스테롤β-sitosterol

아그리콘agricon

베타-아미린β-amyrin

아세트acetate 등

겨우살이차 제다법

① 가을부터 봄 사이에 참나무에서 기생하는 겨우살이 전초를 채취한다.
② 겨우살이는 흐르는 물에 깨끗이 씻어 열매와 가지를 분리한다.
③ 감초 삶은 물로 5분 정도 증제 후 고온 덖음으로 반복해준다.
④ 덖음과 식힘을 반복한 후 고온에서 향 매김한다.
⑤ 저온에서 건조 한 후 완성한다.

겨우살이차 블렌딩

- 겨우살이차와 구기자차를 블렌딩한다.
- 구기자차는 간장과 신장을 보하고 정력을 돋워주는 효능이 있다. 또 허약해 어지럽고 정신이 없으며, 눈이 침침할 때 눈을 밝게 해준다.
- 겨우살이차 블렌딩은 풍과 습을 제거하여 간과 신장을 보하고, 근골을 튼튼하게 한다. 항산화작용으로 혈액을 맑게 하고, 암 예방에 좋은 효능이 있다.
- 블렌딩한 차의 탕색은 연한 미색이며, 향은 수목향이 나고, 맛은 약간 달고 쓰다.

겨우살이차 음용법

- 겨우살이차 2g

100℃ 250ml 2~3분

- 겨우살이차 1.5g
구기자차 0.5g

100℃ 250ml 2~3분

겨우살이차의 마음·기작용

※) 수곡량기水穀凉氣는 중하초中下焦인 간당肝黨에 흐르는 기운이다.

※) 유해油海는 배꼽에 있는 기운 덩어리이다.

※) 혈해血海는 허리에 있는 기운 덩어리이다.

※) 청기淸氣는 맑은 기운이고, 청즙은 맑은 즙이다.

※) 탁재濁滓는 탁한 찌꺼기로 몸의 형체를 이루는 기운이다.

※) 보익補益은 돕고 더하는 것으로, 혈기血氣와 음양陰陽을 돕는 것이다.

- 겨우살이는 간肝에 좋은 태음인의 꽃차이다.
- 맛이 달고 쓴 겨우살이는 간의 기운을 도와서 급한 성질의 태음인을 너그럽고 온화하게 한다.
- 겨우살이는 고혈압과 동맥경화·월경곤란·자궁탈수子宮脫垂·어혈瘀血을 풀어주는 효과가 있는데, 이는 수곡량기의 혈해血海와 관계된다. 수곡량기는 소장小腸에서 유油가 생성되어 배꼽의 유해油海로 들어가고, 유해의 맑은 기운은 코로 나아가서 혈血이 되고, 코의 혈이 허리로 들어가 혈해血海가 된다. 혈해는 피가 모여 있는 곳으로 혈해의 맑은 즙을 간肝이 빨아 들여서 간의 원기를 보익하기 때문에 겨우살이는 혈해를 충만하게 하는 것이다.(아래 그림 참조)
- 겨우살이의 플라보노이드 성분은 노화방지·항산화 활성·항비만 등에 효능이 있는데, 이는 수곡온기의 니해膩海와 관계된다. 수곡온기에서 니해의 탁재濁滓가 피부를 보익하기 때문에 겨우살이는 니해를 충만하게 하는 것이다.
- 또 태음인은 간대폐소肝大肺小의 장국으로 폐당肺黨의 수곡온기가 적은데, 겨우살이는 기본적으로 수곡온기의 기 흐름을 잘 흐르게 한다.

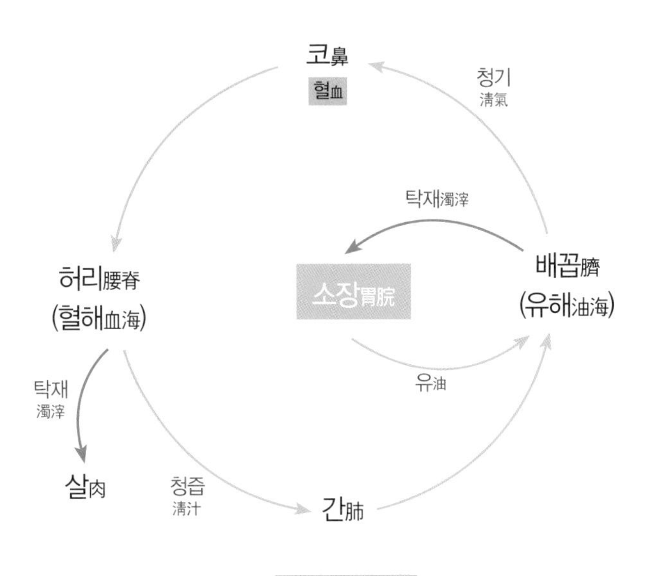

구지뽕잎

Cudrania tricuspidata
(Carrière) Bureau ex Lavallée.

폐에 좋은 태음인 꽃차

구지뽕나무 약성과 성분

기본 정보

- 학명은 *Cudrania tricuspidata* (Carrière) Bureau ex Lavallée.이다.
- 꽃말은 '지혜' · '못 이룬 사랑'이고, 다른 이름은 구지뽕나무 · 굿가시나무 · 활뽕나무이다.
- 산지는 일본 · 중국 등지에 분포되어 있고, 우리나라는 전국의 산야 특히 남부지방의 돌 많고 메마른 땅에서 흔히 무리지어 자란다.
- 뽕나무과 구지뽕나무속에 속하는 낙엽성 소교목 또는 관목이다. 나무뿌리의 특징은 황색이고, 가지는 많이 갈라지는데 검은빛을 띤 녹갈색이며, 광택이 있고, 억센 가시가 나 있다.
- 이용부위는 나무껍질 · 뿌리껍질 · 잎 · 열매이며, 차 또는 약용한다.

약성

- 성질은 따뜻하고, 맛은 달고, 독이 없다.
- 열매의 성질은 평하고, 맛은 달고, 쓰다.
- 여성의 하혈·학질·청열·진통·타박상을 치료한다.
- 항암작용·소염·진통·만성 요통에 좋다.
- 잎 추출물은 췌장암의 예방과 치료에 효과적이다.
- 폴리페놀 성분이 풍부해서 혈당을 조절, 항당뇨에 도움을 준다.

성분

모린morin

루틴rutin

캠페롤-7-글루코시드kaempherol-7-glucoside

포플닌populnin

스타키드린stachidrine 및 프롤린proline

글루탐산glutamic acid

알기닌arginine

아스파라긴산asparaginic acid 등

구지뽕잎차 제다법

① 잎은 6~9월에 채취하여 흐르는 물에 잘 씻는다.
② 1cm 정도의 크기로 자른다.
③ 고온에서 살청을 한 잎은 식혀 멍석 위에서 유념을 한다.
④ 고온에서 덖음과 식힘을 반복하여 덖음한다.
⑤ 고온에서 맛내기 가향을 하여 완성한다.

구지뽕잎차 블렌딩

- 구지뽕잎차와 우엉뿌리차를 블렌딩한다.
- 우엉뿌리차는 당뇨에 효과가 있고, 식이섬유가 풍부하여 배변촉진작용으로 변비를 개선하고, 다이어트에도 효능이 좋다.
- 구지뽕잎차 블렌딩은 우엉의 매운맛이 발산하는 작용이 있어 독소를 몸 밖으로 배출시키고, 혈당을 조절하며, 혈관을 튼튼하게 하고, 염증성 질환을 다스린다.
- 블렌딩한 차의 탕색은 진한 갈색이고, 향은 풀잎향이 나며, 맛은 달고, 약간 떫으며, 구수하다.

구지뽕잎차 음용법

- 구지뽕잎차 2g

100℃ 250ml 2분

- 구지뽕잎차 1.5g
  우엉뿌리차 0.5g

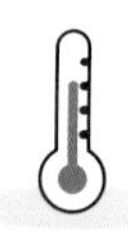

100℃ 250ml 2분

- 임산부에게는 권장 하지 않는다.

구지뽕나무 열매의 활용

- 효소와 청에 이용한다.

구지뽕잎차의 마음·기작용

- 구지뽕나무는 폐肺에 좋은 태음인의 꽃차이다.
- 맛이 단 구지뽕나무는 폐의 기운을 도와서 한 걸음 밖으로 나아가서 겁내는 마음을 고요하게 한다.
- 구지뽕나무는 여성의 하혈·학질·청열·진통·양혈·타박상을 치료하는데, 이는 수곡량기의 혈해血海와 관계된다. 수곡량기는 소장小腸에서 유油가 생성되어 배꼽의 유해油海로 들어가고, 유해의 맑은 기운은 코로 나아가서 혈血이 되고, 코의 혈이 허리로 들어가 혈해가 된다. 혈해는 피가 모이는 집으로 맑은 즙이 간의 원기를 보익하기 때문에 구지뽕나무는 혈해를 충만하게 하는 것이다.(아래 그림 참조)
- 구지뽕나무 잎의 추출물은 췌장암의 예방과 치료에 효과적인데, 이것은 수곡열기의 비장脾臟과 관계된다. 수곡열기에서 비장은 등에 있는 막해膜海의 맑은 즙을 빨아들여 비장의 원기를 보익하고, 기운을 고동시켜 양 젖가슴에 있는 고해를 모이게 한다. 구지뽕나무 잎은 막해를 충만하게 하여 비장의 원기를 보익하는 것이다.

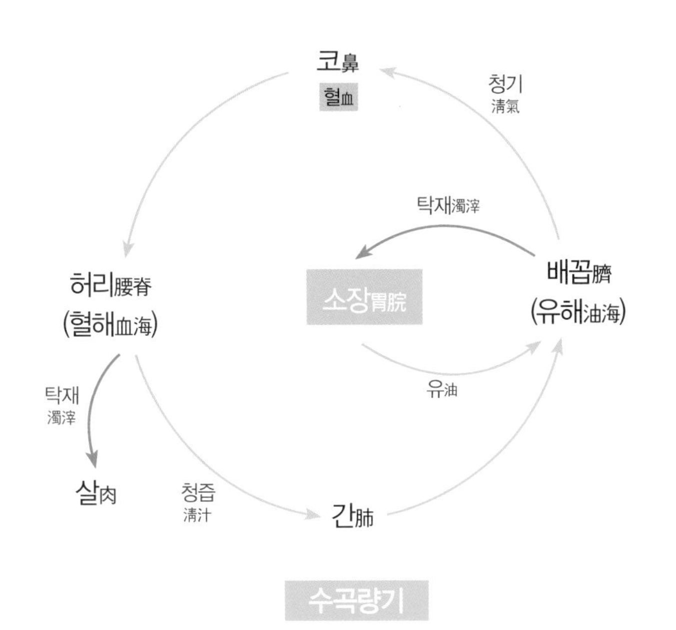

- 또 태음인은 간대폐소肝大肺小의 장국으로 폐당肺黨의 수곡온기가 적은데, 구지뽕나무는 기본적으로 수곡온기의 기 흐름을 잘 흐르게 한다.

국화감국甘菊

Chrysanthemum indicum L.

폐에 좋은 태음인 꽃차

국화의 약성과 성분

약성

- 성질은 차고, 맛은 쓰고 매우며, 독이 없다.
- 열을 내리고 해독작용을 한다.
- 피부가 부어 오른 종창腫脹과 종독腫毒을 다스린다.
- 감기·두통·현기증을 치료하고 숙면을 유도한다.
- 간의 기운을 조화롭게 하고 충혈 된 눈을 밝게 한다.

성분

- **꽃**

아카세틴-7-람노글루코사이드acacetin-7-rhamnoglucoside
크라이산테민chrysanthemin
알파투존α-thujone
정유
비타민 A
비타민 B1 등

- **잎·줄기**

크라이산테민chrysanthemin
아데닌adenine
스타키드린stachydrine
콜린choline 등

기본 정보

- 학명은 *Chrysanthemum indicum* L.이다.
- 꽃말은 '고상함'·'밝은 마음'이고, 다른 이름은 국화·들국화·선감국·황국화이며, 생약명은 감국甘菊·야국野菊이다.
- 국화과 산국속에 속한 여러해살이풀이다. 꽃은 노란색으로 9~11월에 줄기와 가지 끝에 뭉쳐서 피고, 열매는 12월경에 달리는데 안에는 작은 종자가 많이 들어 있다.
- 산지는 일본·대만·중국과 우리나라 각지에 분포하고 있다.
- 조선시대 『부풍향차보』의 차명茶名에 "풍 맞았을 때는 감국甘菊"이라 하여 칠향차七香茶에서 감국이 쓰였다.
- 이용부위는 잎과 꽃이며, 차 또는 약용한다.

국화차 제다법

① 감국은 9~10월에 채취한다.
② 감초와 대추 달인 물을 국화꽃 위에 분무한다.
③ 고온에서 1~2분간 증제 후 빠르게 성형해서 덖음과 식힘을 반복한다.
④ 고온에서 맛내기와 가향 덖음을 한다.
⑤ 저온에서 장시간 건조를 한 후 완성한다.

국화차 블렌딩

- 국화차와 진피차를 블렌딩한다.
- 진피차는 비장과 폐장을 도와 기氣를 원활하게 하여 한습寒濕을 조화롭게 하고, 또 속을 편안하게 한다.
- 국화차 블렌딩은 심신을 안정시키고, 폐 기운을 좋게 하여 감기를 예방하고, 두통을 없애주며, 또 위장을 편안하게 한다.
- 블렌딩한 차의 탕색은 황색이며, 향은 한약 향이 나고, 맛은 약간 달고, 쓰다.

국화차 음용법

- 국화꽃차 3~4송이

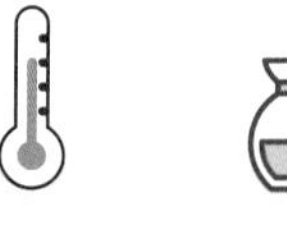

100℃ 250ml 1분

- 국화꽃차 2~3송이
진피차 0.5g

100℃ 250ml 2분

- 국화는 성질이 차기 때문에 기가 허하고 위가 찬 사람은 많이 음용하면 좋지 않다.

국화의 활용

- 화전·베개 속·술 등에 이용한다.

국화차의 마음·기작용

- 국화는 폐肺에 좋은 태음인의 꽃차이다.
- 맛이 달고 쓴 국화는 폐의 기운을 맑게 하여, 태음인이 정직하고, 자신의 것을 베푸는 마음을 가지게 한다.
- 국화는 피부와 터럭을 열어 피부가 부어오른 종창과 종독을 다스리는데, 이는 수곡온기의 니해膩海와 관계된다. 수곡온기는 위완胃脘에서 진津이 생성되어 혀 아래의 진해津海로 들어가고, 진해의 맑은 기운은 귀로 나아가서 신神이 되고, 신은 두뇌로 들어가 니해가 되고, 니해의 맑은 즙은 폐가 빨아들이고, 니해의 탁재는 피부와 터럭을 보익한다. 국화는 니해를 충만하게 하여 피부와 터럭을 보익하게 하는 것이다.(아래 그림 참조)
- 국화의 비타민A 성분은 충혈 된 눈을 치료하고, 눈이 침침해지는 증상을 완화시키는데 효과가 있으며, 이는 수곡열기의 고해膏海와 관계된다. 수곡열기에서 양 젖가슴에 있는 고해의 맑은 기운이 눈으로 들어가 기氣가 되는데, 국화는 고해를 충만하게 하여 눈으로 맑은 기운이 잘 들어가게 하는 것이다.
- 또 태음인은 간대폐소肝大肺小의 장국으로 수곡온기가 작은 사람이다. 국화는 스트레스로 인한 두통과 현기증을 치료하고, 심신을 안정시켜 수곡온기를 도와서 잘 흐르게 한다.

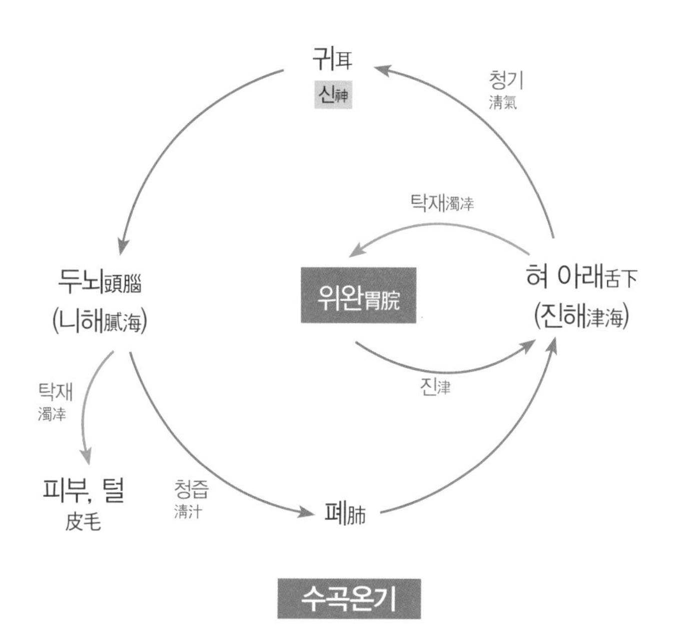

금화규 金花葵

Hibiscus manihot L.

간에 좋은 태음인 꽃차

금화규의 약성과 성분

기본 정보

- 학명은 *Hibiscus manihot* L.이다.
- 꽃말은 '아름다운 순간'이고, 다른 이름은 금화규 · 당촉규화 · 황촉규 · 촉귀이다.
- 쌍떡잎식물 아욱과의 한해살이풀이다. 꽃은 7~10월까지 피는데 연한 황색을 띠며 중심부는 흑자색이다.
- 원산지는 중국으로 멸종위기에 있던 금화규는 2003년 8월 중국 하북성 싱타이지구邢台地区에서 씨앗을 발견한 후 2012년 이후에는 많은 곳에서 재배하고 있다. 우리나라는 2012년에 들어와 현재는 전 지역에서 재배하고 있다.
- 이용부위는 꽃 · 잎 · 줄기 · 뿌리 · 씨앗이며, 차 또는 약용한다.

약성

- 성질은 차고, 맛이 달고, 독이 없다.
- 혈액순환 개선으로 고혈압·고지혈증·혈당을 낮추고, 혈소판 응집을 감소시킨다.
- 항산화 작용으로 면역력을 높이고, 피부 미용에 효과가 있다.
- 소변이 시원하게 나오지 않고, 껄끄럽고 아픈 증상을 완화해준다.
- 종기·염증·소염·진통에 효과가 있다.

성분

플라보노이드flavonoid
폴리페놀polyphenol
안토시아닌anthocyanin
카테킨catechin
탄닌tannin
클로로겐산chlorogenic acid
비타민 C
α-토코페롤α-Tocopherol
루틴Rutin 등

금화규꽃차 제다법

① 금화규는 이른 아침 봉우리를 채취한다.
② 금화규의 중심부 꽃 수술을 떼어내고 저온에서 꽃잎을 덖는다.
③ 중온에서 덖음과 식힘을 반복하며 덖는다.
④ 중온에서 가향과 건조를 하여 완성한다.

금화규꽃차 블렌딩

- 금화규꽃차와 초석잠차를 블렌딩한다.
- 초석잠차는 혈관질환·면역력강화·간 기능 개선과 장 건강에 도움이 된다. 특히 초석잠은 나쁜 콜레스테롤을 제거하고 혈액순환이 잘 되게 한다.
- 금화규꽃차 블렌딩은 콜라겐이 풍부하여 피부를 탄력 있게 한다. 또 혈관질환을 다스려 성인병을 예방하고, 항염증·항피로·면역력 증강·소염 진통의 효과가 있다.
- 블렌딩한 차의 탕색은 연한 황색이고, 향은 구수한 향이 나며, 맛은 달고 구수하다.

금화규꽃차 음용법

- 금화규꽃 2송이

100℃　250ml　2분

- 금화규꽃 1송이
  초석잠 0.5g

100℃　250ml　2분

- 임산부에게는 초석잠차를 권장하지 않는다.

금화규의 활용

- 꽃차·샐러드·분말로 만든 국수와 만두·술 등에 이용한다.

금화규꽃차의 마음·기작용

- 금화규는 간肝에 좋은 태음인의 꽃차이다.
- 맛이 단 금화규는 간의 기운을 조화롭게 하여 급한 성질의 태음인을 너그럽고 온화하게 한다.
- 금화규는 혈액순환 개선으로 고혈압·고지혈증·혈당을 낮추고·혈소판 응집을 감소시키는데, 이는 수곡량기의 혈해血海와 관계된다. 수곡량기는 소장小腸에서 유油가 생성되어 배꼽의 유해油海로 들어가고, 유해의 맑은 기운은 코로 나아가서 혈血이 되고, 혈은 허리로 들어가 혈해가 된다. 금화규는 코에 있는 혈이 허리에 있는 혈해로 잘 들어가게 하여, 혈해를 충만하게 하는 것이다.(아래 그림 참조)
- 금화규의 폴리페놀과 플라보노이드 성분은 항산화 효과·항노화 작용·피부미용에 효과가 있는데, 이는 수곡온기의 니해膩海와 관계된다. 수곡온기에서 두뇌에 있는 니해의 탁재濁滓가 피부를 보익하기 때문에, 금화규는 니해를 충만하게 하는 것이다. 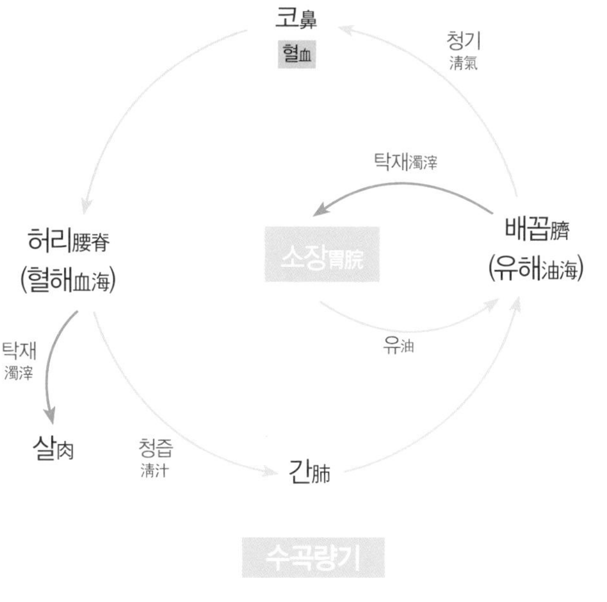
- 또 태음인은 간대폐소肝大肺小의 장국으로 폐당肺黨의 수곡온기가 적은데, 금화규의 각종 폴리페놀 성분들은 인체 면역을 높여 수곡온기의 기 흐름을 잘 흐르게 한다.

코鼻
혈血
청기 清氣
탁재濁滓
허리腰脊
(혈해血海)
소장胃脘
배꼽臍
(유해油海)
유油
탁재 濁滓
살肉
청즙 清汁
간肺
수곡량기

도라지

Platycodon grandiflorum
(Jacq.)A. DC.

폐를 견실하게 하는 태음인 꽃차

도라지의 약성과 성분

약성

- 성질은 차고, 맛은 쓰며, 독이 없다.
- 폐 기운을 잘 통하게 하고, 인후咽喉를 편하게 한다.
- 기침과 가래를 치유하고, 농을 배출한다.
- 목이 붓고 아픈 인후통·이질 복통·가슴이 답답한 것을 다스린다.
- 식이섬유가 많아 변비를 예방한다.

성분

- **뿌리**

  사포닌, 폴리갈락식산polygalacic acid
  글루코즈glucose
  알파-스파이나스테롤α-spinasterol
  이눌린inulin
  스테롤sterols
  베툴린betulin
  플래티코도닌platycodonin
  당질
  철분
  칼슘 등

기본 정보

- 학명은 *Platycodon grandiflorum* (Jacq.)A. DC.이다.
- 꽃말은 '변치 않는 사랑'·'영원한 사랑'이며, 다른 이름은 약도라지·고경苦梗, 고길경苦桔梗이고, 생약명은 길경桔梗이다.
- 초롱꽃과 도라지속에 속한 여러해살이풀로 꽃은 하늘색 또는 백색으로 7~8월에 핀다.
- 산지는 중국·일본 등이며, 우리나라는 전 지역의 고산지대에서 자생하고 있으며, 경북의 봉화, 충북의 단양 등에서 재배하고 있다.
- 안축의 『근재집』에 "많은 사람들이 내게 먼저 도소주 먹으라지만"이라는 시가 있다. 도소주屠蘇酒는 설날이 되면 마시던 약주로, 길경桔梗 등의 약재를 넣어 빚었다.
- 이용부위는 꽃과 뿌리이며, 차 또는 약용한다.

도라지꽃차 제다법

① 도라지꽃은 7~8월 이른 아침 봉오리를 채취한다
② 봉오리를 갈라서 수술을 제거한다.
③ 저온에서 꽃이 타지 않게 뒤집어가며 덖는다.
④ 중온에서 바로 세워 덖음과 식힘을 더해 준다.
⑤ 고온에서 맛내기와 가향 덖음을 하여 완성한다.

도라지꽃차 블렌딩

- 도라지꽃차와 레몬을 블렌딩한다.
- 레몬은 비타민 성분이 풍부하여 피부건강은 물론 감기를 예방하고, 피로회복에 좋다.
- 도라지차 블렌딩은 폐 기능을 돕는다. 가래를 삭혀주고, 코막힘 또는 춥거나 두통이 있을 때도 효능이 좋다. 비타민C의 보강으로 감기를 빨리 낫게 한다.
- 블렌딩한 차의 우림한 탕색은 연한 보라색에서 붉은색으로 변하며, 향기는 상큼하고, 맛은 새콤달콤하다.

도라지꽃차 음용법

- 도라지꽃 3~4송이

100℃ 250ml 1분

- 도라지꽃 3~4송이
  레몬 슬라이스 1조각

100℃ 250ml 2분

도라지꽃차의 활용

- 도라지 뿌리는 정과·양갱·도라지고·반찬에 이용한다.

도라지꽃차의 마음·기작용

- 도라지는 폐를 견실하게 하는 태음인의 꽃차이다.
- 맛이 쓴 도라지는 폐의 기운을 맑게 하여, 태음인이 정직하고, 자신의 것을 베푸는 마음을 가지게 한다.
- 도라지는 폐의 기운을 맑게 하고, 견실하게 하는데, 이는 수곡온기의 폐肺와 관계된다. 수곡온기는 위완胃脘에서 진津이 생성되어 혀 아래의 진해津海로 들어가고, 진해의 맑은 기운은 귀로 나아가서 신神이 되고, 신은 두뇌로 들어가 니해膩海가 되고, 폐는 니해의 맑은 즙을 빨아들여 폐의 원기를 보익하고 다시 혀 아래의 진해을 고동시킨다. 도라지는 니해를 충만하게 하여 폐의 원기를 보익하는 것이다.(아래 그림 참조)
- 도라지 속 사포닌 성분은 기침·거담·해열진해를 치료하는데, 이것도 폐의 원기를 충만하게 하기 때문이다.
- 도라지의 사포닌 성분은 항염증 기능이 있어 인후염의 목통증을 완화·예방해 주는데, 이는 수곡온기의 위완胃脘과 관계된다. 수곡온기에서 혀 아래 있는 진해津海의 맑은 기운은 귀로 나아가서 신神이 되고, 진해의 탁재濁滓는 위완을 보익하는데, 도라지는 진해를 충만하게 하여 위완을 보익하는 것이다.(옆의 그림 참조)

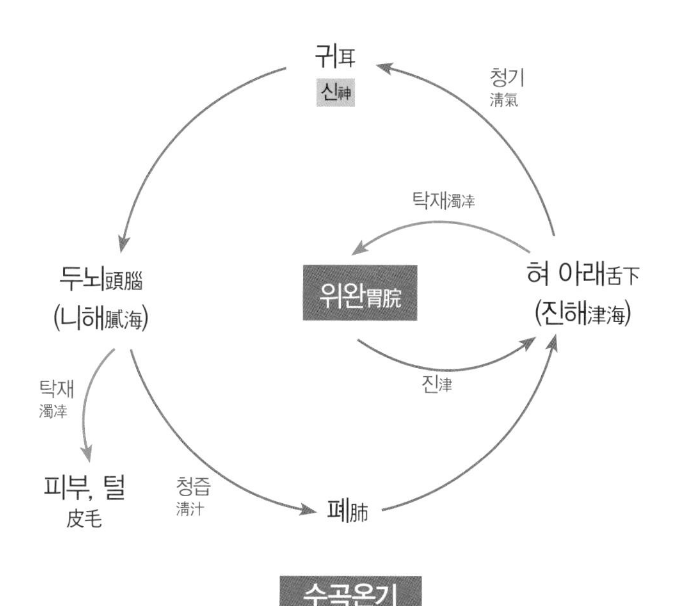

동백冬柏

Camellia japonica L.

간에 좋은 태음인 꽃차

동백나무의 약성과 성분

기본 정보

- 학명은 *Camellia japonica* L.이다.
- 꽃말은 '겸손한 마음'·'진실한 사랑'이며, 다른 이름은 동백·동백목冬柏木·산다목山茶木·뜰동백나무·무늬동백나무이고, 생약명은 산다화山茶花이다.
- 차나무과 동백나무속에 속한 상록 활엽 소교목이다. 꽃은 12~3월에 피며 꽃 색은 붉은색이고, 열매는 10~11월에 채취한다.
- 산지는 한국·중국·대만·일본인데, 우리나라는 남부·중부 지방의 해안산지에서 분포한다.
- 우리나라에서도 종자에서 기름을 얻어 옛날에는 머릿기름으로 사용하였으며 현재는 연고제·경고제 등으로 사용하고 있다.
- 이용부위는 꽃이며, 차 또는 약용한다.

약성

- 성질은 서늘하고, 맛은 쓰고, 맵다.
- 피를 맑게 하고, 뭉친 어혈을 풀어준다.
- 월경과다·산후 출혈이 멎지 않을 때 효과가 있다.
- 타박상·화상·이뇨에 도움이 된다.
- 오일은 올레인산 성분으로 항균작용·피부보습·피부질환개선에 효능이 좋다.

성분

- **꽃**

  류코안토사이아닌leucoanthocyanin

  안토시아닌anthocyanin 등

- **열매**

  지방유

  카멜린camellin

  츠바키-사포닌tsubaki-saponin

  캐밀라이어지닌camelliagenin A, B, C

- **잎**

  엘-에퍼케이터콜l-epicatechol

  디-케이터콜d-catechol

- **열매 속 종자**

  올레산oleic acid

  리놀렌산linoleic acid

  포화지방산

동백꽃차 제다법

① 동백꽃은 12월~3월에 채취한다.

② 꽃 다듬기는 받침을 2개 정도 떼어내고 큰 꽃은 수술을 제거한다.

③ 저온에서 꽃받침이 아래로 가도록 올려놓는다.

④ 중온에서 꽃을 그대로 두고 덖음과 식힘을 반복하며, 꽃이 90% 이상 건조되면 꽃을 한번 뒤집어서 덖음한다.

⑤ 고온에서 가향을 하여 완성한다.

동백꽃차 블렌딩

· 동백꽃차에 칡꽃차를 블렌딩한다.

· 칡꽃차는 숙취 해소에 좋다. 음주 후 속 쓰림과 구토를 다스린다.

· 동백꽃차 블렌딩은 동백꽃에 항산화물질이 풍부하여 피를 맑게 하므로 어혈·양혈·타박상·화상 등에 효능이 좋다. 또 주독을 풀어주며, 위장을 편안하게 한다.

· 블렌딩한 차의 탕색은 연한 연두빛을 띠고, 향기는 콩비린내가 나며, 맛은 구수한 맛과 단맛이 난다.

동백꽃차 음용법

· 동백꽃차 1~2송이

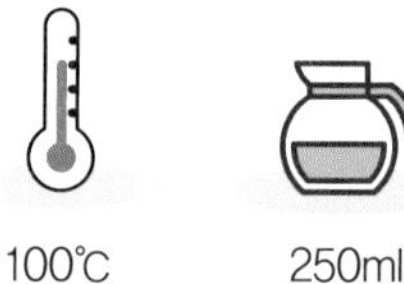

100℃ 250ml 2분

· 동백꽃차 1송이
칡꽃차 1g

100℃ 250ml 2분

· 동백꽃차 음용시 주의할 점은 몸이 차거나 위장이 약한 사람은 설사·복통이 일어날 수 있으니 과다 음용은 삼간다.

동백꽃차의 활용

· 동백꽃으로 만든 고형차와 동백꽃젤리, 양갱 등으로 이용한다.

동백꽃차의 마음·기작용

- 동백꽃은 간肝에 좋은 태음인의 꽃차이다.
- 맛이 쓴 동백꽃은 간의 기운을 도와서 급한 성질의 태음인을 너그럽고 온화하게 한다.
- 동백꽃은 피를 맑게 하고 어혈瘀血을 풀어주고, 산후 출혈에 효과가 있는데, 이는 수곡량기의 혈해血海와 관계된다. 수곡량기는 소장小腸에서 유油가 생성되어 배꼽의 유해油海로 들어가고, 유해의 맑은 기운은 코로 나아가서 혈血이 되고, 코의 혈이 허리로 들어가 혈해가 된다. 혈해는 피가 사는 집으로, 혈해의 맑은 즙을 간肝이 빨아 들여서 간의 원기를 보익하기 때문에 동백꽃은 혈해를 충만하게 하는 것이다.(아래 그림 참조)
- 동백 오일은 올레인산 성분으로 항균작용·피부보습·피부질환 개선에 효능이 있는데, 이는 수곡온기의 니해膩海와 관계된다. 니해의 탁재濁滓가 피부를 보익하기 때문에 동백 오일은 니해를 충만하게 하는 것이다.
- 또 태음인은 간대폐소肝大肺小의 장국으로 폐당肺黨의 수곡온기가 적은데, 매운 맛의 동백은 기본적으로 수곡온기의 기 흐름도 잘 흐르게 한다.

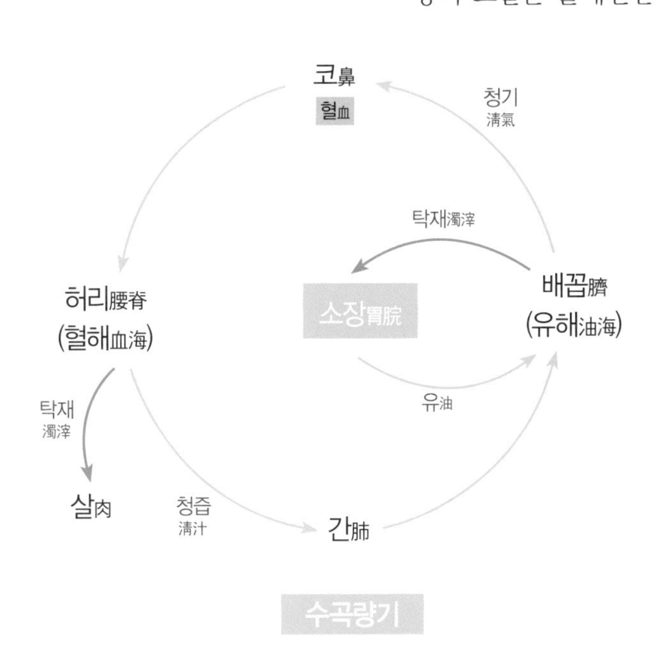

돼지감자뚱딴지

Helianthus tuberosus L.

폐에 좋은 태음인 꽃차

돼지감자의 약성과 성분

기본 정보

- 학명은 *Helianthus tuberosus* L.이다.
- 꽃말은 '미덕'·'음덕'이고, 다른 이름은 뚱딴지·국우·뚝감자 등이며, 생약명은 우내芋乃·국우菊芋이다. 돼지감자는 돼지가 먹는 감자라 하여 부르게 되었고, 꽃과 잎이 감자와 같지 않은데, 뿌리는 감자와 닮아 '뚱딴지 같다'하여 이름이 붙여졌다.
- 국화과 여러해살이풀이며, 키는 1.5~3m이다. 꽃은 9~10월에 피고 색깔은 황색이며, 뿌리는 땅속줄기 끝이 굵어져서 덩이줄기가 발달한다.
- 원산지는 북아메리카이며, 한국을 비롯한 전 세계에 분포하고 있다. 우리나라에는 중국을 거쳐 17세기 이후 들어온 것으로 보고 있다.
- 이용부위는 뿌리줄기와 꽃이며, 식용 또는 약용한다.

약성

- 성질은 서늘하고, 맛은 약간 쓰고 달다.
- 혈당상승을 억제시켜 당뇨병을 다스린다.
- 식이섬유가 풍부하여 다이어트에 효능이 좋다.
- 혈중 지질脂質을 저하시킨다.
- 장운동을 촉진시켜 배변활동을 돕는다.

성분

이눌린inulin
루테인lutein
헬레니엔helenien
베타인betaine
단백질
무기질
비타민B
비타민C
섬유소 등

돼지감자차 제다법

① 돼지감자는 늦가을 또는 이른 봄 새싹이 나오기 전에 캔다.
② 돼지감자를 흐르는 물에 깨끗이 씻는다.
③ 얇게 썰어서 햇볕에 반 건조하거나 또는 중온에서 익힘을 한다.
④ 고온에서 덖음과 식힘을 하면서 건조한다.
⑤ 돼지감자 꽃은 9~10월에 채취한다.
⑥ 중온에서 건조시킨다.

돼지감자차 블렌딩

- 돼지감자꽃차와 국화꽃차를 블렌딩한다.
- 국화꽃차는 간 기능을 좋게 하고, 해독시켜주며, 감기로 인한 두통에 효능이 있다.
- 돼지감자차 블렌딩은 해독작용을 하고, 다당류 이눌린 성분으로 다이어트에 도움이 되며, 중성지방을 제거하고, 혈당상승을 억제시킨다.
- 블렌딩한 차의 탕색은 연한 미색이며, 향기는 국화향이 나고, 맛은 약간 달고, 쓴맛도 있다.

돼지감자차 음용법

- 돼지감자차 2g

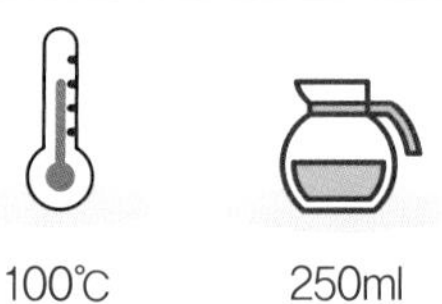

100℃ 250ml 2분

- 돼지감자꽃차 3송이

100℃ 250ml 2분

- 돼지감자꽃차 2송이
국화꽃차 1송이

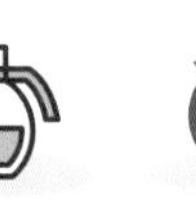

100℃ 250ml 2분

- 식이섬유가 풍부하여 많이 복용하면 복통을 유발할 수 있다. 몸이 찬 사람은 주의해서 음용한다.

돼지감자차의 마음·기작용

- 돼지감자는 간肝에 좋은 태음인의 꽃차이다.
- 맛이 달고 쓴 돼지감자는 간의 기운을 도와서 급한 성질의 태음인을 너그럽고 온화하게 한다.
- 돼지감자는 혈당상승·혈중 지질을 저하시키는데, 이는 수곡량기의 혈해血海와 관계된다. 수곡량기는 소장小腸에서 유油가 생성되어 배꼽의 유해油海로 들어가고, 유해의 맑은 기운은 코로 나아가서 혈血이 되고, 코의 혈이 허리로 들어가 혈해가 된다. 혈해는 피가 모여 있는 곳으로 혈해의 맑은 즙을 간肝이 빨아 들여서 간의 원기를 보익하기 때문에 돼지감자는 혈해를 충만하게 하는 것이다.(아래 그림 참조)
- 돼지감자의 이눌린inulin은 장운동을 촉진시켜 배변활동을 돕는데, 이는 수곡한기의 액해液海와 관계된다. 수곡한기에서 액해의 탁재濁滓가 대장大腸을 보익하기 때문에 돼지감자는 액해를 충만하게 하는 것이다.
- 또 태음인은 간대폐소肝大肺小의 장국으로 폐당肺黨의 수곡온기가 적은데, 돼지감자는 기본적으로 수곡온기의 기 흐름을 잘 흐르게 한다.

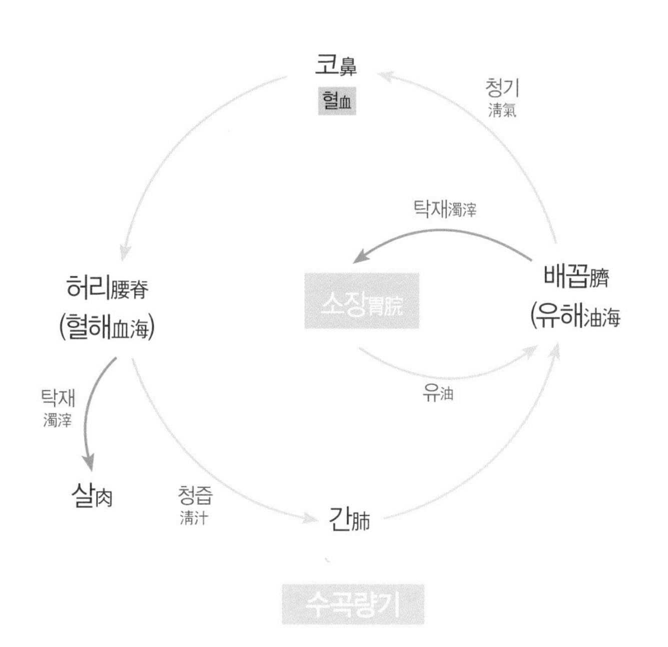

두충杜庶

Eucommia ulmoides Oliv.

간에 좋은 태음인 꽃차

두충의 약성과 성분

기본 정보

- 학명은 *Eucommia ulmoides* Oliv.이다.
- 꽃말은 '안심'이며, 다른 이름은 사선思仙 · 사중思仲 · 목면木綿 · 석사선石思仙 · 사연피絲連皮이고, 생약명은 두충 · 면아檰芽이다.
- 두충나무과 두충나무속 낙엽활엽교목으로 두충은 약한 추위에도 잘 견딘다. 두충은 꺾으면 끈기 있는 가는 흰 수지의 실이 생기는 특징이 있다.
- 원산지는 중국이고, 우리나라의 대부분 지역에서 재배 가능하다.
- 두충은 중국에서 두중杜仲으로 불렀으며, 2천 년 전부터 자양강장제로 귀하게 사용되었던 약재이다. 우리나라에 두충을 들여온 시기는 고려시대이다. 『고려사』의 기록을 보면, 고려 문종 1079년에 문종의 풍비증風痹證을 치료하기 위해 송나라로 부터 들여왔다고 한다.
- 이용부위는 껍질과 잎이며, 차 또는 약용한다.

약성

- 성질은 따뜻하고, 맛은 달고 약간 매우며, 독이 없다.
- 간과 신장 기능을 보하며, 잔뇨에 효능이 있다.
- 뼈와 근육을 강화시키며, 골다공증을 치료한다.
- 신경통 · 관절염과 바람에 의해 생긴 각기병을 다스린다.
- 혈압을 낮추는 등 심혈관 질환에 좋다.

성분

- **껍질과 잎**

구타페르카guttapercha
배당체
알카로이드alkaloid
펙틴pectin
아디포넥틴adiponectin
지방
유기산
비타민C
알도스aldose
클로로겐산chlorogen acid
글루코사이드glucoside
케토스ketose
카페인산caffeine acid 등

두충잎차 제다법

① 두충 잎은 5월 초순 연한 잎을 채취한다.
② 잎을 깨끗이 세척한 후 물기를 제거하고 1cm 크기로 자른다.
③ 고온에서 잎을 익힌 뒤 꺼내서 유념을 두어 번 한다.
④ 고온에서 덖음과 식힘을 반복하며 건조한다.
⑤ 고온에서 가향을 하여 완성한다.

두충잎차 블렌딩

- 두충잎차에 둥굴레차를 블렌딩한다.
- 둥굴레차는 신진대사를 활발하게 하여 혈액순환을 좋게 한다.
- 두충잎차 블렌딩은 자양강장·관절염·허리통증을 다스리고, 내장지방의 축적을 막아주며, 둥굴레는 사포닌 성분이 들어있어 활성산소를 제거하고, 체내노폐물을 흡착해 배출시킨다.
- 블렌딩한 차의 우림한 탕색은 연갈색이고, 향은 구수하게 나며, 맛은 은은한 단맛이 난다.

두충잎차 음용법

- 두충잎차 2g

100℃ 250ml 2분

- 두충잎차 1.5g
  둥굴레차 0.5g

100℃ 250ml 2분

- 음용시 주의할 점은 과다 음용시 설사·복통·어지럼증 등이 발생할 수 있다.

두충잎차의 활용

- 두충잎은 봄에 어린잎을 채취해서 나물로 먹거나 부각을 만들어 이용한다.

두충잎차의 마음·기작용

- 두충은 간肝에 좋은 태음인의 꽃차이다.
- 맛이 단 두충은 간의 기운을 도와서 급한 성질의 태음인을 너그럽고 온화하게 한다.
- 두충은 간과 신장 기능을 보하고, 체내의 콜레스테롤을 제거하여 혈압을 낮추는 등 심혈관 질환에 좋은데, 이는 수곡량기의 혈해血海와 관계된다. 수곡량기는 소장小腸에서 유油가 생성되어 배꼽의 유해油海로 들어가고, 유해의 맑은 기운은 코로 나아가서 혈血이 되고, 코의 혈이 허리로 들어가 혈해가 된다. 혈해의 맑은 즙을 간肝이 빨아 들여서 간의 원기를 보익하기 때문에 두충은 혈해를 충만하게 한다.(아래 그림 참조)
- 두충의 구타페르카는 뼈와 근육을 강화시키고 골다공증을 치료하는데, 이는 수곡한기의 정해精海와 관계된다. 수곡한기에서 방광에 있는 정해의 탁한 찌꺼기가 뼈를 보익하기 때문에 두충은 정해를 충만하게 하는 것이다. 정해의 맑은 즙은 신장腎臟이 빨아들여서 신장의 원기를 보익한다.

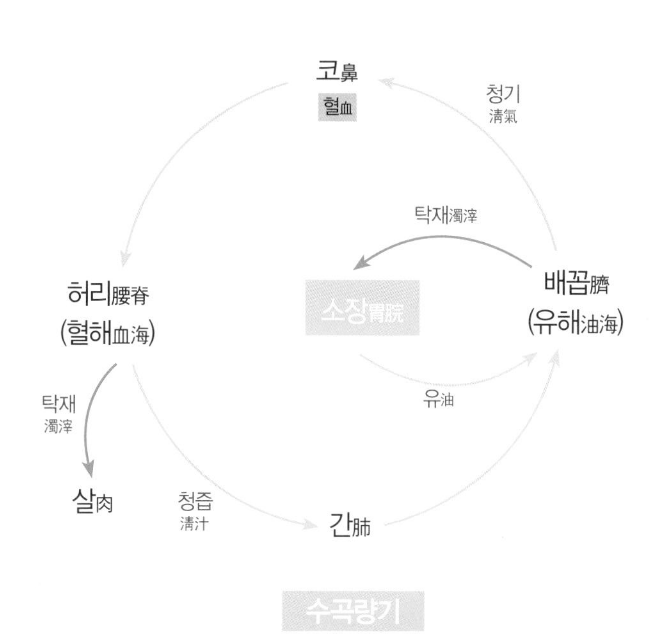

- 태음인은 간대폐소肝大肺小의 장국으로 폐당肺黨의 수곡온기가 적은데, 따뜻한 성질의 두충은 기본적으로 수곡온기의 기 흐름도 잘 흐르게 한다.

둥굴레

Polygonatum odoratum (Mill.) Druce var. *pluriflorum* (Miq.) Ohwi.

폐를 윤활하게 하는 태음인 꽃차

둥굴레의 약성과 성분

약성

- 성질은 평하고, 맛은 달다.
- 몸 안에 진액을 생성해주고, 양기를 걸러준다.
- 폐가 건조하지 않도록 윤활하게 해주고, 폐결핵과 마른 기침에 좋다.
- 가슴이 답답하고, 갈증이 나는 증상을 치료한다.
- 당뇨병·심장쇠약·협심통·소변이 자주 마려운 증상 등에 도움을 준다.

성분

콘발라마린convallamarin

콘발라린convllarin

켈리도닉산chelidonic acid

아제도닉-2-카보닉산azedidine-2-carbonic acid

캠페롤-글루코사이드kaemp ferol-giucoside

탄수화물

단백질

칼슘

비타민 등

기본 정보

- 학명은 *Polygonatum odoratum* (Mill.) Druce var. *pluriflorum* (Miq.) Ohwi.이다.
- 꽃말은 '고귀한 봉사'이며, 다른 이름은 여위女威·절지節地·오위烏威·위향威香이고, 생약명은 옥죽玉竹·위유萎蕤이다.
- 백합과에 속하는 여러해살이풀로 땅속줄기에서 굵은 뿌리줄기가 나와 옆으로 뻗으며 자란다.
- 산지는 일본·만주·중국 등지에 분포한다. 우리나라는 전국 각지의 산지에서 자생한다.
- 조선 초기『향약채취월령』에는 "위유, 향명과 함께 둥구라는 조선에서 오래 전부터 덩굴성 줄기 및 뿌리줄기로 사용해왔다."는 기록이 있다.
- 이용부위는 어린 순은 식용으로 가능하고, 뿌리줄기는 차 또는 약용한다.

둥굴레뿌리차 제다법

① 둥굴레는 가을에서 겨울에 뿌리를 채취한다.
② 둥굴레뿌리는 깨끗이 씻어 물기를 제거한다.
③ 2mm의 두께로 썰어서 바구니에 하루쯤 펼쳐 수분을 날린다.
④ 수분이 날아간 둥굴레 뿌리를 고온에서 덖음과 식힘을 반복한다.
⑤ 고온에서 맛내기와 수분을 3% 이하로 낮추는 덖음과 식힘을 한다.
⑥ 저온에서 가향과 건조를 한 다음 완성한다.

둥굴레뿌리차 블렌딩

- 둥굴레뿌리차와 아까시꽃차를 블렌딩한다.
- 아까시꽃차는 천연 항생제로 천식과 기관지염 등 호흡기 질환과 신장염·방광염 등 신장질환에 효과가 좋다.
- 둥굴레뿌리차 블렌딩은 폐가 건조하지 않도록 도와서 마른기침을 멎게 하고, 기관지 천식 또는 폐결핵을 다스리며, 신장 기능을 좋게 한다.
- 블렌딩한 차의 우림한 탕색은 연한 갈색이고, 향은 구수하면서 꿀 향이 나며, 맛은 달고, 구수하다.

둥굴레뿌리차 음용법

- 둥굴레뿌리차 2g

100℃ 350ml 2분

- 둥굴레뿌리차 1g
  아까시나무꽃차 0.5g

100℃ 250ml 2분

둥굴레뿌리차의 마음·기작용

- 둥굴레는 폐를 윤활하게 하는 태음인의 꽃차이다.
- 맛이 단 둥글레는 폐의 기운을 윤활하게 하여, 태음인이 정직하고, 자신의 것을 베푸는 마음을 가지게 한다.
- 둥굴레는 폐를 윤활하게 하고, 폐결핵, 마른기침에 좋은데, 이는 수곡온기의 폐肺와 관계된다. 수곡온기는 위완胃脘에서 진津이 생성되어 혀 아래의 진해津海로 들어가고, 진해의 맑은 기운은 귀로 나아가서 신神이 되고, 신은 두뇌로 들어가 니해膩海가 되고, 폐는 니해의 맑은 즙을 빨아들여 폐의 원기를 보익하고 다시 혀 아래의 진해를 고동시킨다. 둥굴레는 니해를 충만하게 하여 폐의 원기를 보익하는 것이다.(아래 그림 참조)
- 둥굴레는 몸 안에 진액을 생성해주고, 양기를 걸러주는데, 이는 수곡온기의 진해津海와 관계된다. 수곡온기에서 혀 아래 있는 진해의 맑은 기운은 귀로 나아가서 神이 되고, 진해의 탁재濁滓는 위완을 보익하는데, 둥굴레는 진해를 충만하게 하는 것이다.(옆 그림 참조)
- 또 태음인은 간대폐소肝大肺小의 장국으로 폐당肺黨의 수곡온기가 적은데, 둥글레는 기본적으로 수곡온기의 기 흐름을 잘 흐르게 한다.

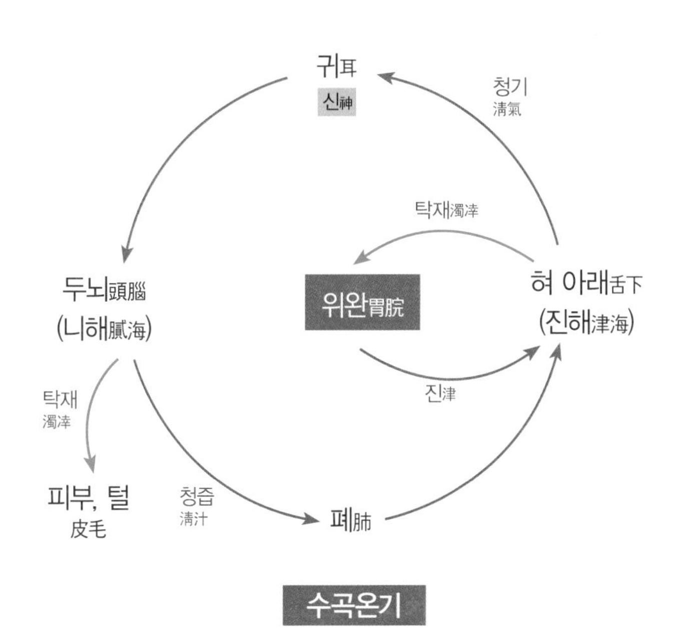

매화매실梅實

Prunus mume
(Siebold) Siebold & Zucc.

폐에 좋은 태음인 꽃차

매화의 약성과 성분

기본 정보

- 학명은 *Prunus mume* (Siebold) Siebold & Zucc.이다.
- 꽃말은 '고결'·'고귀'이며, 다른 이름은 매화나무·매화수梅花樹·육판매六瓣梅·천지매天枝梅이고, 생약명은 오매烏梅·매실梅實이다.
- 장미과 벚나무속에 속한 낙엽활엽교목으로 꽃은 4월에 잎보다 먼저 피며 꽃의 향기가 강하다. 열매는 씨열매로 6~7월에 황색을 띤다.
- 산지는 중국·대만·일본이다. 우리나라는 남부·중부지방에서 재배한다.
- 매화는『삼국사기』에 등장하고, 또『삼국유사』에는「모랑의 집 매화나무가 꽃을 피웠네」라는 시가 있듯이 삼국시대부터 매화를 이용하였다. 향기가 그윽한 매화는 조선시대에도 애용되었는데, 이규경은 『오주연문장전산고』에서 "봄철에는 새벽에 일어나 말린 매화를 달여 차를 만들며"라고 하였다.
- 이용부위는 꽃 봉우리·열매·잎·가지이며, 차 또는 약용한다.

약성

- 매화의 성질은 평하고, 맛은 시고 떫다.
- 매실은 갈증과 가슴의 열기를 없앤다.
- 매실은 수렴작용을 하고 진액을 생성하며, 구충하는 효능이 있다.
- 오매는 비脾와 폐肺 두 경락의 혈분약血分藥으로 폐기肺氣를 수렴한다.
- 매화는 위胃를 조화롭게 하고, 담을 삭혀주며, 식욕부진 등에 효과가 있다.

성분

- **매실**

  구연산
  사과산
  호박산
  탄수화물
  시토스테롤sitosterol
  납상물질蠟狀物質
  오레아놀산oleanol acid
  성숙한 과실에는 청산青酸 등

- **백매화**

  정유精油
  벤즈알데하이드benzaldehyde
  이솔루게놀isolugenol
  안식향산安息香酸

매화차 제다법

① 매화꽃은 4월에 채취한다.
② 꽃은 봉오리로 솎아주며 딴다.
③ 저온에서 꽃을 올려서 덖는다.
④ 중온에서 덖음과 식힘을 반복하며 덖는다.
⑤ 고온에서 가향을 하여 완성한다.

매화차 블렌딩

- 매화차에 녹차를 블렌딩한다.
- 녹차는 카테킨류가 풍부하여 콜레스테롤 저하·고혈압·당뇨·심장질환 등 심혈관계 질병을 다스리고, 신경을 안정시키는 효능이 탁월하다.
- 매화차 블렌딩은 위胃를 편안하게 하고, 녹차의 강력한 항산화 작용으로 인하여 암을 예방하며, 해독작용으로 심혈관을 맑게 하여 성인병을 예방한다.
- 블렌딩한 차의 우림한 탕색은 연녹색이고, 향기는 풋풋한 녹차향과 은은한 매화향이 나며, 맛은 약간 떫다.

매화차 음용법

- 매화꽃 2~3송이

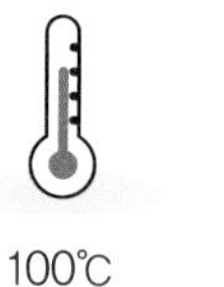

100℃ 250ml 1분

- 매화꽃 1송이
  녹차 1g

70~80℃ 250ml 1분

매화의 활용

- 장아찌, 매실청, 매실주로 담아 이용한다.

매화차의 마음·기작용

- 매화는 폐肺에 좋은 태음인의 꽃차이다.
- 맛이 시고 떫은 매화는 폐기肺氣를 확충하여 밖을 살펴서 겁내는 마음을 고요하게 한다.
- 매화는 폐기肺氣를 거두어 마른기침을 멎게 하는데, 이는 수곡온기의 폐肺와 관계된다. 수곡온기는 위완胃脘에서 진津이 생성되어 혀 아래의 진해津海로 들어가고, 진해의 맑은 기운은 귀로 나아가서 신神이 되고, 신神이 두뇌로 들어가 니해膩海가 되고, 니해의 맑은 즙을 폐肺가 빨아들여서 원기를 보익한다. 니해의 맑은 즙이 폐를 보익하기 때문에 매화는 니해를 충만하게 하는 것이다.(아래 그림 참조)
- 매화는 위胃를 조화롭게 도와주고, 담을 삭혀주며, 식욕부진 등에 효과가 있는데, 이는 수곡열기의 고해膏海와 관계된다. 수곡열기는 위胃에서 고膏가 생성되어 양 젖가슴의 고해로 들어가고, 고해의 맑은 기운은 눈으로 나가서 기氣가 되고, 고해의 탁재濁滓는 위를 보익하기 때문에 매화는 고해를 충만하게 한다.
- 또 태음인은 간대폐소肝大肺小의 장국으로 폐당肺黨의 수곡온기가 적은데, 매화는 기본적으로 수곡온기의 기 흐름도 잘 흐르게 한다.

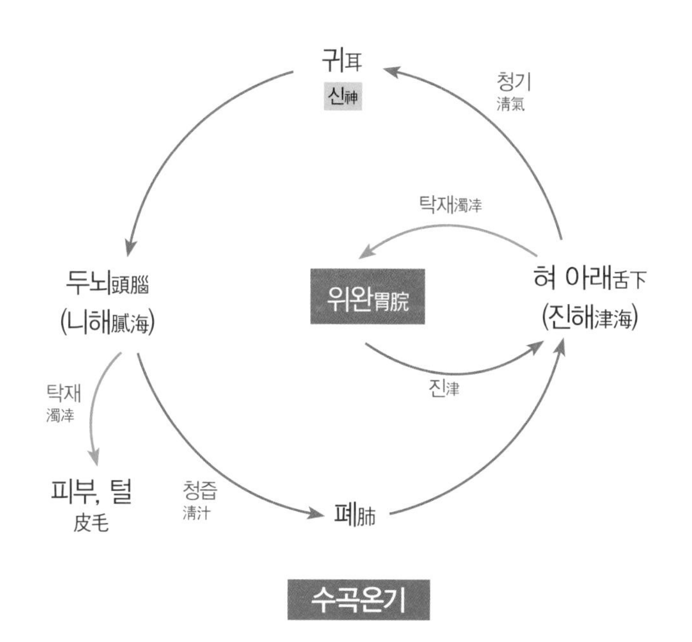

무궁화꽃

Hibiscus syriacus L.

폐에 좋은 태음인 꽃차

무궁화의 약성과 성분

기본 정보

- 학명은 *Hibiscus syriacus* L.이다.
- 꽃말은 '일편단심'이며, 다른 이름은 무궁화나무 · 근수槿樹 · 근수피槿樹皮 · 목근화木槿花 · 목근木槿이고, 생약명은 목근피木槿皮이다.
- 무궁화는 우리나라 국화이다. 아침이슬을 머금고 청초하게 피어나는 5개의 붉고 하얀 꽃잎과 꽃의 중심부의 정열적인 붉은 색은 세계 속으로 발전하는 우리 민족의 기상을 상징한다.
- 아욱과 히비스커스속의 낙엽활엽관목 또는 소교목으로 200여 종이 있다.
- 무궁화의 원산지는 학명으로 미루어 시리아라고 하였지만, 최근에는 인도·중국, 한국이 원산지라는 설이 유력하다.
- 춘추전국시대에 저술된 『산해경』에 있다. 그 책에 "군자의 나라에 훈화초(무궁화)가 있는데, 아침에 피었다가 저녁에 진다."라는 내용이 있다.
- 이용부위는 뿌리껍질 · 꽃 · 열매이며, 차 또는 약용한다.

약성

- 성질은 서늘하고, 맛은 달고 쓰다.
- 뿌리껍질과 나무껍질은 청열·해독·이습·소종의 효능이 있다.
- 꽃은 피를 맑게 하고, 출혈성 장염·이질·피부염 등을 치료한다.
- 열매는 편두통·가래·기침에 의한 음성이 변한 증상을 치료한다.
- 습열濕熱을 제거하고, 소변을 이롭게 해준다.

성분

- **뿌리껍질, 나무껍질**

  타닌tannin

  점액질

- **꽃**

  사포나린saponarin

- **열매**

  유분油分

  α, β, γ-토코페롤α, β, γ-tocopherol

  베타-시토스테롤β-sitosterol

  캄페시테롤campesterol 등

무궁화꽃차 제다법

① 오후에 꽃봉오리를 채취하여 다음날 사용한다.
② 꽃의 수술을 제거하고 엎어서 덖음한다.
③ 고온에서 바로 세워 덖음과 식힘을 반복해 준다.
④ 중온에서 수분을 최대한 낮추고 가향과 건조를 한다.
⑤ 바스락 소리 나는 꽃을 조심스럽게 병입한다.

무궁화꽃차 블렌딩

- 무궁화꽃차와 애플민트를 블렌딩한다.
- 애플민트는 소화효소가 함유되어 있어 성장 호르몬 분비를 촉진시켜주며, 체내의 신진대사를 활발하게 한다. 지방축적을 억제 시켜 체지방을 감소시키므로 다이어트에 도움을 주고, 비타민A가 풍부하여 피부노화를 방지해 준다.
- 무궁화꽃차 블렌딩은 사포나린 성분이 함유되어 있어 거담·갈증해소·구토를 멎게 하고, 신진대사가 원활해지고, 식욕회복에도 도움을 준다.
- 차의 탕색은 연한 연두빛이며, 향은 민트와 사과향이 나고, 맛은 상큼하다.

무궁화꽃차 음용법

- 무궁화꽃차 3송이

100℃ 250ml 2분

- 무궁화꽃차 2송이
애플민트 0.5g

100℃ 250ml 2분

- 다량 음용은 설사와 복통을 일으킬 수 있고, 임산부는 가급적 민트차를 피해야 한다.

무궁화의 활용

- 화전·떡 등에 이용한다.

무궁화꽃차의 마음·기작용

- 무궁화는 폐肺에 좋은 태음인의 꽃차이다.
- 무궁화는 폐의 기운을 도와서 한 걸음 밖으로 나아가서 겁내는 마음을 고요하게 한다.
- 무궁화 열매의 유분油分은 편두통·청폐·가래·기침에 의한 음성이 변한 증상을 치료하는데, 이는 수곡온기의 폐肺와 관계된다. 수곡온기는 위완胃脘에서 진津이 생성되어 혀 아래의 진해津海로 들어가고, 진해의 맑은 기운은 귀로 나아가서 신神이 되고, 신神이 두뇌로 들어가 니해膩海가 되고, 폐는 니해의 맑은 즙을 빨아들여서 원기를 보익하고, 기운을 고동하여 혀 아래의 진해를 모이게 한다. 니해의 맑은 즙이 폐의 원기를 보익하기 때문에 무궁화는 니해를 충만하게 하는 것이다.(아래 그림 참조)
- 무궁화는 피부염·각종 종기를 치료하는데, 이는 수곡온기에서 두뇌에 있는 니해膩海를 충만하게 하는 것이다.(옆 그림 참조)

귀耳
신神
청기
清氣
탁재濁滓
두뇌頭腦
(니해膩海)
위완胃脘
혀 아래舌下
(진해津海)
진津
탁재
濁滓
피부, 털
皮毛
청즙
清汁
폐肺
수곡온기

- 무궁화 꽃의 사포나린 성분은 피를 맑게 하고, 출혈성 장염 등에 좋은데, 이는 수곡량기의 혈해血海와 관계된다. 수곡량기에서 허리에 있는 혈해의 맑은 즙을 간이 빨아들여 원기를 보익하는데, 무궁화는 혈해를 충만하게 하는 것이다.

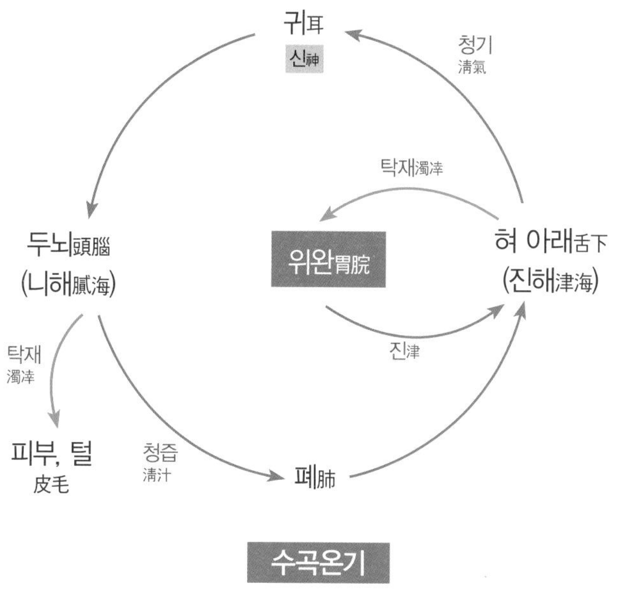

민들레 포공영浦公英

Taraxacum platycarpum Dahlst.

간에 좋은 태음인 꽃차

민들레의 약성과 성분

약성

- 성질은 차고, 맛은 쓰며 달고, 독이 없다.
- 잎과 줄기에 있는 실리마린 성분이 간세포 재생을 촉진한다.
- 리놀산 성분이 위장을 튼튼하게 하고 피를 맑게 한다.
- 열을 내리고 독을 풀어 종기를 없애고, 기가 뭉친 것을 흩어지게 한다.
- 이뇨·담즙분비 촉진·위염·황달 등에 사용된다.
- 유해산소를 제거하고 노화와 생활 습관병을 막아준다.
- 줄기에는 항균·항염·항바이러스·항암효과가 있다.

기본 정보

- 학명은 *Taraxacum platycarpum* Dahlst.이다.
- 꽃말은 '감사하는 마음'·'행복'이고, 다른 이름은 포공초蒲公草·부공영仆公英, 지정地丁·황화지정黃花地丁·포공정蒲公丁·구유초狗乳草이며, 생약명은 포공영蒲公英이다.
- 국화과 민들레속의 여러해살이풀이며 건조하고 척박한 곳에서도 잘 자란다. 줄기는 없고 잎이 뿌리에서 뭉쳐 나고 옆으로 퍼지며, 꽃은 4~5월에 노란색으로 핀다.
- 원산지는 한국이고, 일본·대만·만주 등지에 분포한다.
- 이용부위는 뿌리·잎·꽃 등 식물 전체이며, 차 또는 약용한다.

성분

- **전초**

타락사스테롤taraxasterol, 콜린cholin, 이눌린inulin
펙틴pectin

- **뿌리**

타락솔taraxol, 타락세롤taraxerol
타락사스텔taraxasterl, 베타아미린β-amyrin
스티그마스테롤stigmasterol
베타시토스테롤β-sitosterol, 콜린choline
유기산, 과당, 자당, 글루코오즈glucose
글루코사이드glucoside, 수지, 고무 등

- **잎**

루테인rutein, 비오악산틴vioaxanthin
플라스토퀴논plastoquinone

- **꽃**

아르니디올arnidiol, 루테인lutein
플라복산틴flavoxanthin

민들레꽃차 제다법

① 꽃은 이른 아침에 채취한다.
② 다듬어 찜기에 올려 자체 수분으로 1~2분간 증제한다.
③ 고온에서 덖음을 한다
④ 고온에서 맛내기와 가향덖음을 하여 완성한다.

민들레차 블렌딩

- 민들레 뿌리차와 우엉을 블렌딩한다.
- 우엉뿌리차에 풍부한 아크틴은 혈관을 확장하고, 고혈압을 낮추는 효과가 있다.
- 민들레차 블렌딩은 민들레에 함유된 철분 성분이 혈액 내 적혈구의 생성을 촉진하여 빈혈을 예방한다.
- 블렌딩한 차의 탕색은 연한 갈색이고, 향은 구수하게 나며, 맛은 커피맛이 감돌며, 쓴맛이 난다.

민들레차 음용법

- 민들레뿌리차 2g

100℃ 250ml 2분

- 민들레뿌리차 1g
우엉뿌리차 1g

100℃ 300ml 2분

- 성질이 차고, 맛이 쓰기 때문에 장기간 음용시 위장에 부담을 준다.

민들레의 활용

- 효소·장아찌·김치 등에 이용한다.

민들레차의 마음·기작용

- 민들레는 간肝에 좋은 태음인의 꽃차이다.
- 맛이 쓰고 단 민들레는 간의 기운을 도와서 급한 성질의 태음인을 너그럽고 온화하게 한다.
- 민들레는 실리마린 성분이 간세포 재생을 촉진하고, 열을 내리며 독을 푸는 청열해독淸熱解毒하는데, 이는 수곡량기의 간肝과 관계된다. 수곡량기는 소장小腸에서 유油가 생성되어 배꼽의 유해油海로 들어가고, 유해의 맑은 기운은 코로 나아가서 혈血이 되고, 코의 혈이 허리로 들어가 혈해血海가 되고, 간은 혈해의 맑은 즙을 빨아들여서 원기를 보익하고, 기운을 고동하여 배꼽의 유해를 모이게 한다. 혈해의 맑은 즙이 간의 원기를 보익하기 때문에 민들레는 혈해를 충만하게 하는 것이다.(아래 그림 참조)
- 민들레는 피를 맑게 하고, 유해산소를 제거하고 노화와 생활 습관병을 막아주는데, 이것도 수곡량기에서 허리에 있는 혈해血海를 충만하게 하는 것이다.(아래 그림 참조)

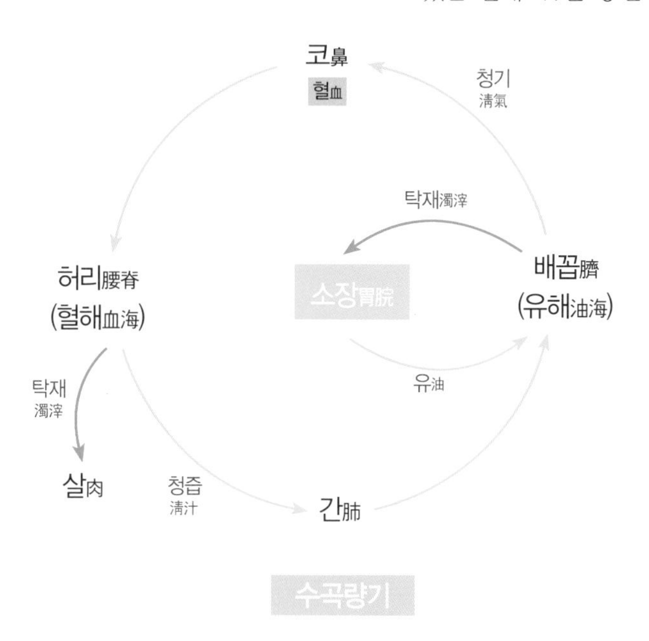

- 민들레는 위장을 튼튼하게 하고, 담즙분비 촉진·위염·황달 등에 사용하는데, 이는 수곡열기의 고해膏海와 관계된다. 수곡열기에서 양 젖가슴에 있는 고해의 탁재濁滓가 위를 보익하기 때문에 민들레는 고해를 충만하게 하는 것이다.
- 또 태음인은 간대폐소肝大肺小의 장국으로 폐당肺黨의 수곡온기가 적은데, 민들레는 기본적으로 수곡온기의 기 흐름을 잘 흐르게 한다.

벚꽃

Prunus serrulata Lindl. f. *spontanea* (E.H.Wilson Chin) S. Chang.

폐에 좋은 태음인 꽃차

벚꽃의 약성과 성분

기본 정보

- 학명은 *Prunus serrulata* Lindl. f. *spontanea* (E.H.Wilson) Chin S. Ch ang.이다.
- 꽃말은 '결박'·'정신의 아름다움'이고 벚나무의 유사종은 산벚나무·왕벚나무·올벚나무·수양벚나무 등이다.
- 장미과 벚나무속의 낙엽 활엽 교목이다. 꽃은 4월 중순~5월 초순에 피며, 꽃의 색은 연한 홍색 또는 거의 백색이다.
- 한국·중국·일본이 원산지이다.
- 벚나무는 『향약집성방』에 "화목피樺木皮, 벚나무 껍질은 여러 가지 황달黃疸을 치료하는데, 진하게 달여서 즙을 마시면 좋다."고 하였다.
- 이용부위는 줄기 및 나무껍질이며, 약용한다.

약성

- 벚나무의 성질은 따뜻하고, 맛은 달다.
- 열매의 성질은 차고, 맛은 쓰다.
- 항산화 작용으로 피부미용에 좋다.
- 심한 가려움증을 동반한 두드러기를 다스린다.
- 기관지와 폐를 튼튼하게 하며, 기침에 효능이 있다.
- 숙취해소와 해독작용이 있다.

성분

- **꽃**

  비타민 A, 비타민 B, 비타민E

  칼륨, 칼슘

  단백질, 질소 화합물

  아미노산, 무기질류

  지방

  색소인 클로로필 카로티노이드 등

  왁스

  지질

  유기산 등

- **잎**

  조단백

  조지방

  조회분

  쿠마린coumarin

- **껍질**

  사쿠라닌sakuranin

벚꽃차 제다법

① 벚꽃의 채취는 3~4월에 꽃봉오리가 살짝 벌어진 것으로 채취한다.
② 꽃을 깨끗이 씻어 채반에 널어 물기를 제거한다.
③ 저온에서 꽃이 겹치지 않도록 올려서 덖음한다.
④ 중온에서 꽃을 덖음과 식힘을 반복하며 건조한다.
⑤ 고온에서 가향을 해서 완성한다.

벚꽃차 블렌딩

- 벚꽃차에 꽃사과나무꽃차를 블렌딩한다.
- 꽃사과나무꽃차는 항산화성분이 풍부하여 고혈압·동맥경화·뇌졸중 등에 효능이 있고 피로회복에 도움이 된다.
- 벚꽃차 블렌딩은 비타민과 항산화물질이 함유되어 있어 두드러기 등 피부질환을 낫게 하고, 항산화작용으로 심혈관계 질환을 다스린다.
- 블렌딩한 차의 우림한 탕색은 은은한 핑크빛이 감돌고, 향기는 버찌 향과 함께 상큼한 사과향이 나며, 맛은 쓴맛이 약간 느껴진다.

벚꽃차 음용법

- 벚꽃차 3~4 송이

100℃

250ml

2분

- 벚꽃차 3송이
  꽃사과나무꽃차
  1~2송이

100℃

250ml

2분

벚꽃의 활용

- 꽃은 피클·장아찌·청 등에 이용한다.

벚꽃차의 마음·기작용

- 벚꽃은 폐肺에 좋은 태음인의 꽃차이다.
- 맛이 쓴 벚꽃은 폐의 기운을 도와서 한 걸음 밖으로 나아가서 겁내는 마음을 고요하게 한다.
- 벚꽃은 항산화 작용으로 피부미용에 좋고, 심한 가려움증을 동반한 두드러기를 다스리는데, 이는 수곡온기의 니해膩海와 관계된다. 수곡온기는 위완胃脘에서 진津이 생성되어 혀 아래의 진해津海로 들어가고, 진해의 맑은 기운은 귀로 나아가서 신神이 되고, 신神은 두뇌로 들어가 니해가 된다. 니해의 탁재濁滓가 피부를 보익하기 때문에 벚꽃은 니해를 충만하게 하는 것이다.(아래 그림 참조)
- 벚나무 껍질에 있는 사쿠라닌은 기관지와 폐를 튼튼하게 하며, 기침에 효능이 있는데, 이는 수곡온기의 폐肺와 관계된다. 수곡온기에서 폐는 두뇌에 있는 니해膩海의 맑은 즙을 빨아들여서 폐의 원기를 보익하고, 혀 아래에 있는 진해津海를 충만하게 한다. 즉, 벚꽃은 폐가 니해의 맑은 즙을 잘 빨아들이도록 한다.(옆 그림 참조)
- 벚꽃은 숙취해소와 해독작용을 하는데, 이는 수곡량기의 간肝과 관계된다. 태음인은 간대폐소肝大肺小의 장국으로, 벚꽃은 기운이 큰 수곡량기의 기 흐름도 잘 흐르게 한다.

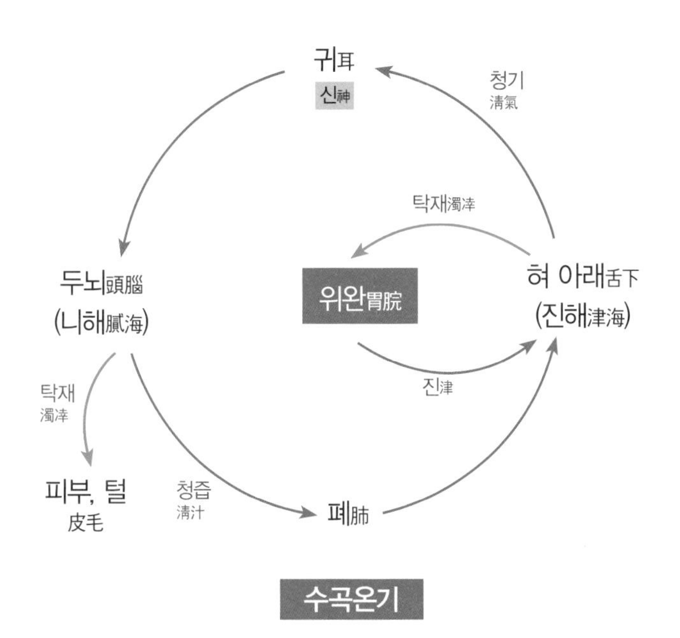

비트Beetroot

Beta vulgaris L.

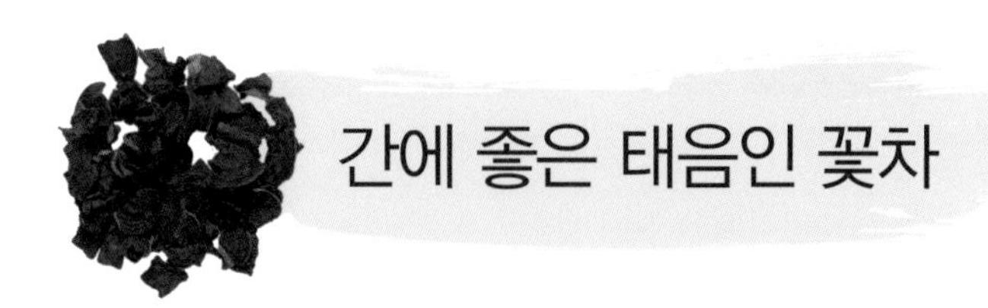

비트의 약성과 성분

기본 정보

- 학명은 *Beta vulgaris* L.이다.
- 꽃말은 '이루어질 수 없는 사랑'이며, 다른 이름은 첨채두甜菜頭 · 홍채두紅菜頭 · 근공채根恭菜 · 화염채火焰菜 등이다.
- 쌍떡잎식물 명아주과 근대속으로 두해살이풀 또는 여러해살이풀이며, 꽃은 6월에 피고 노란색을 띤 녹색이다. 비트는 파프리카 · 브로콜리 · 셀러리와 함께 서양의 4대 채소 중의 하나이다.
- 원산지는 지중해 연안의 남부 유럽과 북아프리카이다. 키우기 쉽고 뿌리와 잎을 모두 먹을 수 있어 유럽 전역에서 사용해 왔으며, 한국에는 1980년대 후반에 들어왔다.
- 이용부위는 뿌리와 잎이며, 차 또는 식용으로 사용한다. 비트의 어린잎은 샐러드로 이용하고, 자라면 조리해서 먹는다. 녹색부위가 뿌리보다 더 영양분이 많다.

약성

- 성질은 따뜻하고, 맛은 달다.
- 간세포 재생을 촉진해 간 기능을 향상 시키고 지방간을 예방한다.
- 혈액순환을 돕고 혈관에 쌓인 노폐물을 배출한다.
- 고혈압·동맥경화·고지혈증 등을 유발하는 콜레스테롤 수치를 낮춘다.
- 체내의 염증과 발암 물질을 제거해 암을 예방한다.
- 면역력을 길러주는 각종 항산화 성분과 마그네슘이 풍부하다.
- 이뇨작용과 염분제거를 도와 신장에도 좋다.

성분

베타시아닌betacianin
베타인betain
마그네슘magnesum
엽산
루테인lutein
안토시아닌anthocyanin
칼슘
철분 등

비트차 제다법

① 비트는 가을~겨울에 채취한다.
② 비트는 깨끗하게 씻은 후 가는 채를 썰어서 수분을 날린다.
③ 고온에서 덖음과 식힘을 반복한다.
④ 중온에서 타지 않게 덖음과 식힘을 반복해준다.
⑤ 고온에서 가향과 맛내기를 하여 완성한다.

비트차 블렌딩

- 비트차와 장미차를 블렌딩한다.
- 장미차는 혈액을 맑게 하므로 심장질환에 좋으며, 신경을 안정시키는 효능이 있다.
- 비트차 블렌딩은 혈관을 깨끗하게 하여 피를 맑게 하므로 심혈관계 질환에 효과가 좋고, 신경안정에 도움이 된다.
- 블렌딩한 차의 탕색은 진한 붉은색이고, 향은 비트의 구수함과 장미향이 나며, 맛은 진한 단맛이 난다.

비트차 음용법

- 비트차 2g

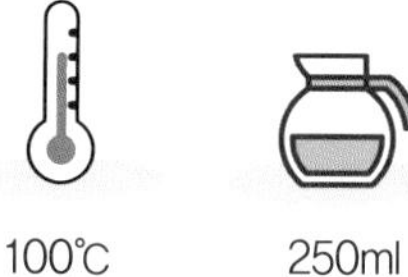  

100℃ 250ml 2분

- 비트차 1g
장미꽃차 0.2g

100℃ 300ml 2분

비트의 활용

- 식초·식용 색소·효소 등에 이용한다.

비트차의 마음·기작용

- 비트는 간肝에 좋은 태음인의 꽃차이다.
- 맛이 단 비트는 간의 기운을 도와서 급한 성질의 태음인을 너그럽고 온화하게 한다.
- 비트의 베타인이라는 항산화 성분은 해독작용과 간세포 재생을 촉진해 간 기능을 향상시키고, 지방간을 예방한다. 이는 수곡량기의 간肝과 관계된다. 수곡량기는 소장小腸에서 유油가 생성되어 배꼽의 유해油海로 들어가고, 유해의 맑은 기운은 코로 나아가서 혈血이 되고, 코의 혈이 허리로 들어가 혈해血海가 되고, 간은 혈해의 맑은 즙을 빨아들여서 원기를 보익하고, 기운을 고동하여 배꼽의 유해를 모이게 한다. 혈해의 맑은 즙이 간의 원기를 보익하기 때문에 비트는 혈해를 충만하게 하는 것이다.(아래 그림 참조)
- 비트는 고혈압, 동맥경화, 고지혈증 등 심혈관 질환을 유발하는 콜레스테롤 수치를 낮추는데, 이것도 수곡량기에서 허리에 있는 혈해血海를 충만하게 하는 것이다.(옆 그림 참조)
- 비트는 이뇨작용과 염분제거를 도와 신장에도 좋은데, 이는 수곡한기의 정해精海와 관계된다. 수곡한기에서 신장은 방광에 있는 정해의 맑은 즙을 빨아들여 신장의 원기를 보익하고, 기운을 고동시켜 액해液海를 모이게 한다. 비트는 정해를 충만하게 하여, 신장의 원기를 보익하는 것이다.

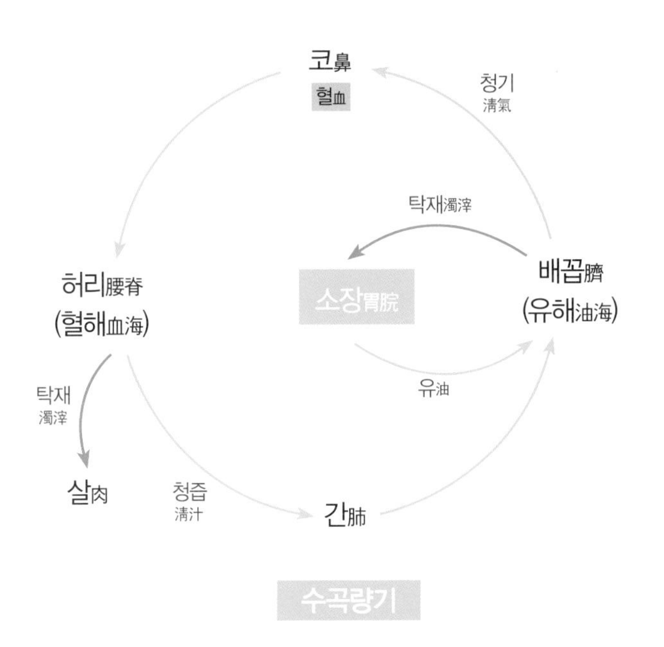

뽕잎

Morus alba L.

폐에 좋은 태음인 꽃차

뽕나무의 약성과 성분

기본 정보

- 학명은 *Morus alba* L.이다.
- 꽃말은 '지혜'·'못 이룬 사랑'이다. 다른 이름은 잠엽蠶葉·경상상엽經霜桑葉, 새뽕나무·오듸나무 등이며, 생약명은 상엽桑葉·상근백피桑根白皮·상근桑根·상지桑枝이다.
- 뽕나무과 뽕나무속으로 낙엽활엽교목 또는 관목이다.
- 원산지는 중국 북부·인도 등이고, 우리나라는 전국의 산기슭이나 마을 부근에서 자생하거나 심어 가꾼다.
- 『신농본초경』에는 2,200년 전부터 뽕잎은 누에의 먹이인데 사람이 섭취하였다고 하였다. 또 고려중기 문인 임춘林椿의 『서하집』에서는 "뽕나무로 만든 활로 쑥으로 만든 화살을 사방에 쏘니, 남자아이의 기백은 북극성처럼 크다네"라고 하여, 사내아이를 출산하면 뽕나무 활과 쑥 화살을 쏘았다는 기록이 있다.
- 이용부위는 잎·뿌리·줄기·열매이며, 차 또는 약용한다.

약성

- 뽕잎의 성질은 차고, 맛은 쓰고 달다.
- 뿌리의 성질은 따뜻하고, 맛은 달고, 독이 없다.
- 뿌리껍질, 열매의 성질은 차고, 맛은 달다.
- 잎은 당뇨·고혈압·습진·두통·중풍 등에 효과가 있다.
- 루틴rutin은 뇌 모세혈관의 발달과 당 대사의 활성화 및 혈압감소 등에 효과가 있다.
- 혈당을 낮추고, 혈중 콜레스테롤을 조절하며, 당대사에 도움을 준다.

성분

- **뿌리껍질**

  움벨리페론umblliferone
  멀베로크로멘mulberrochromene
  시클로멀베린cyclomulberrin
  탄닌tannin 등

- **열매**

  당분, 탄닌, 사과산malic acid, 레몬산citric acid
  비타민B1, B2, C, 카로틴carotene
  리놀산linolic acid, 스테아린산stearic acid
  올레인산oleic acid
  감마-아미노뷰티르산γ-aminobutyric acid: GABA 등

- **잎**

  루틴rutin
  이노코스테론inokosterone
  엑다이스테론ecdysterone
  트리테르페노이드triterpenoid계
  베타-시토스테롤β-sitosterol 등

뽕잎차 제다법

① 뽕잎은 5월 중순에서 6월 초경에 채취한 연한 잎을 쓴다.
② 1.5cm로 잘라놓은 뽕잎을 살청한다.
③ 고온에서 1~2분간 증제 후 빠르게 성형해서 덖음과 식힘을 반복한다.
④ 고온에서 맛내기와 가향 덖음을 한다.
⑤ 저온에서 장시간 건조를 한 후 완성한다.

뽕잎차 블렌딩

- 뽕잎차와 구기자차를 블렌딩한다.
- 구기자차는 구기자에 함유된 항산화 성분이 노화의 원인이 되는 활성산소를 제거하고, 독성물질을 배출시키며, 혈압을 내리게 한다.
- 뽕잎차 블렌딩은 당대사의 기능을 좋게 하여 혈당을 낮추고, 혈중 콜레스테롤을 조절하도록 돕는다. 또 해독작용과 항산화 작용으로 독소와 활성산소를 배출시킨다.
- 블렌딩한 차의 탕색은 연한 미색이며, 향은 뽕잎의 풋내가 나며, 맛은 시원하고, 약간 달다.

뽕잎차 음용법

- 뽕잎차 2g

100℃ 250ml 2분

- 뽕잎차 1.5g
구기자차 0.5g

100℃ 250ml 2분

- 과다 음용시 배탈이 날 수도 있으니 하루 1~2잔 정도가 좋다.

뽕잎 · 열매의 활용

- 열매오디는 잼·쥬스·술·양갱·효소를 만드는데 사용한다.
- 잎은 장아찌를 만들어도 좋다.

뽕잎차의 마음·기작용

- 뽕잎은 폐肺에 좋은 태음인의 꽃차이다.
- 맛이 쓰고 단 뽕잎은 폐의 기운을 도와서 한 걸음 밖으로 나아가서 겁내는 마음을 고요하게 한다.
- 뽕잎은 혈당을 낮추고, 혈중 콜레스테롤을 조절하며 당대사에 도움을 주는데, 이는 수곡량기의 혈해血海와 관계된다. 수곡량기는 소장小腸에서 유油가 생성되어 배꼽의 유해油海로 들어가고, 유해의 맑은 기운은 코로 나아가서 혈血이 되고, 코의 혈이 허리로 들어가 혈해가 된다. 혈해는 피가 사는 집으로 맑은 즙이 간의 원기를 보익하기 때문에 뽕잎은 혈해를 충만하게 하는 것이다.(아래 그림 참조)
- 뽕잎에 다량 함유된 루틴 성분은 뇌 모세혈관의 발달과 당 대사의 활성화 및 혈압감소 등에 효과가 있는데, 이것도 수곡량기의 혈해血海와 관계된다. 수곡량기에서 허리에 있는 혈해의 맑은 즙을 간이 빨아들여 원기를 보익하기 때문이다.

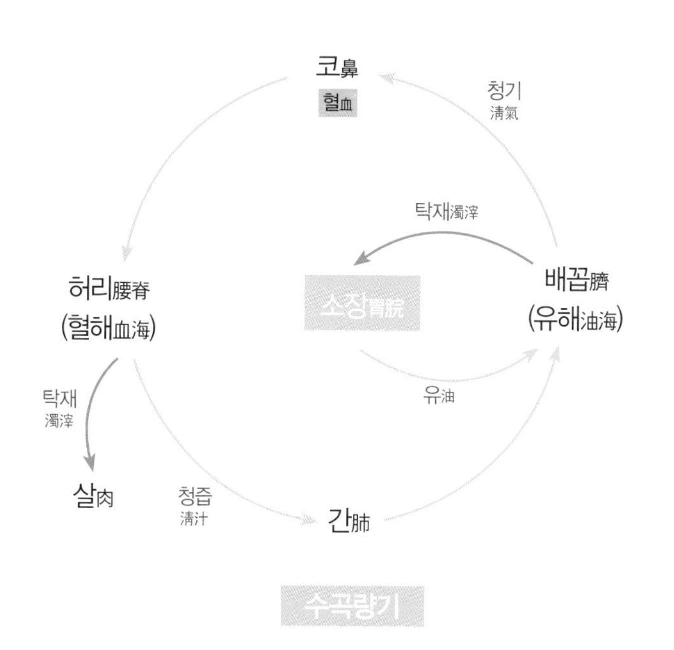

- 뽕잎은 습진, 두통 등에 효과가 있는데, 이는 수곡온기에서 두뇌에 있는 니해膩海를 충만하게 하는 것이다. 뽕잎은 니해의 탁재濁滓가 피부를 보익하고, 두뇌의 기운을 잘 흐르게 하는 것이다.
- 또 태음인은 간대폐소肝大肺小의 장국으로 폐당肺黨의 수곡온기가 적은데, 뽕잎은 기본적으로 수곡온기의 기 흐름을 잘 흐르게 한다.

살구꽃

Prunus armeniaca L.

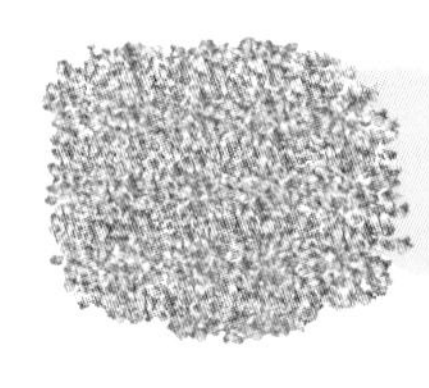

폐에 좋은 태음인 꽃차

살구의 약성과 성분

기본 정보

- 학명은 *Prunus armeniaca* L.이다.
- 꽃말은 '처녀의 수줍음'·'의혹'이며, 다른 이름은 행杏·행수杏樹·참살구·행인杏仁이고, 생약명은 행인杏仁·고행인苦杏仁·고행苦杏이다.
- 장미과 벚나무속에 속한 낙엽활엽 소교목이다. 유사종으로는 산이스라지·털개살구·매실나무·귀룽나무이고, 꽃은 4월 중순에 잎보다 먼저 핀다.
- 원산지는 중국이고, 한국·중앙아시아와 남동 아시아의 모든 지역·유럽 남부와 북아프리카의 일부 지역에서 분포하고 있다.
- 『삼국유사』에 "살구꽃을 보고 봄이 깊어가고 있음을 알 수 있다."는 내용으로 보아, 삼국시대에 이미 살구가 이용되었다. 미친개狂犬病에게 물렸을 때에도 응급처방으로 살구를 먹었다.
- 이용부위는 씨桃仁·꽃·잎·과실이며, 과실은 식용하고, 꽃과 잎은 약용한다.

약성

- 성질은 따뜻하고, 맛은 달고 시다.
- 씨는 가래를 없애주고, 기침을 멎게 하며, 인후병에 좋다.
- 씨는 장을 윤택하게 하여 변비를 치료한다.
- 과실은 폐를 윤택하게 하고, 기침과 가래를 멎게 하여 진정시킨다.
- 과실은 진액을 생성시키고, 갈증 해소에 도움이 된다.

성분

- **씨**

  아미그달린Amygdalin

  지방유脂肪油

  단백질
- **잎**

  루틴Rutin

  질소염

  환원효소
- **과실**

  구연산

  베타카로틴β-carotene

  리코펜lycopene

  정유

살구꽃차 제다법

① 살구꽃은 4월 중순경에 채취한다.
② 꽃을 솎아주며 딴다.
③ 저온에서 꽃을 올려 덖는다.
④ 중온에서 덖음과 식힘을 반복하며 덖는다.
⑤ 고온에서 맛내기와 가향을 하여 완성한다.

살구꽃차 블렌딩

- 살구꽃차에 복숭아꽃차를 블렌딩한다.
- 복숭아꽃은 필수 아미노산, 유기산 등이 풍부하여 피로회복에 좋고, 펙틴성분에 의해 장운동이 촉진된다.
- 살구꽃차 블렌딩은 비위脾胃를 튼튼하게 하고, 장운동을 원활하게 하여 배변을 돕고, 피로회복에도 좋다.
- 블렌딩한 차의 탕색은 연한 미색이고, 향기는 베리 향이 나며, 맛은 약간 쓰다.

살구꽃차 음용법

- 살구꽃차 3~4송이

100℃ 250ml 1분

- 살구꽃차 2송이
  복숭아꽃 1~2송이

100℃ 250ml 1~2분

살구의 활용

- 잼·통조림 등으로 이용한다.

살구꽃차의 마음·기작용

- 살구는 폐肺에 좋은 태음인의 꽃차이다.
- 맛이 달고 따뜻한 살구는 애정哀情을 확충하여 밖을 살펴서 겁내는 마음을 고요하게 한다.
- 살구는 가래를 없애고 기침을 멎게 하는데, 이는 수곡온기의 폐肺와 관계된다. 수곡온기는 위완胃脘에서 진津이 생성되어 혀 아래의 진해津海로 들어가고, 진해의 맑은 기운은 귀로 나아가서 신神이 되고, 신神이 두뇌로 들어가 니해膩海가 되고, 니해의 맑은 즙을 폐肺가 빨아들여서 원기를 보익한다. 니해의 맑은 즙이 폐의 원기를 보익하기 때문에 살구는 니해를 충만하게 하는 것이다.(아래 그림 참조)
- 살구는 폐肺를 윤택하게 하여 진액津液을 생성시키는데, 이는 수곡온기에서 진해津海와 관계된다. 진해의 생성은 위완胃脘에서 진津이 생성되는 것과 폐가 두뇌에 있는 니해膩海의 맑은 즙을 잘 빨아들여서 진해로 고동시켜 준다. 살구는 진해와 니해에 모두 작용하는 꽃차이다.(옆 그림 참조)
- 또 태음인은 간대폐소肝大肺小의 장국으로 폐당肺黨의 수곡온기가 적은데, 살구는 기본적으로 수곡온기의 기 흐름도 잘 흐르게 한다.

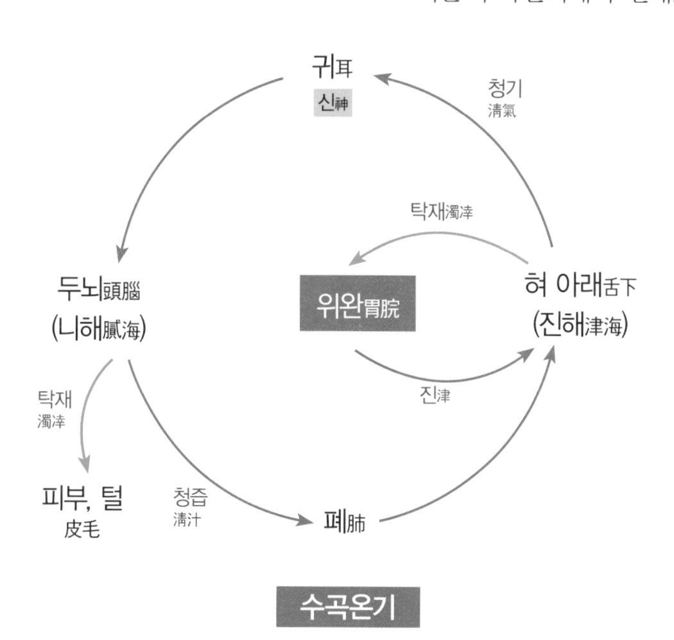

쑥부쟁이

Aster yomena Kitam. Honda.

폐에 좋은 태음인 꽃차

쑥부쟁이의 약성과 성분

약성

- 성질은 차고, 맛은 맵고 쓰다.
- 풍風 기운을 제거하고, 열熱을 내려준다.
- 기침을 멎게 하고, 가래를 없애주는 효능이 매우 좋다.
- 풍열 감기·편도선염·기관지염에 효과가 있다.
- 부스럼과 종기 등 피부병을 다스린다.

성분

캠퍼롤kaempferol
퀘르세틴quercetin
사포닌saponin類
탄수화물
에스테르ester類
탄닌
단백질
필수 아미노산
엽록소

기본 정보

- 학명은 *Aster yomena* Kitam. Honda.이다.
- 꽃말은 '그리움'·'기다림'이며, 다른 이름은 권영초·산백국山白菊·쑥부장이다.
- 국화과 참취속에 속한 여러해살이풀로 꽃은 7~10월에 피는데, 가는쑥부쟁이·가새쑥부쟁이·개쑥부쟁이·갯쑥부쟁이·미국쑥부쟁이·쑥부쟁이 등 여러 종류가 있다.
- 원산지는 한국·일본·중국·시베리아이다.
- 쑥부쟁이라는 이름은 쑥을 뜯는 불쟁이대장장이 딸에서 유래되었다. 불쟁이 딸이 배고픈 동생들을 위해 나물을 캐러 다니다가 벼랑에서 떨어져 죽었는데, 그 자리에서 꽃이 피어 이름을 쑥부쟁이라고 하였다.
- 이용부위는 뿌리·줄기·잎·꽃이며, 어린 순은 식용하고, 전초는 약용한다.

쑥부쟁이꽃차 제다법

① 쑥부쟁이 꽃은 개화시기인 7월에 채취한다.
② 꽃을 소금물 또는 대추, 감초를 넣은 물에 살짝 증제한다.
③ 저온에서 덖음을 한다.
④ 중온에서 덖음과 식힘을 반복하여 덖음한다.
⑤ 고온에서 가향을 하여 완성한다.

쑥부쟁이꽃차 블렌딩

- 쑥부쟁이꽃차에 구기자와 감초를 블렌딩한다.
- 구기자는 간·신장을 튼튼하게 하여 양기를 북돋아 주고, 감초는 해독작용을 한다. 구기자와 감초는 단맛이 있어 쑥부쟁이의 쓴맛을 덜어준다.
- 쑥부쟁이꽃차 블렌딩은 해독작용을 하고, 자양강장의 효능이 있어 면역력이 상승되며, 열을 내리게 하고, 이뇨와 염증을 다스린다. 또 폐를 건강하게 하여 호흡기 질환을 예방하는데 도움이 된다.
- 블렌딩한 차의 우림한 탕색은 연한 미색이며, 향기는 시원한 국화향이 나고, 맛은 쓴맛과 단맛이 약간 있다.

쑥부쟁이꽃차 음용법

- 쑥부쟁이꽃차 3~4송이

100℃ 250ml 2분

- 쑥부쟁이꽃차 3송이
구기자차 0.5g
감초차 1개

100℃ 300ml 2분

쑥부쟁이의 활용

- 쑥부쟁이의 어린순은 나물로 이용한다.

쑥부쟁이꽃차의 마음·기작용

- 쑥부쟁이는 폐肺에 좋은 태음인의 꽃차이다.
- 성질이 차고, 맛이 매운 쑥부쟁이는 폐의 열을 내려 태음인이 한 걸음 밖으로 나아가서 겁내는 마음을 고요하게 한다.
- 쑥부쟁이는 부스럼과 종기 등 피부병을 다스리는데, 이는 수곡온기의 니해膩海와 관계된다. 수곡온기는 위완胃脘에서 진津이 생성되어 혀 아래의 진해津海로 들어가고, 진해의 맑은 기운은 귀로 나아가서 신神이 되고, 신神이 두뇌로 들어가 니해가 된다. 니해의 탁재濁滓가 피부를 보익하기 때문에 쑥부쟁이는 니해를 충만하게 하는 것이다.(아래 그림 참조)
- 쑥부쟁이는 기침을 멎게 하고, 가래를 없애주는 효능이 매우 좋은데, 이는 수곡온기의 진해津海와 관계된다. 혀 아래에 있는 진해의 탁재濁滓가 위완을 잘 보익하기 때문에 쑥부쟁이는 폐가 두뇌의 니해를 잘 빨아들이고, 혀 아래 진해를 잘 고동하게 하는 것이다.(아래 그림 참조)

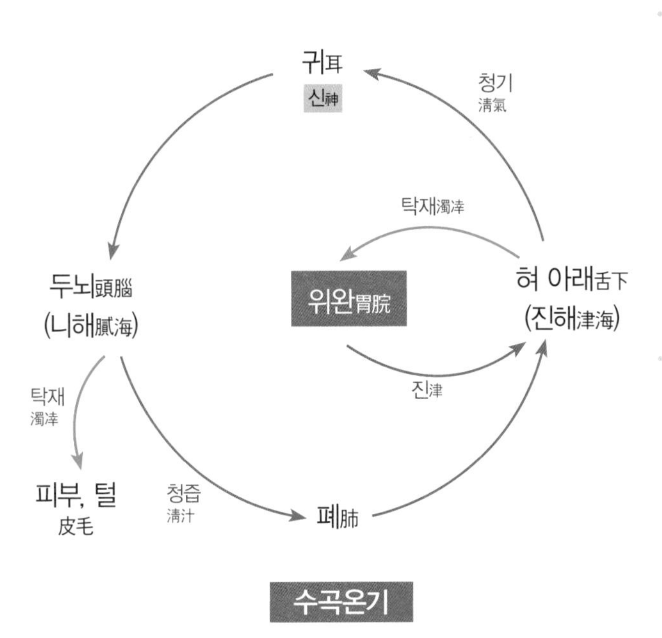

- 쑥부쟁이는 풍열감기·편도선염·기관지염에 효과가 있는데. 이것도 수곡온기의 진해津海와 관계한다. 혀 아래에 있는 진해의 탁재가 위완胃脘을 보익하기 때문에 쑥부쟁이는 진해를 충만하게 하는 것이다.
- 또 태음인은 간대폐소肝大肺小의 장국을 가지고 있기 때문에 수곡온기가 작은 사람이다. 쑥부쟁이는 기본적으로 폐당肺黨의 수곡온기를 도와서 잘 흐르게 한다.

아까시꽃

Robinia pseudoacacia L.

폐에 좋은 태음인 꽃차

아까시꽃의 약성과 성분

기본 정보

- 학명은 *Robinia pseudoacacia* L.이다.
- 꽃말은 '쾌락의 바람' · '깨끗한 마음' · '우정' · '품위'이며, 다른 이름은 아가시나무, · 아까시나무 · 아카시아나무 · 자괴刺槐이고, 생약명은 자괴화刺槐花 · 자괴근피刺槐根皮이다.
- 콩과 아까시나무속의 낙엽활엽 교목이며, 아까시나무는 흰꽃이 피고, 아까시나무는 노란 방울모양의 꽃이 핀다. 꽃이 피는 시기는 5~6월이다.
- 원산지는 북아메리카이다. 우리나라에는 1900년대 초에 수입하였다. 뿌리혹박테리아가 공기 중의 질소를 고정시켜 척박한 땅을 비옥하게 만들기 때문에 황폐한 땅을 복구하기 위해 식재하였다.
- 이용부위는 뿌리껍질과 잎·꽃으로, 꽃은 식용 또는 차로 사용하고, 뿌리껍질과 잎·꽃 모두는 약용한다.

약성

- 성질은 평하고, 맛은 맵다.
- 천연항생제로 천식·기관지염·신장염·방광염 등 염증에 효과가 좋다.
- 이뇨작용, 해독작용을 한다.
- 고혈압에 효능이 있다.
- 꽃은 치질·대장하혈·객혈·토혈 등을 다스린다.

성분

- **꽃**

  아미노산 카날린canaline, 리신ricin
  아스파라긴산asparagin
  글루탐산glutamic, 히스티딘histidine
  알기닌alginine, 페닐아라닌phenyalanine
  발린valine, 티로신tyrosine
  트레오닌threonine
  라이신leucine 등과 탄닌tannin
  플라보노이드flavonoid

- **잎**

  비타민 C

- **미성숙한 씨의 외피**

  카날린canaline

- **씨**

  피토헤마글루티닌phyttohemagglutinine

아까시꽃차 제다법

① 아까시나무꽃은 개화시기인 6~7월에 채취한다.
② 꽃잎을 하나씩 떼거나 또는 꽃송이를 취향에 맞게 자른다.
③ 저온에서 꽃잎이 겹치지 않도록 올려서 덖는다.
④ 중온에서 꽃이 타지 않도록 덖음한다.
⑤ 고온에서 가향을 해서 완성한다.

아까시꽃차 블렌딩

- 아까시꽃차에 당귀꽃차를 블렌딩한다.
- 당귀꽃차는 속을 따뜻하게 하고 청혈·보혈·생혈작용으로 원기 회복에 도움이 된다.
- 아까시꽃차 블렌딩은 염증을 가라앉히고, 혈액순환을 도우며, 속을 편하게 하고, 당귀의 효능으로 기력을 돕는다.
- 블렌딩한 차의 우림한 탕색은 은은한 미색이고, 향기는 당귀향과 꿀 향이 나며, 맛은 구수하고 단맛이 진하다.

아까시꽃차 음용법

- 아까시꽃차 2g

100℃ 250ml 2분

- 아까시꽃차 1.5g
  당귀꽃차 0.5g

100℃ 250ml 2분

아까시꽃의 활용

- 샐러드·청·샌드위치·꽃 비빔밥 등으로 이용한다.

아까시꽃차의 마음·기작용

- 아까시꽃은 폐肺에 좋은 태음인의 꽃차이다.
- 맛이 매운 아까시꽃은 애정哀情을 도와서 밖을 살펴서 겁내는 마음을 고요하게 한다.
- 아까시꽃은 폐의 기운을 활성화하여 태음인이 정직하고, 자신의 것을 베푸는 마음을 가지게 한다.
- 아까시꽃은 천연항생제로 천식·기관지염에 효과가 있는데, 이는 수곡온기의 위완胃脘과 관계된다. 수곡온기는 위완胃脘에서 진津이 생성되어 혀 아래의 진해津海로 들어가고, 진해의 맑은 기운은 귀로 나아가서 신神이 되고, 진해의 탁재濁滓는 위완을 보익한다. 진해의 탁재가 위완을 보익하기 때문에 아까시꽃은 진해를 충만하게 하는 것이다.(아래 그림 참조)
- 아까시꽃은 치질·대장하혈·객혈·토혈 등을 다스리는데, 이는 수곡량기의 혈해血海와 관계된다. 수곡량기는 간당肝黨에 흐르는 기운으로, 아까시꽃은 허리의 혈해를 충만하게 하여 간肝의 원기를 보익하고 혈血을 잘 응결되게 한다.
- 또 태음인은 간대폐소肝大肺小의 장국으로 수곡온기가 작은 사람이다. 아까시나무꽃은 기본적으로 폐당肺黨의 수곡온기를 도와서 잘 흐르게 한다.

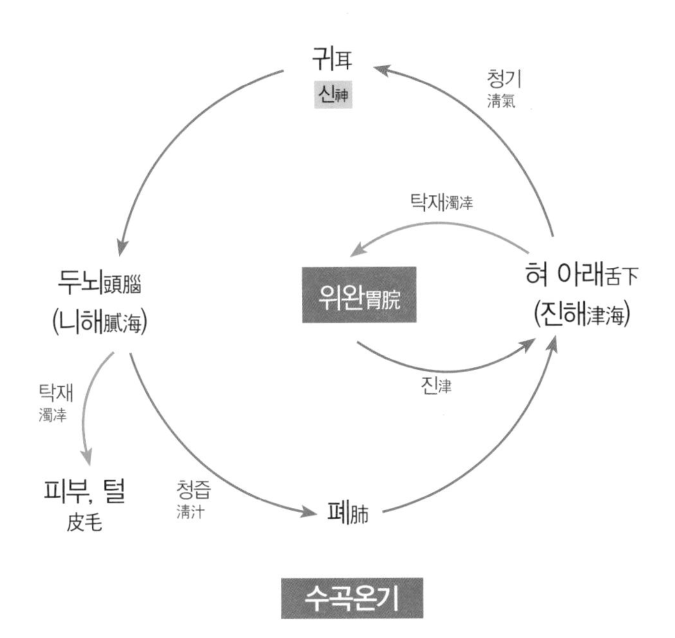

엉겅퀴

Cirsium japonicum Fisch. ex DC. var. *maackii* (Maxim.) Matsum.

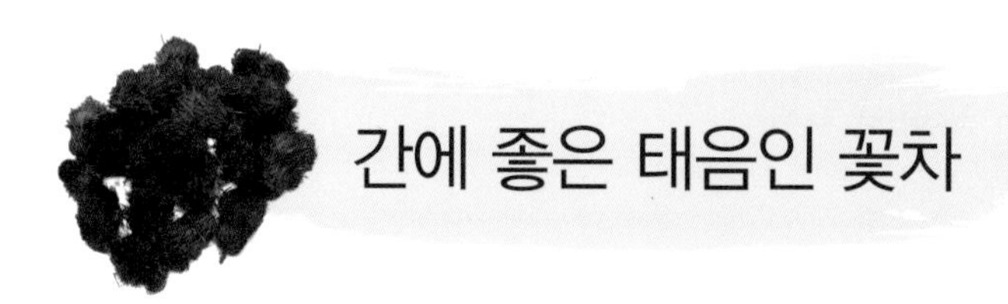

간에 좋은 태음인 꽃차

엉겅퀴의 약성과 성분

기본 정보

- 학명은 *Cirsium japonicum* Fisch. ex DC. var. *maackii* (Maxim.) Matsum.이다.
- 꽃말은 '독립'·'고독한 사람'·'근엄'·'건드리지마'·'순진함'이며, 다른 이름은 가시엉겅퀴·가시나물·항가새 등이고, 생약명은 대계大薊이다.
- 쌍떡잎식물 국화과의 여러해살이풀로 우리나라 전역의 산과 들에서 자란다. 꽃은 6~8월에 자주색 또는 적색꽃으로 핀다.
- 산지는 한국·일본·중국 북동부 지역에 분포하고 있다.
- 피를 엉퀴게 해서 엉겅퀴라는 이름이 붙었다고 한다. 15세기 말에는 '한거싀'으로 불리었다. 한거싀이란 큰가시를 뜻한다.
- 이용부위는 뿌리와 잎이며, 어린잎은 식용하고, 뿌리와 잎은 약용한다.

약성

- 성질은 차고, 맛은 쓰고, 달다.
- 피를 맑게 하고, 코피·자궁출혈·외상출혈 등을 지혈하는 효능이 있다.
- 어혈을 풀어주고 종기를 가라앉힌다.
- 담膽을 이롭게 하고, 급만성 간염이나 신염腎炎을 다스린다.
- 신경통과 피부질환에 효과가 있다.

성분

- **전초**

알칼로이드alkaloid

정유精油

- **뿌리**

타락사스테릴taraxaxteryl

아세테이트acetate

스티그마스테롤stigmasterol

알파아미린α-amyrin

베타시토스테롤β-sitosterol 등

엉겅퀴꽃차 제다법

① 엉겅퀴는 6~8월경 만개하기 전에 채취하여 깨끗하게 다듬는다.
② 깨끗하게 씻은 후 찜기에 올려 증제한다.
③ 고온에서 팬 위에 올려 덖음과 식힘한다.
④ 중온에서 덖음과 식힘 반복하여 덖는다.
⑤ 고온에서 가향과 맛내기로 완성한다.

엉겅퀴꽃차 블렌딩

- 엉겅퀴차와 칡꽃차를 블렌딩한다.
- 칡꽃차는 숙취해소에 좋고, 갱년기 여성들의 우울증에 도움이 된다.
- 엉겅퀴차 블렌딩은 숙취해소를 돕고, 간세포의 신진대사를 활발하게 하여 간 속에 쌓인 노폐물을 배출시킨다.
- 블렌딩한 차의 탕색은 연한 미색이며, 향은 구수하게 나고, 맛은 달고, 약간 쓰다.

엉겅퀴꽃차 음용법

- 엉겅퀴차 2g

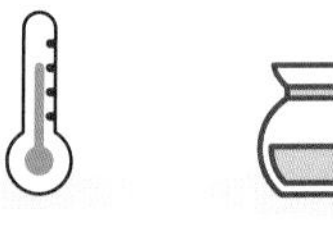

100℃ 250ml 2분

- 엉겅퀴차 1.5g
  칡꽃차 0.5g

100℃ 250ml 2분

- 몸이 차고 맥이 약한 사람이나 위장이 차고 식욕이 없는 사람은 음용을 주의해야 한다.

엉겅퀴의 활용

- 연한 잎은 나물·뿌리는 술·꽃 잎 줄기는 효소 담그는데 이용한다.

엉겅퀴꽃차의 마음·기작용

- 엉겅퀴는 간肝에 좋은 태음인의 꽃차이다.
- 맛이 쓰고 단 엉겅퀴는 간의 기운을 도와서 급한 성질의 태음인을 너그럽고 온화하게 한다.
- 엉겅퀴는 간을 해독하고 간세포를 보호하여 간세포의 사멸을 억제하는데, 이는 수곡량기의 간肝과 관계된다. 수곡량기는 소장小腸에서 유油가 생성되어 배꼽의 유해油海로 들어가고, 유해의 맑은 기운은 코로 나아가서 혈血이 되고, 코의 혈이 허리로 들어가 혈해血海가 되고, 간은 혈해의 맑은 즙을 빨아들여서 원기를 보익하고, 기운을 고동하여 배꼽의 유해를 모이게 한다. 혈해의 맑은 즙이 간의 원기를 보익하기 때문에 엉겅퀴는 혈해를 충만하게 하는 것이다.(아래 그림 참조)
- 엉겅퀴는 혈당 강화작용·혈액응고 등에 작용하는데, 이는 수곡량기에서 허리에 있는 혈해血海를 충만하게 하는 것이다.(아래 그림 참조)
- 엉겅퀴는 소화기관에 작용·위액분비를 높아지게 하는데, 이는 수곡열기의 고해膏海와 관계된다. 수곡열기에서 고해의 탁재濁滓가 위胃를 보익하기 때문에 엉겅퀴는 고해를 충만하게 하는 것이다.
- 또 태음인은 간대폐소肝大肺小의 장국으로 폐당肺黨의 수곡온기가 적은데, 엉겅퀴는 기본적으로 수곡온기의 기 흐름을 잘 흐르게 한다.

연蓮

Nelumbo nucifera Gaertn.

간에 좋은 태음인 꽃차

연蓮의 약성과 성분

기본 정보

- 학명은 Nelumbo nucifera Gaertn.이다.
- 꽃말은 '군자'·'청결'·'순결'·'배신'·'청순한 마음' 등이며, 다른 이름은 연이고, 생약명은 연자심蓮子心·연자육蓮子肉이다.
- 연꽃과 수생식물 중 부엽식물에 속하는 쌍떡잎식물로서 다년생 수초이다. 키는 1m 정도 자라고, 연잎은 하엽체荷葉體라고도 불리운다. 꽃은 연한 홍색 또는 흰색으로 7~8월에 꽃줄기 끝에서 대형 꽃이 1송이 피는데 지름이 15~20cm이다.
- 원산지는 인도로 추정되나 중국과 이집트라는 설도 있다. 우리나라는 주로 연못에서 자라고 논밭에서 재배되기도 한다.
- 연꽃은 더러운 진흙 연못 속에서 깨끗한 꽃을 피운다고 하여 선비들로부터 사랑을 받아왔다.
- 이용부위는 뿌리·잎·꽃·종자이며, 식용으로 활용할 수 있고, 차 또는 약용한다.

약성

- 연자육의 성질은 평하고, 맛은 달고 떫다.
- 연근의 성질은 차고, 맛은 달다.
- 잎의 성질은 평하고, 맛은 쓰다.
- 연자육은 신장의 기운을 이롭게 하여 유정을 멈추게 한다.
- 연자육은 오래된 이질 설사를 멈추게 하고, 불면증에 도움을 준다.
- 연근은 열을 내리고 어혈을 제거하며 독성을 풀어준다.
- 연잎은 수렴작용과 지혈작용을 하고 야뇨증에도 효과가 있다.
- 연꽃은 혈액순환을 돕고 풍습風濕을 제거한다.

성분

- **연자육**

  전분
  라피노스raffinose
  누시페린nuciferine
  노루누시페린nornuciferine
  노르마르메파빈norarmepavine

- **잎**

  로메린roemerine, 누시페린nuciferine
  노르누시페린, 아르메파빈armepavine
  프로누시페린pronuciferine
  리리오데닌liriodenine
  아노나인anonaine
  퀘르세틴quercetin 등

연꽃차 제다법

① 꽃을 7~8월에 채취한다.
② 꽃을 꽃잎과 연자방, 꽃술을 분리한다.
③ 꽃잎은 5mm 정도로 자르고, 연자방은 2mm 정도로 자른다.
④ 중온에서 덖음과 식힘을 반복하여 덖는다.
⑤ 고온에서 맛내기와 가향덖음을 하여 완성한다.

연차 블렌딩

- 연잎차와 연꽃차를 블렌딩한다.
- 연잎차는 건조한 폐를 순환시켜 니코틴을 배출하고, 심신안정 및 불면증 해소에 도움을 준다.
- 연꽃차 블렌딩은 해독작용과 수렴작용을 하고 또 지혈작용을 한다. 폐 기운을 좋게 하여 니코틴 독소를 배출하며, 정신을 안정시켜 수면을 돕는다.
- 연꽃과 연잎차의 탕색은 연한 연두빛이고, 향은 연향이 나며, 맛은 달고, 구수하다.

연차 음용법

- 연잎차 2g

100℃

2분

- 연잎차 3g

100℃

2분

연의 활용

- 연잎은 장아찌·연잎밥에 이용한다.
- 연근은 조림·연근튀김·연근차로 이용한다.

연꽃차의 마음·기작용

- 연꽃은 간肝에 좋은 태음인의 꽃차이다.
- 맛이 단 연꽃은 간의 기운을 도와서 급한 성질의 태음인을 너그럽고 온화하게 한다.
- 연꽃은 혈액순환을 돕고 풍사와 습사를 제거하며, 지혈의 효능이 있는데, 이는 수곡량기의 혈해血海와 관계된다. 수곡량기는 소장小腸에서 유油가 생성되어 배꼽의 유해油海로 들어가고, 유해의 맑은 기운은 코로 나아가서 혈血이 되고, 코의 혈이 허리로 들어가 혈해血海가 되고, 간은 혈해의 맑은 즙을 빨아들여서 원기를 보익하고, 기운을 고동하여 배꼽의 유해를 모이게 한다. 혈해는 피가 모이는 곳으로 혈해의 맑은 즙이 간의 원기를 보익하기 때문에 연꽃은 혈해를 충만하게 하는 것이다.(아래 그림 참조)

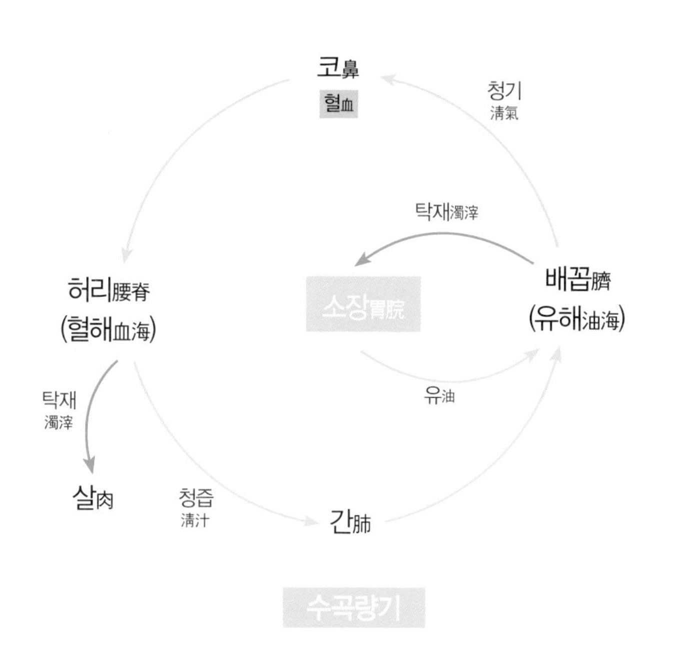

- 연잎은 위염·출혈성 위궤양에 도움을 주는데, 이는 수곡열기의 고해膏海와 관계된다. 수곡열기에서 고해의 탁재濁滓가 위胃를 보익하기 때문에 연잎은 고해를 충만하게 하는 것이다.
- 또 태음인은 간대폐소肝大肺小의 장국으로 폐당肺黨의 수곡온기가 적은데, 연꽃은 기본적으로 수곡온기의 기 흐름을 잘 흐르게 한다.

우엉뿌리

Arctium lappa L.

우엉의 약성과 성분

기본 정보

- 학명은 *Arctium lappa* L.이다.
- 꽃말은 '인격자' · '나에게 손대지 마오'이다. 다른 이름은 악실惡實 · 서점자鼠粘子 · 서점자黍粘子이고, 생약명은 우방자牛蒡子이다.
- 국화과의 두해살이풀로 키는 50~150cm이고, 뿌리는 30~60cm로 자라며, 꽃은 7~8월에 피는데 색은 검은 자주빛 또는 흰색으로 핀다. 씨앗은 검은색으로 한약재로 쓴다.
- 원산지는 유럽이다. 일본에서 많이 재배되며, 유럽, 시베리아, 중국 북동부 지역에 야생하고 있다. 우리나라에서는 주로 경상남도 진주를 비롯하여 전국적으로 재배하고 있다.
- 이용부위는 뿌리와 어린잎은 식용하고, 주로 종자는 약용한다.

약성

- 성질은 차고, 맛은 쓰고 매우며, 독이 없다.
- 몸을 보호하는 강장약 · 위염 · 십이지장궤양 · 소화약으로 쓴다.
- 기침 · 당뇨에 효과가 있고, 염증 · 종기 · 안면부종을 없앤다.
- 혈압상승을 억제하고 콜레스테롤을 체외로 배출하는 작용을 한다.
- 뿌리에 풍부한 아크틴은 혈관을 확장하고, 고혈압을 낮추는 효과가 있다.
- 리그난은 바이러스를 억제하고 암을 예방하며, 중금속을 배출한다.

성분

- **열매**

  리그난lignan의 일종으로 아크틴arctiin

  아크티게닌arctigenin 등

- **뿌리**

  수분

  이눌린inulin

  셀룰로오스cellulose

  헤미셀룰로오스hemicellulose

  페놀류phenol類 등

우엉뿌리차 제다법

① 우엉의 뿌리는 흙을 잘 털어내고 흐르는 물에 씻는다.
② 두께는 2mm, 1cm 길이로 썰어 덖음한다.
③ 식힌 후 고온에서 덖음과 식힘을 3번씩 반복한다.
④ 타지 않게 주의 하며 중온에서 덖음한다.
⑤ 고온에서 맛내기와 가향을 하여 완성한다.

우엉뿌리차 블렌딩

- 우엉뿌리차와 도라지차를 블렌딩한다.
- 도라지차는 기관지염증·가래·기침·편도선염이나 인후가 붓고 아플 때 도움을 준다.
- 우엉뿌리차 블렌딩은 바이러스를 억제하고 암을 예방하며, 식수 중에 존재하는 중금속을 배출한다. 또 장운동을 촉진하여 배변을 돕고, 폐 기운을 도와 기관지 염증을 다스린다.
- 블렌딩한 차의 탕색은 연한 미색이고, 향은 약간 쓴 향이 나며, 맛은 약간 쓰고, 떫고, 구수하다.

우엉뿌리차 음용법

- 우엉뿌리차 2g

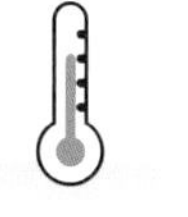

100℃ 250ml 2분

- 우엉뿌리차 1.5g
  도라지뿌리차 0.5g

100℃ 250ml 2분

우엉의 활용

- 우엉 정과·우엉조림·반찬 등 약용과 식용으로 이용한다.

우엉뿌리차의 마음·기작용

- 우엉은 비장脾臟에 좋은 태음인의 꽃차이다.
- 맛이 쓰고 매운 우엉은 비장의 기운을 도와서 밖을 살펴서 겁내는 마음을 고요하게 하고, 엄숙하면서도 포용하게 한다.
- 우엉은 몸을 보호하는 강장약·위염·십이지장궤양·소화약으로 쓰는데, 이는 수곡열기의 고해膏海와 관계된다. 수곡열기는 위胃에서 고膏가 생성되어 양 젖가슴의 고해로 들어가고, 고해의 맑은 기운은 눈으로 나가서 기氣가 되고, 고해의 탁재濁滓는 위를 보익한다. 우엉은 위에서 고膏를 잘 생성시켜 고해를 충만하게 하는 것이다.(아래 그림 참조)
- 우엉은 혈압상승을 억제하고 콜레스테롤을 체외로 배출하는 작용을 하는데, 이는 수곡량기의 혈해血海와 관계된다. 수곡량기에서 허리에 있는 혈해의 맑은 즙은 간이 빨아들여 원기를 보익한다. 혈해는 피가 모이는 간의 원기를 보익하기 때문에 우엉은 혈해를 충만하게 하는 것이다.

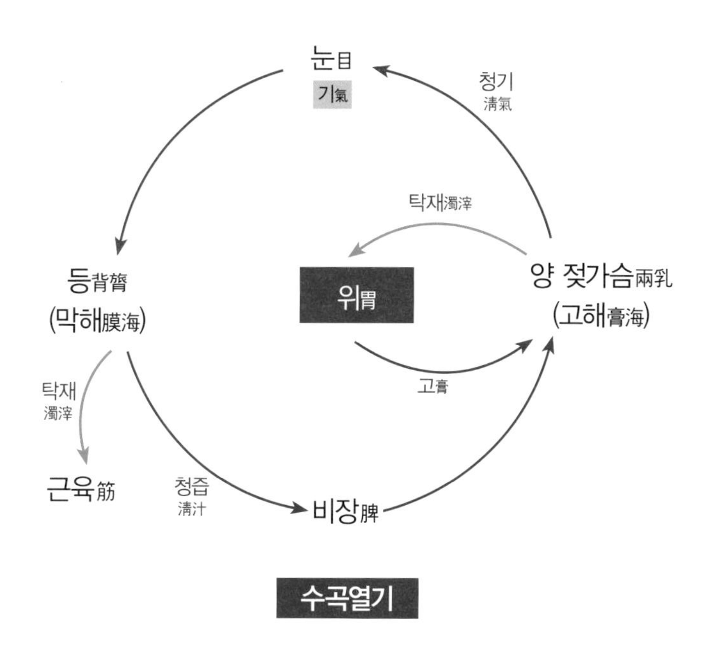

- 또 태음인은 간대폐소肝大肺小의 장국으로 폐당肺黨의 수곡온기가 적은데, 우엉은 기본적으로 수곡온기의 기 흐름을 잘 흐르게 한다.

울금

Chrysanthemum indicum L.

간에 좋은 태음인 꽃차

울금의 약성과 성분

기본 정보

- 학명은 *Curcuma longa* L.이다.
- 꽃말은 '당신을 따르겠습니다'이고, 다른 이름은 마술馬述·황울黃鬱 등이다. 울금이란 말의 뜻은 '막힌 기운을 뚫어주는 황금색 음식'이란 뜻이다.
- 생강과에 속한 다년생초본으로 강황과의 차이점은 강황은 뿌리줄기인 반면, 울금은 덩이뿌리를 사용해 건조한 것이다.
- 원산지는 인도이고, 중국 및 동남아시아 지역에 분포하고 있으며, 우리나라의 중남부 지역에서도 재배되고 있다.
- 『산림경제』에서는 "모양이 매미 배 같고 좋은 것은 향이 심하지 않고 가벼우며, 양楊해서 울금주는 능히 고원高遠까지도 주기酒氣가 달하므로 강신降神에 사용한다."라고 하였다. 『규합총서』와 『상방정례』에는 염색법이 기록되어 있다.
- 이용부위는 덩이뿌리이며, 식용 또는 약용한다.

약성

- 성질은 서늘하고, 맛은 맵고 쓰며, 독이 없다.
- 혈액을 활성화하고, 울체된 혈액을 풀어준다.
- 체내의 열을 내리고, 혈액을 서늘하게 한다.
- 커큐민노이드curcuminoid와 커큐민curcumin은 혈중 콜레스테롤과 혈당농도를 조절한다.
- 커큐민curcumin은 항산화작용을 하므로 몸속 활성산소를 제거하고, 세포의 재생을 촉진시킨다.
- 식욕 증진·당뇨 개선·지방분해·항암 등에 효과가 있다.

성분

강황색소薑黃色素인 커큐민curcumin

커큐민노이드curcuminoid

정유turmerone

미분

유도 단백질 키나이제효소

소량의 지방유 등

울금차 제다법

① 울금은 가을에 채취하여 깨끗이 씻어 물기를 제거한다.
② 울금을 2mm 두께로 썰어서 시들리기 한다.
③ 고온에서 익혀가며 덖음과 식힘을 반복한다.
④ 고온에서 맛내기 덖음을 한다.
⑤ 가향 덖음하고 건조하여 완성을 한다.

울금차 블렌딩

- 울금차와 현미차를 블렌딩한다.
- 현미차에는 피토스테롤이 다량 함유되어 있어 우리 몸에 좋은 콜레스테롤을 높여주고 나쁜 콜레스테롤을 낮춰 주어 동맥경화를 예방한다. 또 고혈압과 고지혈증 그리고 심장질환의 예방과 치료에 도움이 된다.
- 울금차 블렌딩은 활성산소를 제거하고, 세포 재생을 촉진하는 등 현미차와 더불어 혈관계통의 질병을 다스린다.
- 블렌딩한 차의 탕색은 진한 황색이고, 향은 카레향이 나고, 맛은 구수하고 약간 맵다.

울금차 음용법

- 울금차 2g

100℃ 250ml 1분

- 울금차 1g
  현미차 1g

100℃ 250ml 2분

울금의 활용

- 전·염료와 식품 착색재로 이용한다.

울금차의 마음·기작용

- 울금은 간肝에 좋은 태음인의 꽃차이다.
- 맛이 맵고 쓴 울금은 간의 기운을 도와서 급한 성질의 태음인을 너그럽고 온화하게 한다.
- 울금의 커큐민노이드 성분은 혈중 콜레스테롤과 혈당농도를 조절하는 등 혈액과 관련된 약성이 많은데, 이는 수곡량기의 혈해血海와 관계된다. 수곡량기는 소장小腸에서 유油가 생성되어 배꼽의 유해油海로 들어가고, 유해의 맑은 기운은 코로 나아가서 혈血이 되고, 혈은 허리로 들어가 혈해가 된다. 울금은 코에 있는 혈이 허리에 있는 혈해로 잘 들어가게 하여, 혈해를 충만하게 하는 것이다.(아래 그림 참조)
- 또 태음인은 간대폐소肝大肺小의 장국으로 폐당肺黨의 수곡온기가 적은데, 울금은 기운을 행하고, 울체된 혈액을 풀어주기 때문에 수곡온기의 기 흐름을 잘 흐르게 한다.

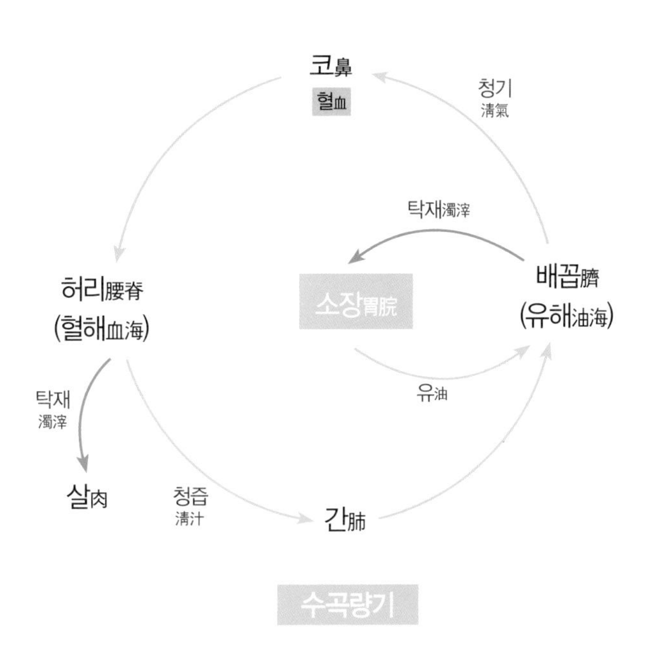

진달래

Rhododendron mucronulatum
Turcz.

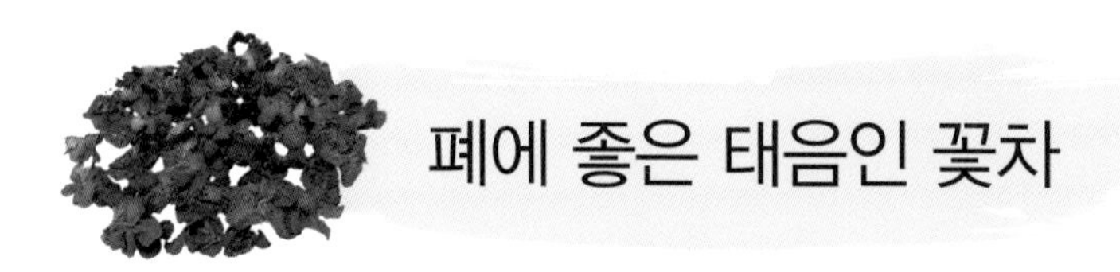

진달래의 약성과 성분

기본 정보

- 학명은 *Rhododendron mucronulatum* Turcz.이다.
- 꽃말은 '사랑의 기쁨'이다. 다른 이름은 왕진달래 · 진달래나무 · 참꽃나무 · 만산홍, 영산홍 · 두견화 등이고, 생약명은 백화영산홍白花映山紅이다. 진달래는 선녀와 나무꾼이 낳은 예쁜 딸이라는 전설이 있다.
- 진달래과 낙엽활엽관목으로 나무 높이는 2~3m이고, 어린 가지에는 회색의 굵은 털이 나 있다. 꽃은 4~5월에 홍색으로 잎보다 먼저 핀다.
- 산지는 중국 · 내몽고 · 일본 · 극동러시아 등이고, 우리나라는 전국에 분포하고 있다.
- 『언해구급방』에서는 "크게 부어서 근육이 무겁고 아픈 경우에 두견화를 가루 내어 꿀로 반죽하여 환처에 붙여서 가라앉으면 즉시 효험을 본다. 또 이질이 걸렸을 때 먹으면 좋다."고 하였다.
- 이용부위는 꽃이며, 차 · 화전 · 술 등 식용으로 활용하고, 뿌리 · 줄기 · 잎 · 꽃은 약용한다.

약성

- 성질은 따뜻하고, 맛은 매우며, 독이 없다.
- 청폐淸肺 작용이 있어서 기침, 기관지염에 효과가 있다.
- 감기로 인한 두통에 효과가 있다.
- 혈액순환 · 월경불순 · 어혈 · 고혈압 등에 좋다.
- 이뇨 · 거담 · 진통 작용을 한다.

성분

- **꽃**

  아자레인azalein

  아자레아틴azaleatin

- **잎**

  플라보노이드flavonoid류 퀘르세틴quercetin

  고시페틴gossypetin

  캠페롤kaempferol

  미리세틴myricetin

  아자레아틴azaleatin 등

진달래꽃차 제다법

① 진달래꽃은 4월 봉오리나 갓 핀 꽃을 채취한다.
② 꽃술과 꽃받침은 제거하고 저온에 펼쳐 놓는다.
③ 중온에서 덖음과 식힘을 반복해 준다.
④ 고온에서 가향과 맛내기를 하여 완성한다.
⑤ 저온에서 수분을 체크하고 병입한다.

진달래꽃차 블렌딩

- 진달래꽃차와 청귤을 블렌딩한다.
- 청귤은 신맛이 강해 청의 재료로 사용되며 비타민C가 레몬의 10배로 높아 면역력강화·피부미용·감기예방에 좋다.
- 진달래꽃차 블렌딩은 기침과 가래에 좋고, 코피를 멎게 하며, 면역력을 높여주고, 피부를 젊게 한다.
- 블렌딩한 차의 우림색은 갈색이며, 향은 새콤한 귤향이 나고, 맛은 약간 쓰나, 새콤달콤하다.

진달래꽃차 음용법

- 진달래꽃차 2g

100℃

250ml

2분

- 진달래꽃차 2g
  청귤차 1조각

100℃

250ml

2분

- 청귤에는 비타민C가 풍부하여 평소 위, 소화기관이 허약한 사람들은 과도하게 섭취를 하지 않는 것이 좋다.

진달래꽃차의 활용

- 화전·술·청 등에 이용된다.

진달래꽃차의 마음·기작용

- 진달래는 폐肺에 좋은 태음인의 꽃차이다.
- 맛이 매운 진달래는 폐의 기운을 도와서 밖을 살펴서 겁내는 마음을 고요하게 한다.
- 진달래는 청폐淸肺 작용이 있어서 기침·기관지염에 효과가 있는데, 이는 수곡온기의 폐肺와 관계된다. 수곡온기는 위완胃脘에서 진津이 생성되어 혀 아래의 진해津海로 들어가고, 진해의 맑은 기운은 귀로 나아가서 신神이 되고, 신神이 두뇌로 들어가 니해膩海가 되고, 폐는 니해의 맑은 즙을 빨아들여서 원기를 보익하고, 기운을 고동하여 혀 아래의 진해를 모이게 한다. 니해의 맑은 즙이 폐의 원기를 보익하기 때문에 진달래는 니해를 충만하게 하는 것이다.(아래 그림 참조)
- 진달래는 혈액순환·월경불순·어혈·고혈압 등에 좋은데, 이는 수곡량기의 혈해血海와 관계된다. 혈해는 피가 사는 집으로, 혈해의 맑은 즙이 간의 원기를 보익하기 때문에 진달래는 혈해를 충만하게 하는 것이다.

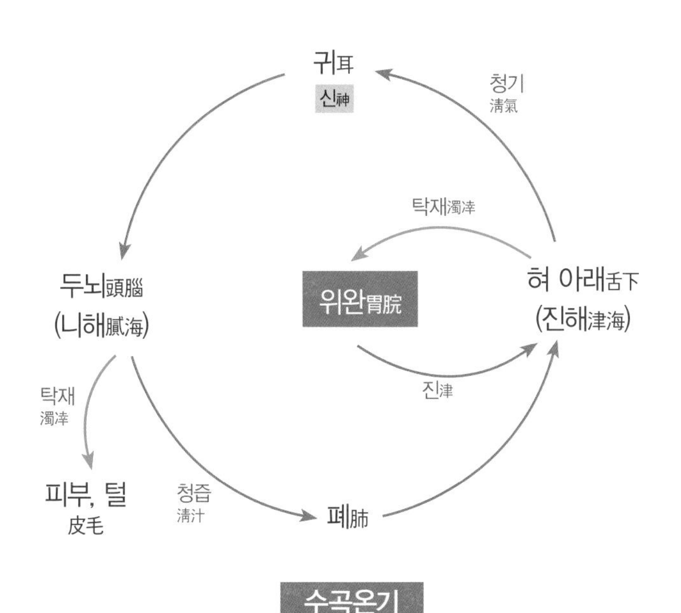

- 또 태음인은 간대폐소肝大肺小의 장국으로 폐당肺黨의 수곡온기가 적은데, 진달래는 기본적으로 수곡온기의 기 흐름을 잘 흐르게 한다.

칡꽃

Pueraria lobata (Willd) Ohwi.

간에 좋은 태음인의 꽃차

칡의 약성과 성분

약성

- 칡꽃의 성질은 서늘하고, 맛은 달다.
- 칡뿌리의 성질은 평하고, 맛은 달고, 맵다.
- 갈증을 없애주고, 주독酒毒을 풀어준다.
- 이소플라본Isoflavone은 몸무게와 지방간 수치의 증가를 억제한다.
- 숙취에 의한 구토·식욕부진·장출혈 등에 쓴다.
- 에스트로겐estrogen과 다이드제인daidzein 등은 갱년기 남녀에게 특히 효과가 있다.

성분

- **꽃**

  이소플라보노이드Isoflavonoid

  사포닌Saponin

- **뿌리**

  이소플라본isoflavone 성분의 푸에라린puerarin

  푸에라린 자이로시드puerarin xyloside

  다이드제인daidzein

  베타 시토스테롤β-sitosterol

  아락킨산arackin acid

  전분

기본 정보

- 학명 *Pueraria lobata (Willd)* Ohwi.이다.
- 꽃말은 '사랑의 한숨'·'쾌활', '치유'이고, 다른 이름은 칡·칡덤불·칡덩굴·갈등·갈마·갈자·갈화 등이고, 생약명은 갈근葛根·갈화葛花이다.
- 콩과 덩굴성낙엽활엽 여러해살이 목본이다. 다른 물체를 감아 올라가는데, 덩굴의 길이는 10m 전후로 뻗어 나간다. 꽃은 홍자색 혹은 홍색으로 8~9월에 총상꽃차례로 잎겨드랑이에서 핀다.
- 원산지는 인도·중국·일본·말레이시아·극동러시아이며, 우리나라는 전국의 산야·계곡·초원의 음습지에서 자생한다.
- 이용부위는 꽃·잎·줄기·뿌리이며, 차 또는 약용한다.

칡꽃차 제다법

① 칡꽃은 7~9월에 자주색 꽃으로 피며 이른 아침 봉우리로 맺혔을 때 채취한다.
② 칡꽃은 잘 손질하여 중온에서 익힘 덖음을 한다.
③ 고온에서 덖음과 식힘으로 반복 해 준다.
④ 고온에서 맛내기와 가향으로 완성한다.

칡꽃차 블렌딩

- 칡꽃과 장미꽃차를 블렌딩한다.
- 장미꽃차는 열을 내려주고, 갈증과 위 기능을 좋게 하며, 정신을 안정시킨다.
- 칡꽃차 블렌딩은 칡꽃에 함유된 에스트로겐과 다이드제인 성분 등이 장미꽃차와 더불어 갱년기 여성의 우울증을 해소시킨다. 또 음주 후에도 속을 다스려 편안하게 한다.
- 블렌딩한 차의 탕색은 어두운 갈색을 띠며, 향기는 진한 꽃향이 나고, 맛은 약간 달고 구수하다.

칡꽃차 음용법

- 칡꽃차 2g

100℃ 250ml 2분

- 칡꽃차 1g
  장미꽃차 0.5g

100℃ 250ml 2분

- 성질이 차가운 칡은 냉증이 있거나 위장질환이 있는 사람은 설사·복통의 위험이 있다.

칡꽃의 활용

- 칡꽃은 샐러드·비빔밥·꽃 얼음 등에 첨가 이용된다.

칡꽃차의 마음·기작용

- 칡꽃은 간肝에 좋은 태음인의 꽃차이다.
- 맛이 단 칡꽃은 간의 기능을 풀어주어 급한 마음을 느슨하게 하고, 밖을 살펴서 겁내는 마음을 고요하게 한다.
- 칡꽃은 주독을 풀어주고, 항지방간 작용으로 지방간 수치의 증가를 억제하는데, 이는 수곡량기의 간肝과 직접 관계된다. 수곡량기는 소장小腸에서 유油가 생성되어 배꼽의 유해油海로 들어가고, 유해의 맑은 기운은 코로 나아가서 혈血이 되고, 코의 혈이 허리로 들어가 혈해血海가 되고, 간은 혈해의 맑은 즙을 빨아들여서 원기를 보익하고, 기운을 고동하여 배꼽의 유해를 모이게 한다. 칡꽃은 혈해를 충만하게 하여 간이 혈해의 맑은 즙을 잘 빨아들이고, 배꼽의 유해를 잘 모이게 하는 것이다.(아래 그림 참조)
- 칡꽃은 에스트로겐estrogen과 다이드제인daidzein 등은 갱년기 남녀男女에게 특히 효과가 있는데, 이것도 수곡량기의 혈해血海와 관계된다. 칡꽃은 간 기능을 개선하고 혈해를 충만하게 하여, 간기肝氣가 막힌 것을 풀어주기 때문에 안면 홍조·무기력 등에 도움이 되는 것이다.

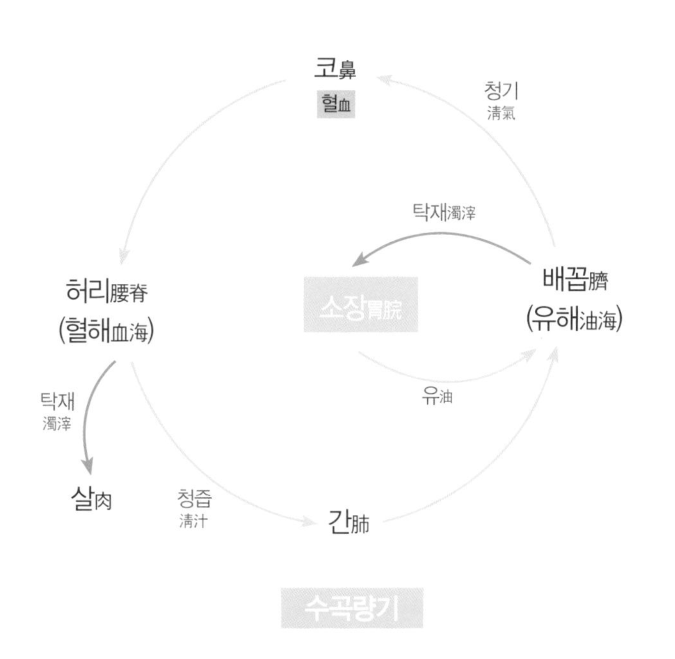

- 또 태음인은 간대폐소肝大肺小의 장국으로 폐당肺黨의 수곡온기가 적은데, 칡꽃은 기본적으로 수곡온기의 기 흐름을 잘 흐르게 한다.

캐모마일Chamomile

Matricaria chamomilla L.

폐에 좋은 태음인 꽃차

캐모마일의 약성과 성분

기본 정보

- 학명은 *Matricaria chamomilla* L.이다.
- 캐모마일의 꽃말은 '역경 속의 힘'이다. 캐모마일은 여러 품종이 있지만 주로 저먼 캐모마일과 로만 캐모마일이 잘 알려져 있으며, 저먼 캐모마일은 한해살이풀이고, 로만 캐모마일은 여러해살이풀이다.
- 서양에서 캐모마일차는 잠을 잘 오게 해주는 차로 잠들기 전에 마셨다고 하는데 효능은 둘 다 비슷하다. 저먼 캐모마일은 로만 캐모마일보다 쓴 맛과 향이 덜하다.
- 국화과에 속한 낙엽교목으로 한해살이풀 또는 두해살이풀이고, 꽃은 6~9월에 피며, 영국이 원산지이다.
- 캐모마일의 이용부위는 꽃 혹은 전초를 모국母菊이라고 하며, 약용한다.

약성

- 성질은 서늘하고, 맛은 맵고 약간 쓰다.
- 알레르기·습진·수두·건선 같은 피부질환을 다스린다.
- 정신을 안정시키는 효능이 있어 불면증에 좋다.
- 염증·근육경련·두통·생리통·위장질환에 효능이 있다.
- 피부암·전립선암·유방암·난소암 등 암세포의 성장을 억제시켜준다.

성분

정유精油 성분 아피게인apiginin
알파비사보롤alpha-bisabolol
플라보노이드flavonoid
아줄렌azulene
테르페노이드terpenoid
쿠마린coumarin
루테올린luteolin 등

캐모마일차 제다법

① 캐모마일은 6~9월에 채취한다.
② 팬에 꽃이 겹치지 않도록 올려놓는다.
③ 팬의 저온에서 덖는다.
④ 중온에서 덖으며 건조한다.
⑤ 고온에서 덖음과 식힘을 반복하여 완성한다.

캐모마일차 블렌딩

- 캐모마일과 팬지꽃차를 블렌딩한다.
- 팬지꽃차는 강력한 항산화작용으로 염증성 질환을 다스리고, 신경안정에 좋은 효능이 있다.
- 캐모마일차 블렌딩은 정유성분이 풍부하게 함유되어 있어 정신을 안정시키고, 몸을 따뜻하게 하며, 염증성 질환에 좋은 효과가 있다.
- 블렌딩한 차의 우림한 색은 연한 연두색이고, 향기는 사과향이 나며, 맛은 약간 달다.

캐모마일차 음용법

- 캐모마일차 0.2g

100℃ 250ml 2분

- 캐모마일차 0.1g
  팬지꽃차 3~5개

100℃ 250ml 2분

- 캐모마일은 자궁 수축작용이 있어 임산부는 주의해서 음용한다.

캐모마일의 활용

- 화전·베개 속·술 등에 이용한다.

캐모마일차의 마음·기작용

- 캐모마일은 폐肺에 좋은 태음인의 꽃차이다.
- 맛이 맵고 쓴 캐모마일은 폐肺의 기운을 도와서 한 걸음 밖으로 나아가서 겁내는 마음을 고요하게 한다.
- 캐모마일은 항산화 작용으로 피부미용에 좋고, 알레르기·습진·수두·건선 같은 피부질환을 다스리는데, 이는 수곡온기의 니해膩海와 관계된다. 수곡온기는 위완胃脘에서 진津이 생성되어 혀 아래의 진해津海로 들어가고, 진해의 맑은 기운은 귀로 나아가서 신神이 되고, 귀에 신神이 두뇌로 들어가 니해가 된다. 니해의 탁재濁滓가 피부를 보익하기 때문에 캐모마일은 니해를 충만하게 하는 것이다.(아래 그림 참조)
- 캐모마일은 정신을 안정시키는 효능이 있어 불면증에 좋은데, 이는 수곡온기의 진해津海와 관계된다. 수곡온기에서 혀 아래의 진해는 귀로 들어가 신神이 되는데, 캐모마일은 진해를 충만하게 하여, 몸의 긴장을 풀어주고 따뜻하게 하는 것이다.(옆 그림 참조)
- 또 태음인은 간대폐소肝大肺小의 장국으로 폐당肺黨의 수곡온기가 적은데, 캐모마일은 기본적으로 수곡온기의 기 흐름을 잘 흐르게 한다.

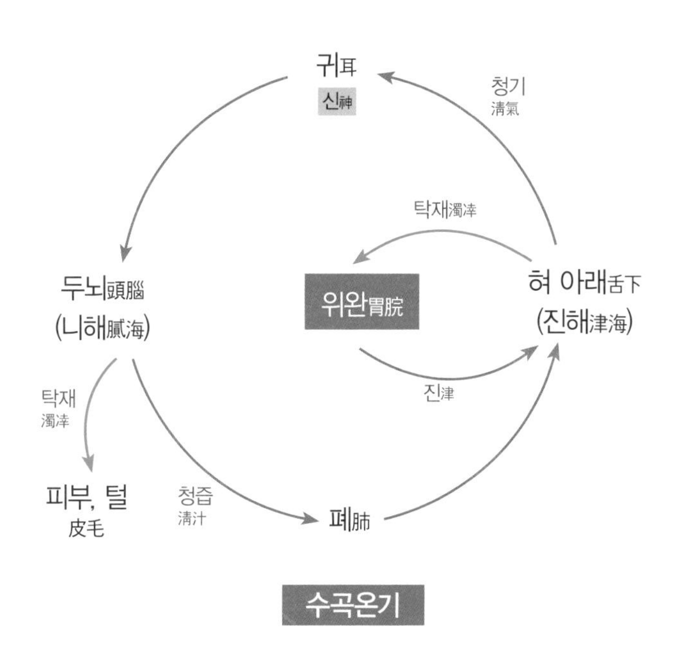

팬지pansy

Chrysanthemum indicum L.

폐에 좋은 태음인 꽃차

팬지의 약성과 성분

기본 정보

- 학명은 *Viola χ wittrockiana* Gams.이다.
- 꽃말은 '쾌활한 마음'·'나를 생각해주세요'이며, 다른 이름은 호접 제비꽃이고, 생약명은 삼색근三色菫이다.
- 제비꽃과 제비꽃속에 속한 한해살이 또는 두해살이풀로 꽃은 4~5월에 자색·황색·백색의 꽃이 피며, 유사 종으로는 둥근털제비꽃·고깔제비꽃·제비꽃·호제비꽃이 있다.
- 원산지는 유럽이다. 영국과 네덜란드에서 삼색제비꽃과 근연종近緣種을 교잡시켜 만든 1년 내지 2년생 식물이다.
- 팬지는 고대 서양에서 신진대사를 촉진하고 심혈관계를 맑게 하는데 효과가 있어 민간요법으로 사용하였다고 한다. 4세기에는 유럽에서 호흡기 질환을 개선하기 위한 약품으로 사용되어 왔다.
- 이용부위는 꽃이며, 차 또는 약용한다.

약성

- 성질은 차고, 맛은 달다.
- 가래를 없애주고, 기침과 가래를 멈추게 하며, 기관지염에 효과가 있다.
- 항균·궤양·종양·피부염증 등을 다스린다.
- 항산화작용이 뛰어나 노화방지에 좋다.
- 열을 내리고, 해독시킨다.

성분

- **잎과 줄기**

  플라보노이드flavonoid

  카로티노이드carotinoid

  살리실산유도체salicylic acid

  테르페노이드terpenoid 등

- **꽃**

  비올라잔틴violaxanthin

  루테인lutein

  트랜스안테락산틴trans-antheraxanthin

  베타카로틴βcarotene

  네오비올락산틴neoviolaxanthin 등

팬지꽃차 제다법

① 팬지꽃은 개화시기인 4~5월에 채취한다.
② 꽃잎이 겹치지 않도록 올려서 덖는다.
③ 저온에서 꽃잎이 90% 이상 익으면 뒤집어준다.
④ 중온에서 덖음과 식힘을 반복한다.
⑤ 고온에서 가향을 해서 완성한다.

팬지꽃차 블렌딩

- 팬지꽃차에 민들레꽃차를 블렌딩한다.
- 민들레꽃차는 염증을 다스린다. 즉 바이러스·세균·알러지 등의 원인에 따라서 발병되는 비염·인두염과 그에 따른 발열·권태감 등을 치료한다.
- 팬지꽃차 블렌딩은 항산화작용이 탁월하여 활성산소를 제거하므로 혈액을 맑게 하고, 항종양과 인후염 등 염증에 효과가 매우 좋다.
- 블렌딩한 차의 우림한 탕색은 어두운 초록색이고, 향기는 쓰고, 단향이 나며, 맛은 구수하고, 달고, 쓰다.

팬지꽃차 음용법

- 팬지꽃차 2g

100℃

250ml

2분

- 팬지꽃차 1g
  민들레꽃차 0.5g

100℃

250ml

2분

팬지꽃의 활용

- 샐러드·청·샌드위치·꽃 사탕·꽃 비빔밥 등 식용으로 이용한다.

팬지꽃차의 마음·기작용

- 팬지는 폐肺에 좋은 태음인의 꽃차이다.
- 팬지는 폐의 기운을 활성화하여 태음인이 정직하고, 자신의 것을 베푸는 마음을 가지게 한다.
- 팬지에 풍부하게 함유되어 있는 항산화 성분인 폴리페놀은 노화방지에 좋고, 항균·궤양·종양·피부염증 등을 다스리는데, 이는 수곡온기의 니해膩海와 관계된다. 수곡온기는 위완胃脘에서 진津이 생성되어 혀 아래의 진해津海로 들어가고, 진해의 맑은 기운은 귀로 나아가서 신神이 되고, 신神이 두뇌로 들어가 니해가 된다. 니해의 탁재濁滓가 피부를 보익補益하기 때문에 팬지는 니해를 충만하게 하는 것이다.(아래 그림 참조)
- 팬지는 가래를 없애주고, 백일해·기침을 멈추게 하고, 기관지염에 효과가 있는데, 이는 수곡온기의 위완胃脘과 관계된다. 혀 아래에 있는 진해津海의 탁재濁滓가 위완을 잘 보익하기 때문에 팬지는 폐가 두뇌의 니해膩海를 잘 빨아들이고, 혀 아래 진해를 잘 고동시키는 것이다.(옆 그림 참조)

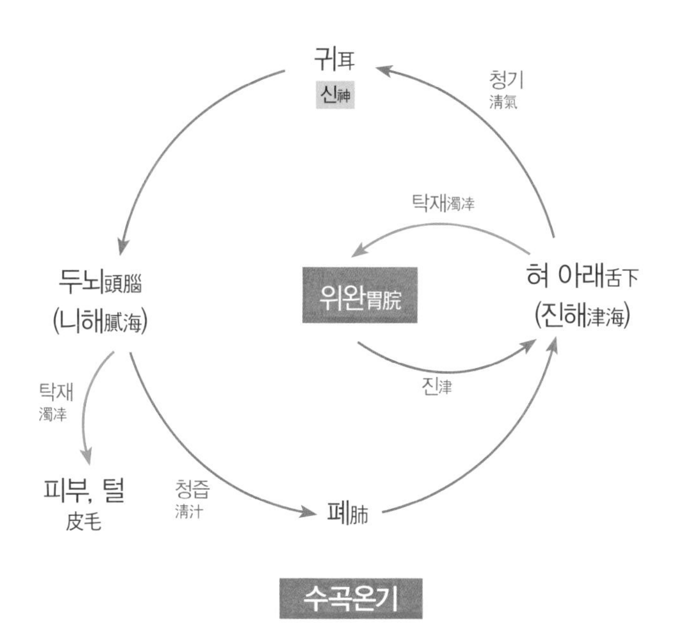

- 또 태음인은 간대폐소肝大肺小의 장국으로 폐당肺黨의 기 흐름인 수곡온기가 작은 사람이다. 팬지는 기본적으로 수곡온기를 도와서 잘 흐르게 한다.

표고버섯

Lentinula edodes (Berk) Pegler.

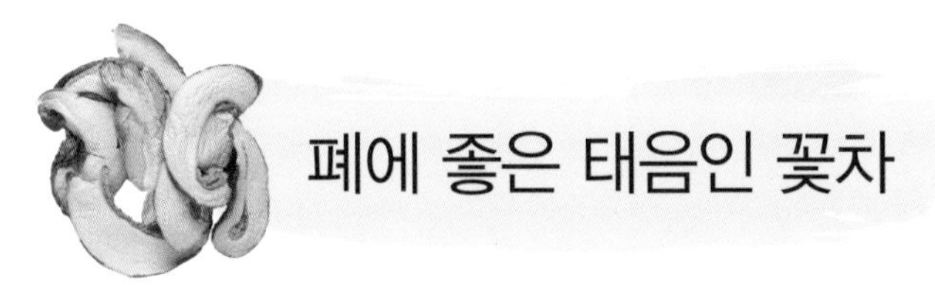

표고버섯의 약성과 성분

기본 정보

- 학명은 *Lentinula edodes* (Berk) Pegler.이다.
- 다른 이름은 표고버섯이고, 생약명은 향심香蕈이다.
- 느타리과 표고버섯속으로 여러해살이풀이다.
- 원산지는 중국 · 일본 · 우리나라 등으로 참나무 · 밤나무 · 서어나무 등 활엽수의 마른 나무에 산다. 표고버섯은 일본에서는 시이타게Shiitake라고 불리며, 시이나무Castanopsis cupidate Schottky와 일본어로 버섯을 뜻하는 타게take에서 유래하였다.
- 표고버섯은 맛과 향이 독특하여 전 세계적으로 양송이버섯 다음으로 많이 재배되는 버섯이며, 전 세계 버섯 총 생산량의 22%를 차지한다.
- 이용부위는 자실체이며, 식용, 또는 약용한다.

약성

- 성질은 평하고, 맛은 달다.
- 장과 위의 기능을 강화하여, 식욕을 돕는다.
- 가래를 삭이고, 유즙분비를 촉진한다.
- 혈압과 콜레스테롤 수치를 낮추고, 피를 통하게 한다.
- 기를 북돋우고 허기를 느끼지 않게 하며, 풍을 제거한다.
- 암을 예방하고 신체 면역력을 높인다.

성분

- **향심**
  필수아미노산
  비타민B1, B2, C, D
  미네랄, 식이섬유
  베타글칸, 조단백질, 조지방
  가용성무질소물질, 조섬유, 회분
  단백질에는 알부민albumin
  글루텔린glutelin
  프롤라민prolamin 등
- **향심의 물 추출물**
  히스틴산
  글루탐산glutamicacid
  알라닌alanine
  로이신reusin
  페닐알라닌phenyilalanine
  발린valine
  아스파라긴산asparaginic

표고버섯차 제다법

① 통통하고 신선한 표고버섯으로 갓과 줄기를 분리한다.
② 사방 0.5cm 큐부로 썰어서 고온에서 덖음 한다.
③ 고온에서 맛내기와 향을 매기고 덖음과 식힘을 반복한다.
④ 중온에서 수분을 최대한 낮추고 건조한다.
⑤ 체에서 가루를 털어내고 완성한다.

표고버섯차 블렌딩

- 표고버섯과 무우차를 블렌딩한다.
- 무우차의 다이제스타제 성분은 전분질을 분해하는 소화효소가 들어 있어 소화를 촉진시킨다.
- 표고버섯차 블렌딩은 가래를 삭혀주고, 콜레스테롤을 저하시키며, 장과 위 기능을 좋게 하여, 식욕을 돋우고 설사와 구토를 멎게 한다.
- 블렌딩한 차의 탕색은 연한 갈색이고, 향은 시큼하고, 맛은 달고, 구수하다.

표고버섯차 음용법

- 표고버섯차 2g

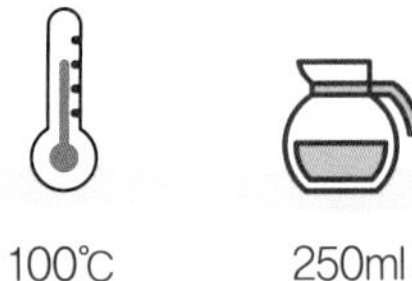

100℃ 250ml 2분

- 표고버섯차 1g
  무우차 1g

100℃ 250ml 2분

- 독은 없지만 체질이 냉한 사람은 많은 양을 음용하면 좋지 않다.

표고의 활용

- 전·탕수육·천연 조미료 등에 이용한다.

표고버섯차의 마음·기작용

- 표고버섯은 폐肺에 좋은 태음인의 꽃차이다.
- 맛이 단 표고버섯은 폐의 기운을 도와서 밖을 살펴서 겁내는 마음을 고요하게 한다.
- 표고버섯은 장과 위의 기능을 강화하여, 식욕을 돋우고 설사와 구토를 멎게 하는데, 이는 수곡열기의 고해膏海와 관계된다. 수곡열기에서 양 젖가슴에 잇는 고해의 탁재濁滓가 위를 보익하기 때문에 표고버섯은 고해를 충만하게 하는 것이다.
- 표고버섯은 가래를 삭이고, 유즙분비를 촉진하는데, 이는 수곡온기의 폐肺와 관계된다. 수곡온기는 위완胃脘에서 진津이 생성되어 혀 아래의 진해津海로 들어가고, 진해의 맑은 기운은 귀로 나아가서 신神이 되고, 신神이 두뇌로 들어가 니해膩海가 된다. 폐는 두뇌에 있는 니해의 맑은 즙을 빨아들여 원기를 보익하고, 기운을 고동하여 혀 아래에 있는 진해에 모이게 한다. 표고버섯은 니해를 충만하게 하여 폐의 원기를 보익하는 것이다.(옆 그림 참조)
- 표고버섯은 혈압과 콜레스테롤 수치를 낮추고, 모세혈관이 쉽게 터지는 증상을 치료하는데, 이는 수곡량기의 혈해血海와 관계된다. 수곡량기는 코의 혈이 허리로 들어가 혈해가 된다. 혈해는 피가 사는 집으로 표고버섯은 혈해를 충만하게 하는 것이다.

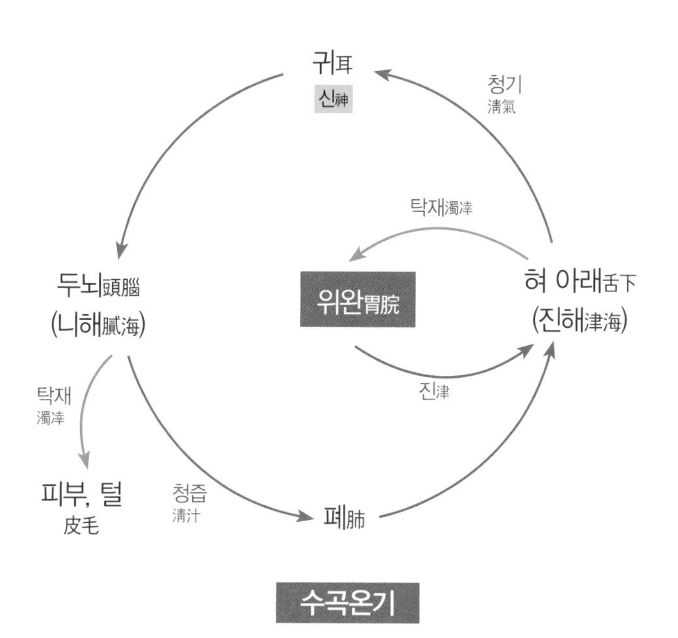

해바라기꽃

Helianthus annuus L.

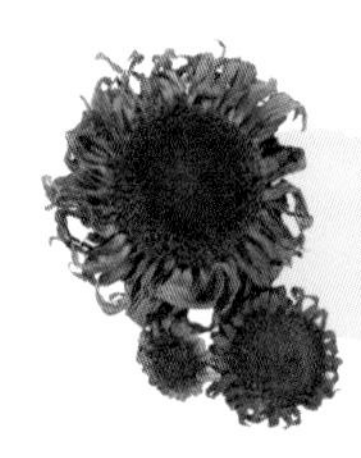

폐에 좋은 태음인 꽃차

해바라기의 약성과 성분

기본 정보

- 학명은 *Helianthus annuus* L.이다.
- 꽃말은 '행운'·'행복' 등 이며, 다른 이름은 규화·향일규·향일화이고, 생약명은 향일규向日葵이다. 해바라기는 태양을 따라 고개를 돌린다고 해서 붙여진 이름이다. 이룰 수 없는 사랑이 꽃과 태양으로 만나 서로를 지켜보며 하루하루를 보낸다는 이야기도 있다. 노란색은 활력, 행복을 상징하고, 우정을 의미하기도 한다.
- 국화과 해바라기속으로 한해살이풀이다. 키는 2m내외이며 꽃은 8~9월에 지름이 20cm 정도 되는 큰 꽃이 원줄기와 가지 끝에 하나씩 핀다.
- 원산지는 북아메리카이다. 우리나라는 전국 각지에서 재배한다.
- 이용부위는 뿌리·씨·꽃이며, 차 또는 약용한다.

약성

- 성질은 따뜻하고, 맛은 달다.
- 꽃잎을 차로 마시면 감기·기관지 등에 좋다.
- 씨앗의 이눌린 성분은 천식을 다스린다.
- 간 기능을 조화롭게 하고, 혈액순환을 도와 영양소가 몸에 잘 흡수되도록 한다.
- 고혈압으로 인한 두통·동맥경화·어지럼증에 효과가 있다.
- 변비 개선 효과가 있다.

성분

세스퀴테르페노이드sesquiterpenoid
트리테르펜triterpene
트리테르페노이드 사포닌triterpenoidsaponin
플라보노이드flavonoid
리그난lignan
유기산
지방산

해바라기꽃차 제다법

① 꽃을 여름에 채취하여 깨끗이 손질한다.
② 찜기에 올려 1~2분간 증제 후 식힌다.
③ 고온에서 덖음과 식힘을 3회 이상 한다.
④ 중온에서 시간을 들여 수분을 날려준다.
⑤ 고온에서 가향 덖음과 맛내기 덖음을 하고, 저온에서 건조하여 완성한다.

해바라기꽃차 블렌딩

- 해바라기꽃차와 캐모마일꽃을 블렌딩한다.
- 캐모마일차는 심신을 안정시킨다. 활발한 뇌 활동을 차단하여 숙면에 도움이 되므로 스트레스를 받는 사람들의 불면증에 좋다.
- 해바라기꽃차 블렌딩은 고혈압으로 인한 두통과 어지럼증·동맥경화에 효능이 있고, 또 변비를 개선시키는 효과가 있다.
- 블렌딩한 차의 탕색은 연 노란색이고, 향은 국화와 사과향이 나며, 맛은 달다.

해바라기꽃차 음용법

- 해바라기꽃차 작은꽃 1송이

100℃ 250ml 2분

- 해바라기꽃차 작은꽃 1송이
  캐모마일 0.5g

100℃ 250ml 2분

해바라기꽃의 활용

- 해바라기꽃 튀김·해바라기 샐러드·해바라기 술을 담그기도 한다.

해바라기꽃차의 마음·기작용

- 해바라기는 폐肺에 좋은 태음인의 꽃차이다.
- 맛이 단 해바라기는 폐의 기운을 도와서 밖을 살펴서 겁내는 마음을 고요하게 한다.
- 해바라기는 감기·기관지·천식 치료에 효과가 있는데, 이는 수곡온기의 진해津海와 관계된다. 수곡온기는 위완胃脘에서 진津이 생성되어 혀 아래의 진해로 들어가고, 진해의 맑은 기운은 귀로 나아가서 신神이 되고, 신神이 두뇌로 들어가 니해膩海가 되고, 폐는 니해의 맑은 즙을 빨아들여서 원기를 보익하고, 기운을 고동하여 혀 아래의 진해를 모이게 한다. 니해의 맑은 즙이 폐의 원기를 보익하기 때문에 해바라기는 니해를 충만하게 하는 것이다.(아래 그림 참조)
- 해바라기는 간 기능을 정상화하여 혈액순환을 도와주고, 고혈압으로 인한 두통을 다스리는데, 이는 수곡량기의 혈해血海와 관계된다. 수곡량기에서 허리에 있는 혈해의 맑은 즙은 간이 빨아들여 원기를 보익한다. 혈해는 피가 사는 집으로 간의 원기를 보익하기 때문에 해바라기는 혈해를 충만하게 하는 것이다.
- 또 태음인은 간대폐소肝大肺小의 장국으로 폐당肺黨의 수곡온기가 적은데, 해바라기는 기본적으로 수곡온기의 기 흐름을 잘 흐르게 한다.

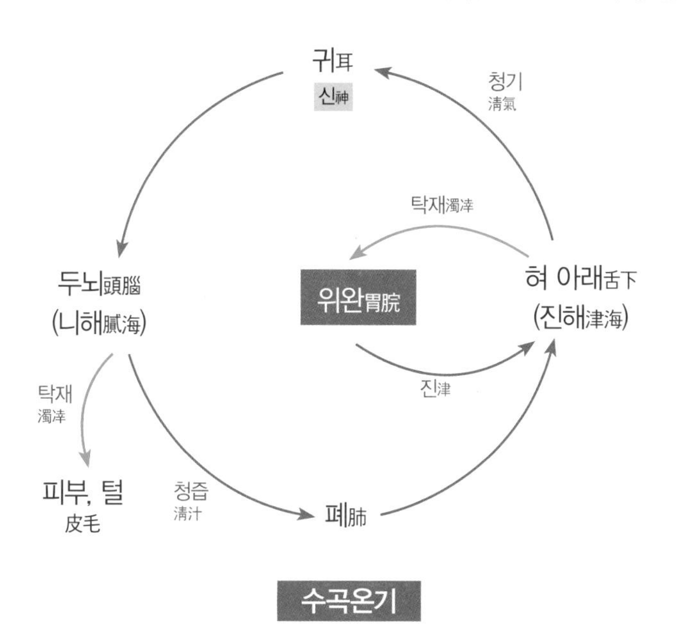

호박꽃

Cucurbita moschata Duch.

폐에 좋은 태음인 꽃차

호박의 약성과 성분

기본 정보

- 학명은 *Cucurbita moschata* Duch.이다.
- 꽃말은 '관대함'·'사랑의 용기'·'포용'·'해독' 등이다.
- 박과 호박속에 속하는 한해살이풀 덩굴성 초본이다. 꽃은 6월부터 서리가 내릴 때까지 계속 피며, 황색이다. 꽃은 잎겨드랑이에 1개씩 달리고 수꽃과 암꽃이 따로 핀다. 수꽃에만 있는 화분을 벌이 암꽃에 옮기면 수분이 되고, 수분이 된 암꽃에서 열매가 자란다. 열매는 크고 많은 변종이 있는데 모양과 빛깔은 다르다.
- 원산지는 열대 및 남아메리카이다. 우리나라는 전국 각지에서 재배하고 있다. 호박은 우리나라에는 언제 유입되었는지 알 수 없고, 조선시대 문헌에 나타나고 있다.
- 호박의 이용부위는 잎·열매·꽃이며, 예로부터 호박은 애호박·호박범벅 등으로 이용하였다.

약성

- 성질은 따뜻하고, 맛이 달며, 독이 없다.
- 폐암·자궁암·유방암·대장암 등 암 발생을 예방한다.
- 이뇨작용으로 노폐물을 배출하고 부기를 빼주며, 비만을 다스린다.
- 폐옹肺癰·기침·천식에 효과가 좋다.
- 고지혈증·고혈압·혈전 생성·당뇨에 효능이 좋다.
- 간 기능 활성화로 황달을 치료하고, 면역력을 증강시킨다.

성분

- **늙은 호박**

비타민 A, B, C
당류
칼륨
칼슘
철
베타카로틴
루테인
셀레늄
미네랄 등

호박꽃차 제다법

① 호박꽃은 갓 피어난 꽃봉오리에서 살짝 벌어진 꽃을 채취한다.
② 꽃받침과 꽃술을 떼어내고 꽃잎을 결대로 나누어 저온에서 덖음과 식힘을 반복한다.
③ 중온에서 꽃잎을 돌려 가면서 골고루 익혀 준다
④ 고온에서 맛내기와 가향덖음을 하고, 수분 체크를 한다.
⑤ 저온에서 잔여 수분을 없애고 건조를 하여 완성한다.

호박꽃차 블렌딩

- 호박꽃차와 단삼丹蔘차를 블렌딩한다.
- 단삼차는 혈액순환을 원활하게 하고 콜레스테롤을 낮추며, 고지혈증에도 좋다. 또 생리불순과 생리통·산후 하복부 통증이 심한 경우에도 효과를 볼 수 있다.
- 호박꽃차 블렌딩은 간 기능 활성화로 황달에도 도움이 되고, 폐질환을 다스리며, 혈액을 맑게 하고, 여성들의 자궁 질병에 좋다.
- 블렌딩한 차의 탕색은 진한 황색이고, 향은 인삼향이며, 맛은 단맛이 난다.

호박꽃차 음용법

- 호박꽃차 2송이

100℃ 250ml 2분

- 호박꽃차 1송이
단삼차 0.5g

100℃ 250ml 3분

호박의 활용

- 볶음밥·호박꽃 경단·죽 등 이용한다.

호박꽃차의 마음·기작용

- 호박은 폐肺에 좋은 태음인의 꽃차이다.
- 맛이 단 호박은 폐의 기운을 돋아서 태음인이 정직하고, 자신의 것을 베푸는 마음을 가지게 한다.
- 호박은 폐옹肺癰·기침·천식·부종에 효과가 좋은데, 이는 수곡온기의 폐肺와 관계된다. 수곡온기는 위완胃脘에서 진津이 생성되어 혀 아래의 진해津海로 들어가고, 진해의 맑은 기운은 귀로 나아가서 신神이 되고, 신은 두뇌로 들어가 니해膩海가 되고, 폐는 니해의 맑은 즙을 빨아들여 폐의 원기를 보익하고 다시 혀 아래의 진해을 고동시킨다. 호박은 니해를 충만하게 하여 폐의 원기를 보익하는 것이다.(아래 그림 참조)
- 호박은 기관지 천식·노인 만성기관지염·피로 회복·고지혈증·기혈 부족를 치료하는데, 이것도 폐의 원기를 충만하게 하기 때문이다.
- 또 태음인은 간대폐소肝大肺小의 장국으로 수곡온기가 작은 사람이다. 호박은 폐당肺黨의 수곡온기를 도와서 잘 흐르게 한다.

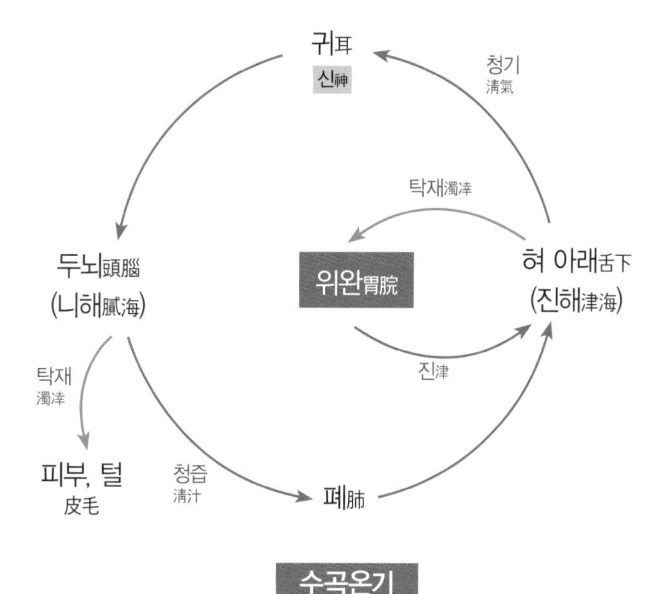

화살나무

Euonymus alatus (Thunb.) Siebold.

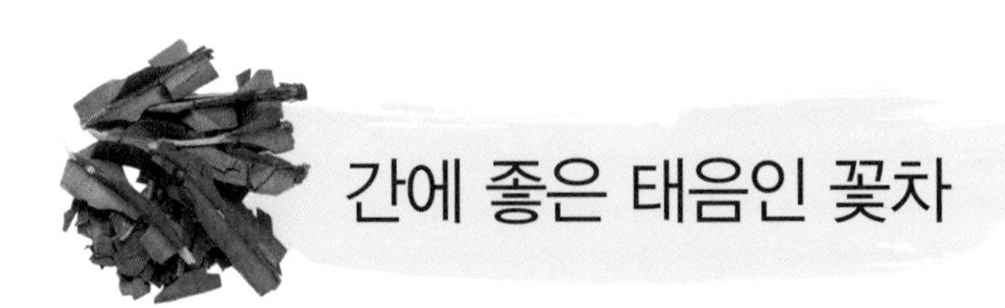

간에 좋은 태음인 꽃차

화살나무의 약성과 성분

기본 정보

- 학명은 *Euonymus alatus* (Thunb.) Siebold.이다.
- 꽃말은 '위험한 장난'·'냉정'·'깊은 애정'이며, 다른 이름은 홋잎나무·참빗나무·챔빗나무·위모衛矛·귀전鬼箭·4능수四綾樹·파능압자巴稜鴨子이고, 화살나무는 줄기에 콜크질Cork質의 날개가 화살과 비슷하여 붙여진 이름이다. 화살나무의 생약명은 귀전우鬼箭羽라고 하는데, 줄기 모양이 화살의 날개처럼 생겨 '귀신을 쏘는 화살'이란 뜻으로 붙여진 것이다.
- 노박덩굴과 화살나무속에 속한 낙엽 활엽 관목으로 키가 3m 전후로 자란다. 가지는 납작하고 가느다란 콜크질의 날개가 붙어 있으며, 넓이가 대개 1cm정도의 다갈색이다.
- 산지는한국·중국·일본이다.
- 이용부위는 콜크질의 날개 또는 그 부속물이며, 약용한다.

약성

- 성질은 차고, 맛은 쓰다.
- 산후어혈·생리불순에 효능이 있다.
- 고혈압·동맥경화·뇌졸중 등 심혈관 질환을 예방한다.
- 활성산소를 제거하여 위암·식도암 등 항암작용을 한다.
- 장의 독소를 제거하고 통증을 다스린다.

성분

- **잎**

  에피프라이델라놀epifriedelanol
  프리델린friedelin
  퀘르세틴quercetin
  둘시톨dulcitol

- **종자유種子油**

  포화지방산20%
  올레인산olein acid
  리놀렌산linolen acid
  카프르산capric acid 초산과 안식향산安息香酸
  옥살산oxal acid

화살나무잎차 제다법

① 화살나무잎은 4~5월에 어린잎을 채취한다.
② 잎을 깨끗이 씻어 물기를 제거한다.
③ 고온에서 살청을 한다.
④ 잎이 골고루 잘 익었으면 꺼내 식힌 후, 유념을 한다.
⑤ 고온에서 덖음과 식힘을 반복한다.
⑥ 고온에서 맛내기와 가향을 해서 완성한다.

화살나무잎차 블렌딩

- 화살나무잎차에 초석잠차를 블렌딩한다.
- 초석잠차는 혈관질환·면역력강화·간 기능 개선·장 건강에 도움이 된다. 또 나쁜 콜레스테롤을 제거하고 혈액순환이 잘 되게 하여 고혈압·동맥경화 등 각종 혈관질환을 예방한다.
- 화살나무잎차 블렌딩은 혈액순환을 도와 심혈관계 질환을 예방하고, 혈관을 튼튼하게 하며, 어혈을 제거하고 암을 예방할 수 있다.
- 블렌딩한 차의 우림한 탕색은 연 노란색이고, 향기는 매운 향이 나며, 맛은 매운맛과 쓴맛이 난다.

화살나무잎차 음용법

- 화살나무잎차 2g

100℃ 250ml 2분

- 화살나무잎차 1.5g
  초석잠차 0.5g

100℃ 250ml 2분

- 음용시 주의할 점은 성질이 차므로 평소 냉증이 있거나 위장이 좋지 않은 사람은 과다음용은 좋지 않다. 또 화살나무 열매는 설사·구토·복통을 유발하므로 임산부는 음용을 하지 않는 것이 좋다.

화살나무의 활용

- 어린잎은 나물·튀김·술 등으로 이용한다.

화살나무잎차의 마음·기작용

- 화살나무는 간肝에 좋은 태음인의 꽃차이다.
- 맛이 쓴 화살나무은 간肝의 기운을 도와서 급한 성질의 태음인을 너그럽고 온화하게 한다.
- 화살나무는 산후 어혈·생리불순·혈액 순환을 촉진하여 고혈압·동맥경화·뇌졸중 등 심혈관 질환을 예방하는데, 이는 수곡량기의 혈해血海와 관계된다. 수곡량기는 소장小腸에서 유油가 생성되어 배꼽의 유해油海로 들어가고, 유해의 맑은 기운은 코로 나아가서 혈血이 되고, 코의 혈이 허리로 들어가 혈해가 된다. 혈해의 맑은 즙을 간肝이 빨아 들여서 간의 원기를 보익하기 때문에 화살나무는 혈해를 충만하게 하는 것이다.(아래 그림 참조)
- 화살나무는 항균·항염 작용으로 장의 독소를 제거하고 통증을 다스리는데, 이는 수곡량기의 소장小腸과 관계된다. 수곡량기는 소장에서 유油가 생성되어 배꼽의 유해油海로 들어가고, 유해의 탁재濁滓는 소장을 보익하기 때문에 화살나무는 유해를 충만하게 하는 것이다.(옆 그림 참조)
- 화살나무는 활성산소를 제거하여 항암작용을 하는데. 이는 수곡온기의 진해津海와 관계된다. 수곡온기는 위완胃脘에서 진津이 생성되어 혀 아래의 진해로 들어가고, 진해의 탁재濁滓가 위胃를 보익하기 때문에 화살나무는 진해를 충만하게 하는 것이다.

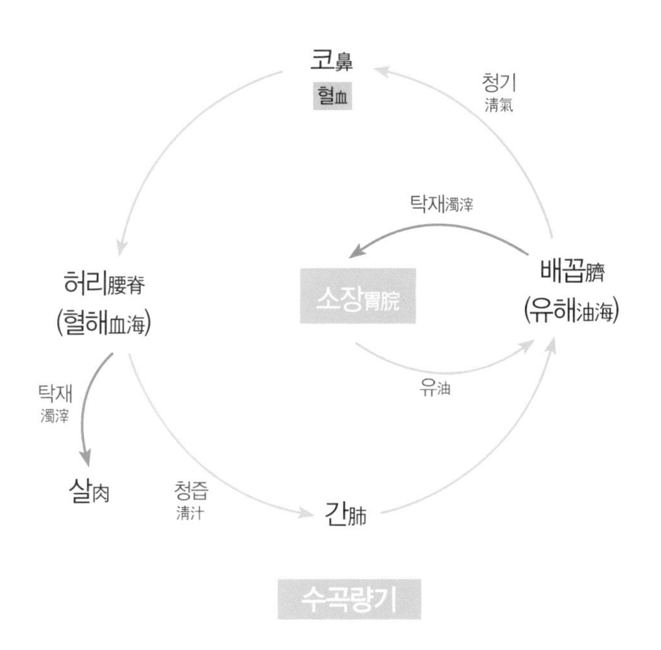

황매화黃梅花

Kerria japonica (L.) DC.

폐에 좋은 태음인 꽃차

황매화의 약성과 성분

기본 정보

- 학명은 *Kerria japonica* (L.) DC.이다.
- 꽃말은 '숭고'·'기품'·'금전운'이고, 다른 이름은 지당화地棠花·출단화黜壇花, 출장화黜墻花이다.
- 장미과 황매화속에 속한 낙엽활엽관목이다. 꽃이 피는 시기는 3월에서 5월이며, 꽃의 색은 황색으로 잎과 같이 피고 가을철에도 한 차례 피기도 한다. 황매화의 유사종에는 죽단화겹황매화가 있다. 죽단화의 학명은 *Kerria japonica* f. *pleniflora* (Witte) Rehder이며, 원산지는 일본이다. 죽단화는 겹꽃이고 황매화는 홑겹이므로 쉽게 구별할 수 있다.
- 원산지는 한국·일본·중국 등이다. 우리나라에서는 전국 각지에 분포한다.
- 이용 부위는 꽃·가지·잎이며, 꽃은 차로 사용하고, 꽃·가지·잎은 약용한다.

약성

- 성질은 평하고, 맛은 시고 약간 쓰다.
- 폐를 윤택하게 하고, 오래된 기침과 가래에 효능이 있다.
- 소화불량에 효과가 있다.
- 류머티즘 통증을 멎게 하고, 열독에 의한 종기를 다스린다.

성분

- **꽃**

납질색소蠟質色素 즉 헬레닌helenine
루테인 팔미틴 산lutein palmitin acid
에스터ester
루테인 로에인 산lutein loein acid
에스터의 혼합물

- **잎·줄기**

비타민C
펙톨리나로사이드pectolinaroside

황매화차 제다법

① 황매화는 3~5월에 채취한다.
② 꽃을 겹치지 않도록 펼쳐 놓는다.
③ 저온에서 덖음과 식힘을 반복하며 익힌다.
④ 중온에서 덖음과 식힘을 반복하며 덖는다.
⑤ 고온에서 맛내기 가향을 하여 완성한다.

황매화차 블렌딩

- 황매화차에 해당화꽃차를 블렌딩한다.
- 해당화꽃차는 혈당을 조절해주고, 혈액순환에 효능이 있어 고지혈증 등 혈관성 질환을 다스린다.
- 황매화차 블렌딩은 성인병예방과 피부미용에 탁월한 효능이 있고, 폐 기능을 좋게 하여 오래된 기침을 낫게 하며, 혈액을 맑게 한다.
- 블렌딩한 차의 우림한 탕색은 살구색이고, 향기는 매혹적인 장미향이 나며, 맛은 약간 담백하다.

황매화차 음용법

- 황매화차 3~5송이

100℃ 250ml 2분

- 황매화차 2송이
  해당화꽃차 1송이

100℃ 250ml 2분

황매화의 활용

- 음료·떡 등에 장식용으로 이용한다.

황매화차의 마음·기작용

- 황매화는 폐肺에 좋은 태음인의 꽃차이다.
- 황매화는 폐의 기운을 윤택하게 하기 때문에 정직하고 자기의 것을 베푸는 마음을 가지게 한다.
- 황매화는 폐를 윤택하게 하고, 오래된 기침을 멈추게 하며, 가래를 삭이는 효능이 있는데, 이는 수곡온기의 폐肺와 관계된다. 수곡온기는 위완胃脘에서 진津이 생성되어 혀 아래의 진해津海로 들어가고, 진해의 맑은 기운은 귀로 나아가서 신神이 되고, 신神이 두뇌로 들어가 니해膩海가 되고, 니해의 맑은 즙은 폐肺가 빨아들여서 원기를 보익한다. 즉, 니해의 맑은 즙이 폐를 보익하기 때문에 황매화는 니해를 충만하게 하는 것이다.(아래 그림 참조)
- 황매화는 류머티즘 통증을 멎게 하고, 열독에 의한 종기를 다스리는데, 이는 수곡한기의 정해精海와 관계된다. 정해의 탁재濁滓는 뼈를 보익하기 때문에 황매화는 정해를 충만하게 하는 것이다.
- 황매화는 소화불량에 효과가 있는데, 이는 수곡열기의 고해膏海와 관계된다. 수곡열기는 위胃에서 고膏가 생성되어 양 젖가슴의 고해膏海로 들어가고, 고해의 탁재는 위를 보익하기 때문에 황매화는 고해를 충만하게 한다.
- 또 태음인은 간대폐소肝大肺小의 장국으로 폐당肺黨의 수곡온기가 적은데, 황매화는 기본적으로 수곡온기의 기 흐름도 잘 흐르게 한다.

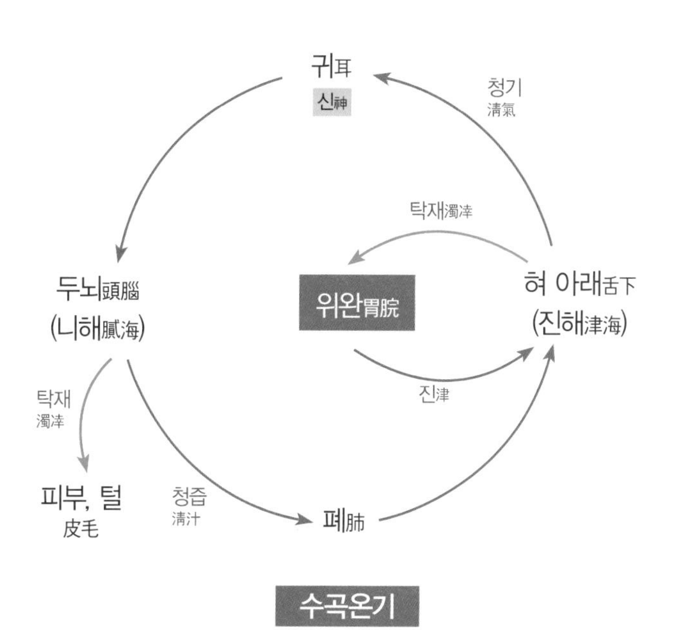

황칠나무

Dendropanax trifidus
(Thumb.) Makino ex H. Hara.

간에 좋은 태음인 꽃차

황칠나무의 약성과 성분

기본 정보

- 학명은 *Dendropanax trifidus* (Thumb.) Makino ex H. Hara.이다.
- 꽃말은 '효심'·'효도'이고, 다른 이름은 황제목黃帝木·수삼樹參·노란옻나무·황칠목 등이고, 생약명은 풍하이·황칠黃漆이다.
- 두릅나무과 황칠나무속에 속한 상록 활엽 교목이다. 황칠나무의 어린 가지는 녹색이며 털이 없고 윤기가 난다. 꽃은 양성화인데 녹황색으로 6월경에 핀다. 열매는 씨열매로 타원형이고, 10월에 흑색으로 익는다. 나무껍질에서 노란색의 수액이 나오는데 이 수액을 황칠이라고 한다.
- 원산지는 한국·대만·일본이다. 황칠나무는 우리나라 특산 식물이며 제주도를 비롯한 남부지방 경남·전남 등지의 해변 섬지방의 산기슭·수림 속에 자생 또는 재배하는 방향성 식물이다.
- 이용부위는 뿌리줄기·수지·잎이며, 약용한다.

약성

- 성질이 따뜻하고, 맛은 달다.
- 뿌리줄기는 성인병의 예방 및 치료에 특별한 효과가 있다.
- 간염·간경화·황달·지방간 등과 같은 간 질환을 예방 및 치료한다.
- 자양강장·피로회복·당뇨·고혈압·강정·진정·우울증 등에 효과가 있다.
- 황칠나무 잎 추출물은 장운동을 촉진하며 변비를 치료한다.

성분

정유精油 중에는 베타-엘레멘β-elemene
베타-셀리넨β-selinene
게르마크렌DgermacreneD
카디넨cadinene
트리테르페노이드triterpenoid의 알파-아미린α-amyrin
베타-아미린β-amyrin
오레이포리오시드oleifolioside A·B
지방산의 글루코스gluose
프럭토스fructose
자일로스xylose
아노산의 알기닌arginin
글루탐산glutamic acid 등
그 외 단백질 비타민C
타닌tannin
칼슘
칼륨 등

황칠나무잎차 제다법

① 잎은 깨끗하게 씻은 다음 사방 1cm 간격으로 자른다.
② 찜기 위에 올려 증제 후 가볍게 유념을 한다.
③ 고온에서 덖음과 식힘을 반복한다.
④ 중온에서 가향과 맛내기를 한다.
⑤ 저온에서 건조하여 완성한다.

황칠나무잎차 블렌딩

- 황칠나무잎차와 홍차를 블렌딩한다.
- 홍차는 카테킨과 카페인이 주성분으로 카테킨 성분은 강력한 항산화작용을 한다. 노화를 촉진하는 활성 산소의 활동을 억제하여 혈중 콜레스테롤을 저하시켜 성인병을 예방한다.
- 황칠나무잎차 블렌딩은 간 기능 개선으로 자양강장·피로회복·지방간·해독작용이 좋아지고, 콜레스테롤을 제거하여 혈액순환이 원활하여 고혈압 등을 다스린다.
- 블렌딩한 차의 탕색은 진한 포도주색이고, 향은 과일향이 나며, 맛은 달고, 약간 떫다.

황칠나무잎차 음용법

- 황칠나무잎차 2g

100℃	250ml	2분

- 황칠나무잎차 2g
  홍차 1g

100℃	300ml	2분

황칠나무잎차의 마음·기작용

- 황칠나무는 간肝에 좋은 태음인의 꽃차이다.
- 맛이 단 황칠나무는 간의 기운을 도와서 급한 성질의 태음인을 너그럽고 온화하게 한다.
- 황칠나무는 간염·간경화·황달·지방간 등과 같은 간 질환을 예방 및 치료하는데, 이는 수곡량기의 혈해血海와 관계된다. 수곡량기는 소장小腸에서 유油가 생성되어 배꼽의 유해油海로 들어가고, 유해의 맑은 기운은 코로 나아가서 혈血이 되고, 코의 혈이 허리로 들어가 혈해가 되고, 간은 혈해의 맑은 즙을 빨아들여서 원기를 보익하고, 기운을 고동하여 배꼽의 유해를 모이게 한다. 혈해는 피가 사는 집으로 혈해의 맑은 즙이 간의 원기를 보익하기 때문에 황칠나무는 혈해를 충만하게 하는 것이다.(아래 그림 참조)
- 황칠나무는 잎 추출물은 장운동을 촉진하며 변비를 치료하는데, 이는 수곡한기의 액해液海와 관계된다. 수곡한기에서 액해의 탁재濁滓가 대장을 보익하기 때문에 황칠나무는 액해를 충만하게 하는 것이다.
- 또 태음인은 간대폐소肝大肺小의 장국으로 폐당肺黨의 수곡온기가 적은데, 황칠나무는 기본적으로 수곡온기의 기 흐름을 잘 흐르게 한다.

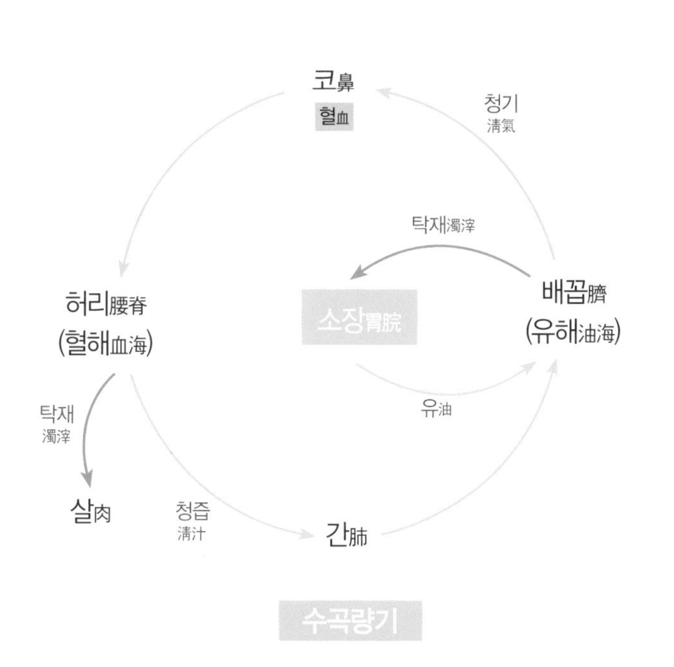

태음인 꽃차 음용 사례

연꽃

51세 / 여 / 태음인

2021년 6월 꽃차와 인연이 닿아 몸과 마음이 개운 해지는 놀라운 경험을 하게 되었다. 꽃차는 회사조직 생활에서 긴장된 마음을 달래주는데 일품이었다. 하루종일 업무에 지친 몸과 긴장된 정신을 무장한채 퇴근하여 자연의 선물인 꽃차를 대할때마다 먼저 시각이 즐거웠다. 꽃차에 집중하면서 구증구포 덖음을 하다보면, 꽃마다의 향기와 아름답게 변해가는 모습에서 꽃차의 기품을 알아가며, 순간 첫사랑에 빠진듯 몰입되어 행복감을 느낀다. 이 과정에서 세로토닌이 샘솟는 듯 했다.

꽃마다 제각기 모습들을 뽐내었지만 그중에서도 홀딱 반해버린 건 연꽃차였다. 2021년 여름에 연꽃차를 처음 마시고는 그윽하면서도 산뜻함을 담고 있는 은은한 향과 달콤한 맛의 신선함을 잊을 수가 없다. 마음이 차분해 지면서 정신이 맑아져 입가에는 웃음이 저절로 났었다. 잦은 스트레스로 평소에 소화불량이 심했고, 머리 두통이 심해 약을 자주 먹곤 했었는데, 연꽃을 마시는 순간에는 속이 편안해지고 머리가 맑아지는 느낌이 새로운 세상을 맞이하는 경험도 하였다. 연꽃은 마음의 열을 씻어주고 기운을 보양하여 사람들의 마음을 고요하게 하는 작용이 있어 직장인들에게는 너무 좋은 것 같다. 폐의 위기를 열어주고 음식을 소화시키는 효능이 코로나로 몸살을 겪고 있는 많은 분들에게 몸이 편안하고 고요해지는 마음을 함께하고 싶어진다.

올겨울부터는 건조시킨 사과와 연꽃을 블렌딩해서 마셔보니 맛이 더 상큼하고 감기예방에도 도움이 되는 걸 느꼈다. 아메리카노를 습관적으로 마셨는데 꽃차를 알고 난 후 부터는 커피를 마시는 일이 현저히 줄었다. 꽃차에서 느낀 이 좋은 행복과 감동을 가족과 지인들 그리고 많은 분들과 나누고 싶다.

칡꽃
53세 / 남 / 태음인

나의 하루 일과는 거의 대부분 의자에 앉아 있는 경우가 많다. 허리가 안 좋은데, 집중을 하면 자세가 바르지 못해 어느 날부터는 심한 통증을 가지게 되었다. 일상적인 생활에도 불편하고, 의자에 앉아 있기도 힘들 때가 있다.

2007년부터 수행과 공부를 위해 차를 마시고 있었는데, 녹차를 마시면 허리가 더 아프고, 카페인으로 인한 불면증을 겪고 있었다. 그러던 차에 꽃차에 관심을 가지면서 칡꽃차를 마시게 되었다.

2021년 여름에 칡꽃차를 마시고는 새로운 경험을 하게 되었다. 칡꽃차를 마시는 순간에 뻣뻣하게 경직된 허리가 유연해지는 느낌을 가지게 되었다. 칡꽃차를 우림하기 전 구수하고 깊은 향기가 너무 좋게 다가오고, 부드럽고 달달한 맛은 기분을 좋게 하였다. 칡꽃차가 허리에 직접 작용하는 것을 느끼게 되었다. 이것은 경험하지 않으면 이해하기 어려울 수도 있지만, 요통腰痛이 좋아지고 훨씬 편해졌다.

특히 칡꽃차는 에스트로겐이라는 여성호르몬이 아주 많아서 갱년기 여성에게 좋다고 하는데, 오히려 50대 이후의 남성들에게 아주 좋은 것 같다. 남성의 전립선에도 좋은 것을 경험하였다. 남성 전립선 비대증이나 염증은 간肝의 기운이 막혀서 오는데, 간에 좋은 칡꽃차가 효능이 있는 것 같다. 칡이 간에 좋다는 이야기는 알고 있었기에 이전에 갈근葛根을 달여서 먹어 본 적도 있지만, 칡꽃차의 향기와 맛은 느끼지 못하였다.

또 꽃차에는 카페인이 없다는 사실을 알고, 더 매력적으로 느끼게 되었다. 이전에 마시던 녹차는 차가운 성질과 카페인의 부작용 등으로 인해 거의 마시지 않게 되었다.

칡꽃

45세 / 여 / 태음인, 13세 / 여 / 태음인

아침에 일어나서 커피, 점심식사 후 커피, 저녁에 커피. 기승전결 커피로 시작해서 커피를 마시며 하루일과를 마무리하는 것으로 하루가 지나간다. 때때로 식사를 제때하지 못 할 때도 허기를 커피로 채우는 나는 커피마니아인가? '뭔가 다른 걸 마셔야지'생각도 했지만 잠시 그때뿐이었다.

칡꽃차를 우연히 마시게 되면서 칡꽃차의 향기가 좋게 느껴졌다. 신맛과 쓴맛을 좋아하지 않아서 구수한 맛의 커피만 먹었는데 칡꽃차의 향기와 입안에서 느껴지는 밀도와 목 넘김이 적정하고 좋았다.

:

식탁에 앉아서 커피를 마신다. 어느새 내 옆에 재잘재잘 노래하며 무한 애정으로 나를 바라보는 딸 아이가 있다. 몇 살일까? 한 다섯 살 정도의 사랑스럽고 예쁜 아기다. 눈을 한번 껌벅거리고 정신을 차려서 현실에 있는 딸을 호출해야겠다는 생각을 한다. 커피를 그만 마시고 칡꽃차를 준비한다. 현재 나이 13세, 현실에 있는 딸을 만나기 위해서이다. 어느새 사춘기 소녀가 되어서 자기 방에 있는 시간이 길어지는 딸이다.

구수한 맛을 좋아하는 태음인 딸은 칡꽃차를 좋아한다. 시각적으로 꽃이 보이는 것도 재미있는지 요즘은 가끔 혼자서도 차를 만들어서 나에게 대접하기도 한다. 자기 세계를 만들어가느라 바쁜 딸과 만나고 싶을 땐 가능하다면 멋지고, 또는 맛있는 것이 중간에 끼는 것이 좋다. 달콤한 탄산음료보다는 우아하고 엘레강스한 꽃차가 우리의 만남을 한층 풍부하게 만들어준다는 희망으로 '이때다' 싶을 때 가끔 딸과 꽃차를 마신다.

꽃차를 마시는 순간 우리는 꽃차를 매개로 만날 수 있다. 꽃차를 마시면서 새로운 관계가 만들어지는 것을 느낀다. 처음은 칡꽃차로 시작했지만 딸아이의 체질과 입맛에 맞는 적절한 차를 골라주고 컨트롤해 주면 차를 마시는 좋은 습관을 만들어 줄 수 있을 것 같다. 처음 차를 시작하는 어른에게도 칡꽃차는 크게 거부감이 없다.

캐모마일
45 / 여 / 태음인

나는 뚱·냉·습이다. 또 과민성 대장증후군을 훈장처럼 달고 있다. 이런 증세는 약 10년 전부터 시작된 것 같다. 귀농 20년차- 밤낮이 바뀐 일중독에 빠져있다. 불규칙적인 생활의 지속으로 인해 위와 장이 많이 예민해, 돼지고기를 먹으면 화장실에 가야하고 변비와 설사가 반복된다. 또한 스트레스를 받으면 토사곽란吐瀉癨亂의 증세가 나타나며 가슴에 통증도 느낀다.

나는 이러한 증세가 나타나면, 캐모마일차를 마신다. 내가 마시는 방법은 캐모마일차를 우림한 후 코로 먼저 흡입하는 방법이다. 코를 통해 뇌와 폐로 싱싱한 캐모마일의 향이 내 몸을 릴랙스하게 해준다. 그리고 난 후 따뜻하게 마시는 캐모마일은 나의 예민한 장을 진정시켜준다.

캐모마일은 몸을 따뜻하게 하며, 체내의 열을 내려주는 서양 국화이다. 캐모마일의 한 성분인 아줄렌은 염증을 잡아주는 성분이다. 모든 기능을 다 갖추고 있는 대표적인 허브이다

한 잔의 허브티가 주는 가장 최적의 효과를 보려면, 그 해에 재배한 캐모마일을 이용하여, 1잔의 차 안에 향기를 가득 담아 향을 먼저 느낀 후 따뜻하게 목으로 음미한다.

소음인 꽃차

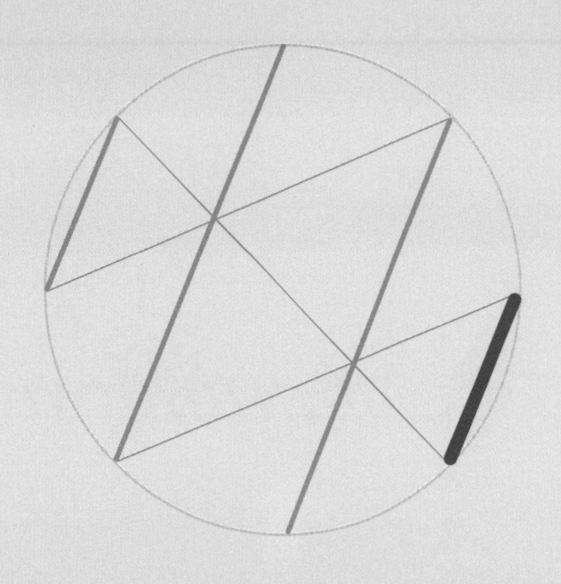

감자
구절초九折草
금어초金魚草
대추
마늘
목련꽃
배초향
복숭아꽃
분꽃

산초山草
생강生薑
생강나무꽃
석류石榴
쑥
찔레꽃
하수오何首烏
해당화海棠花
황기黃芪

위 그림은 사상의학원리도의 기반이 되는 『주역』의 문왕팔괘도文王八卦圖의 기흐름이다.
사상의학이 기氣철학에 근거하고 있음을 알수 있다.

감자감저甘藷

Solanum tuberosum L.

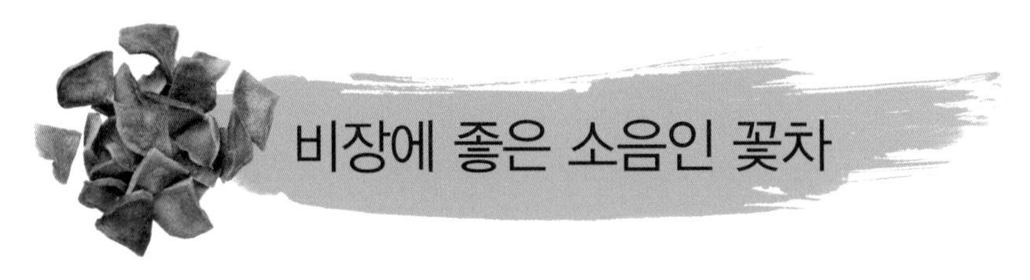

감자의 약성과 성분

약성

- 성질은 평하고, 맛은 달다.
- 비위를 튼튼하게 하고, 위염·위궤양을 치료한다.
- 기氣를 보保한다.
- 피부염·화상 등을 다스린다.
- 칼륨이 많아서 부종에도 효능이 좋다.

성분

전분
폴리페놀polyphenol
아르기닌arginine
칼륨
수분
탄수화물
당분
식이섬유
지방
회분灰分
솔라닌solanine 등

기본 정보

- 학명은 *Solanum tuberosum* L.이다.
- 꽃말은 '자선'·'자애'·'은혜'이며, 별명은 마령서馬鈴薯·북감자·북감저·양우洋芋·하지감자이다.
- 가지과의 여러해살이풀이다. 감자는 땅속에 있는 줄기 마디로부터 가는 줄기가 나와 그 끝이 비대해져 덩이를 형성한다.
- 원산지는 남아메리카의 페루·칠레이며, 1560년경부터 스페인과 영국·이탈리아·독일 등의 유럽으로 보급되기 시작하여 중요한 식량자원으로 자리 잡게 되었다.
- 우리나라에 감자는 『오주연문장전산고』에 1824년과 1825년 사이에 관북에서 처음 들어왔다는 기록이 있다.
- 이용부위는 덩이줄기이며, 식용 또는 약용한다.

감자차 제다법

① 감자 채취는 6월 하순경에 채취한다.
② 감자를 깨끗이 씻어 납작하게 썬다.
③ 수분을 건조하여 중온에서 익힌다.
④ 고온에서 덖음과 식힘을 반복하며 덖는다.
⑤ 고온에서 노릇노릇하게 가향을 하여 완성한다.

감자차 블렌딩

- 감자차에 당근차를 블렌딩한다.
- 베타카로틴이 풍부한 당근은 항산화작용이 탁월하고, 당뇨·콜레스테롤 저하·심혈관계 질환을 다스리며, 눈 건강에 도움을 준다.
- 감자차 블렌딩은 감자에 들어있는 주성분인 칼륨에 의해 고혈압이 개선되고, 위장의 기를 원활하게 하며, 당근은 심장과 위장을 튼튼하게 하고, 암 발생을 억제시킨다.
- 블렌딩한 차의 우림한 탕색은 연한 붉은색이고, 향기는 구수한 향이 나며, 맛은 약간 달다.

감자차 음용법

- 감자차 3g

100℃ 250ml 2분

- 감자차 2g
  당근차 1.5g

100℃ 250ml 2분

- 싹튼 감자싹은 위장장애를 일으킬 수 있는 솔라닌이라는 독소가 있으므로 반드시 오려내고 이용한다.

감자의 활용

- 감자전·샐러드 등 식용으로 이용한다.

감자차의 마음·기작용

※) 수곡열기水穀熱氣는 중상초中上焦인 비당脾黨에 흐르는 기운이다.

※) 고해膏海는 양 젖가슴에 있는 기운 덩어리이다.

※) 막해膜海는 등에 있는 기운 덩어리이다.

※) 탁재濁滓는 탁한 찌꺼기로 몸의 형체를 이루는 기운이다.

※) 보익補益은 돕고 더하는 것으로, 혈기血氣와 음양陰陽을 돕는 것이다.

- 감자는 비장脾臟에 좋은 소음인의 꽃차이다.
- 감자는 소음인의 비기脾氣를 활성화시켜서 한 걸음 나아가 불안정한 마음을 편안하게 한다.
- 감자는 비위를 튼튼하게 하고, 기氣를 보하는데, 이는 수곡열기의 고해膏海와 관계된다. 수곡열기는 위胃에서 고膏가 생성되어 양 젖가슴의 고해로 들어가고, 고해의 맑은 기운은 눈으로 나가서 기氣가 되고, 고해의 탁재濁滓는 위를 보익한다. 즉, 감자는 고膏를 잘 생성시켜 고해를 충만하게 한다.(아래 그림 참조)
- 감자는 고혈압과 노화예방에 좋은데, 이는 수곡량기의 혈해血海와 관계된다. 수곡량기에서 코의 혈血이 허리로 들어가 혈해가 된다. 감자는 허리에 있는 혈해를 충만하게 한다.
- 또 소음인은 신대비소腎大脾小의 장국으로 수곡열기가 작은 사람인데, 감자는 기氣를 보하여, 비당脾黨의 수곡열기가 잘 흐르게 한다.

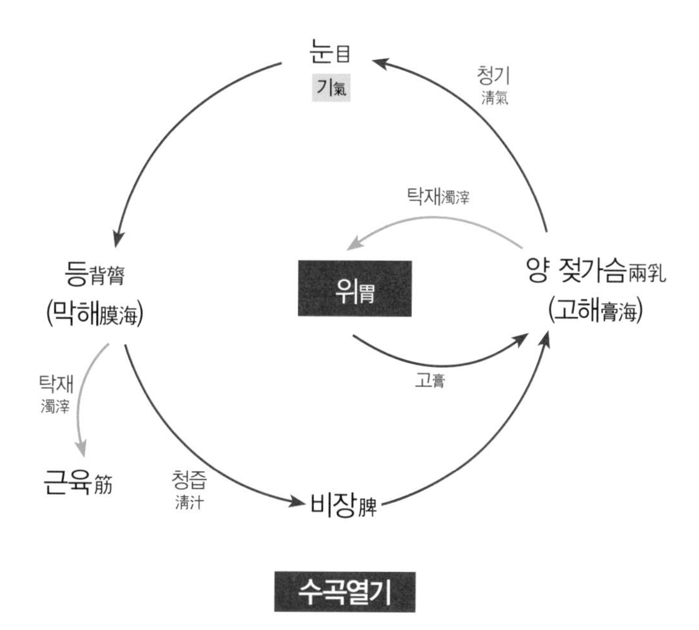

구절초九折草

Dendranthema zawadskii var. latilobum Maxim. Kitam.

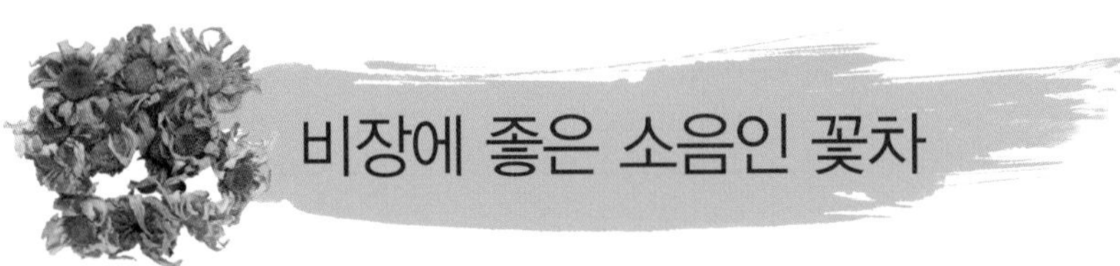

구절초의 약성과 성분

기본 정보

- 학명은 *Dendranthema zawadskii* var. *latilobum* Maxim. Kitam.이다.
- 꽃말은 '감사'이며, 다른 이름은 서흥구절초 · 넓은잎구절초 · 낙동구절초 · 선모초이고, 생약명은 구절초九折草 · 구절초句節草이다.
- 국화과 산국속에 속한 숙근성 여러해살이풀로 키는 50cm로 곧게 자란다. 꽃은 9~10월에 피며, 꽃의 색은 흰색 또는 연분홍색이다.
- 원산지는 한국 · 중국 · 일본 · 몽고이다. 우리나라에서는 전국의 산야에서 자생한다.
- 구절초의 유래는 단오에는 줄기가 다섯 마디인데 9월 9일 중앙절기에는 아홉 마디가 되어 구절초라 하고, 이때에 채취한 것이 제일 약효가 좋다. 임신하지 못하는 여자가 구절초를 먹고 아이를 잉태하였다고 하여 선모초仙母草라고도 한다.
- 이용부위는 줄기 · 잎 · 꽃 등 전초이며, 약용한다.

약성

- 성질은 따뜻하고, 맛은 쓰다.
- 생리불순 · 생리통 · 대하 · 불임증 등 여성의 질병을 다스린다.
- 복부의 어혈을 풀어주고, 염증을 가라앉힌다.
- 냉한 위를 따뜻하게 하고, 소화불량을 치료한다.
- 피를 맑게 하고 혈액순환을 돕는다.

성분

리나린linarin

카페인산caffeic acid

3, 5-디카페오일 퀴논산3, 5-dicaffeoyl quinic

4, 5-0-디카페오일 퀴논산4, 5-0-dicaffeoylquinic acid 등

구절초꽃차 제다법

① 구절초꽃은 갓 피어난 꽃을 9~10월에 채취한다.
② 제다는 덖음 방법과 찌는 방법이 있다.
③ 저온에서 꽃을 덖음과 식힘을 반복한다.
④ 80~90% 건조되면, 고온 덖음을 한다.
⑤ 고온에서 맛내기와 가향 덖음하고 건조하여 완성한다.

구절초차 블렌딩

- 구절초차에 대추차를 블렌딩한다.
- 대추차는 몸을 따뜻하게 하고, 면역력을 높여주며, 소화 기능을 돕는다.
- 구절초차 블렌딩은 여성들의 냉증을 없애주고, 생리불순·생리통·대하·불임증과 위장을 편안하게 하며, 혈액순환을 돕는다.
- 블렌딩한 차의 우림한 탕색은 연한 미색이고, 향기는 풋풋한 풀향이 나며, 맛은 약간 쓰다.

구절초꽃차 음용법

- 구절초꽃차 4~5송이

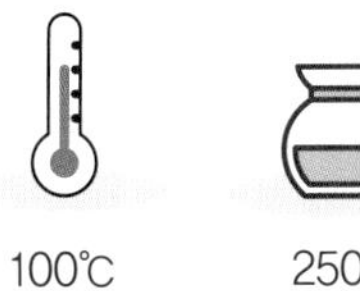

100℃ 250ml 2분

- 구절초꽃차 4송이
  대추차 0.8g

100℃ 250ml 2분

- 구절초꽃차는 몸이 허약한 사람은 과다 음용하지 않는다.

구절초의 활용

- 구절초 조청·효소를 만든다.

구절초꽃차의 마음·기작용

- 구절초는 비장脾臟에 좋은 소음인의 꽃차이다.
- 구절초는 위胃를 따뜻하게 하여 한 걸음 밖으로 나아가 불안정한 마음을 고요하게 한다.
- 구절초는 여성의 생리불순·생리통·대하·불임증을 다스리는데, 이는 수곡량기의 간肝과 관계된다. 수곡량기는 소장小腸에서 유油가 생성되어 배꼽의 유해油海로 들어가고, 유해의 맑은 기운은 코로 나아가서 혈血이 되고, 코의 혈이 허리로 들어가 혈해가 되고, 혈해의 맑은 즙을 간肝이 빨아 들여서 간의 원기를 보익한다. 구절초는 혈해의 맑은 즙을 잘 빨아들여서 간의 원기를 보하고, 배꼽에 있는 유해로 기운을 잘 넘겨주는 것이다.(아래 그림 참조)
- 구절초는 복부의 어혈을 풀어주고, 피를 맑게 하고, 혈액순환을 돕는데, 이는 수곡량기에서 혈해血海와 관계된다. 구절초는 코에서 허리의 혈해를 충만하게 하여 간肝을 보익하고 혈血을 잘 응결되게 한다.(아래 그림 참조)

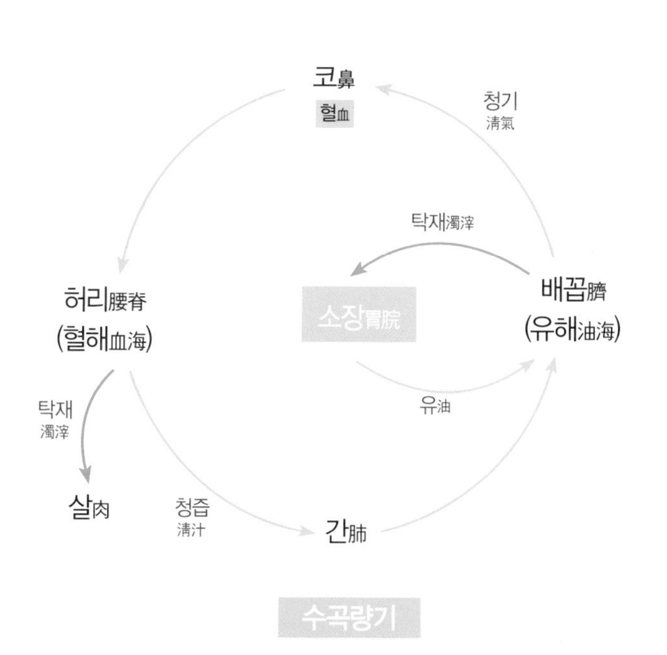

- 구절초는 소화에도 도움을 주고, 냉한 위를 따뜻하게 하는데, 이는 수곡열기의 고해膏海와 관계된다. 구절초는 양 젖가슴에 있는 고해의 탁재濁滓가 위를 보익하는 것이다.
- 또 소음인은 신대비소腎大脾小의 장국으로 수곡열기가 작은 사람인데, 구절초는 기본적으로 비당脾黨의 수곡열기를 도와서 잘 흐르게 한다.

금어초

Antirrhinum majus L.

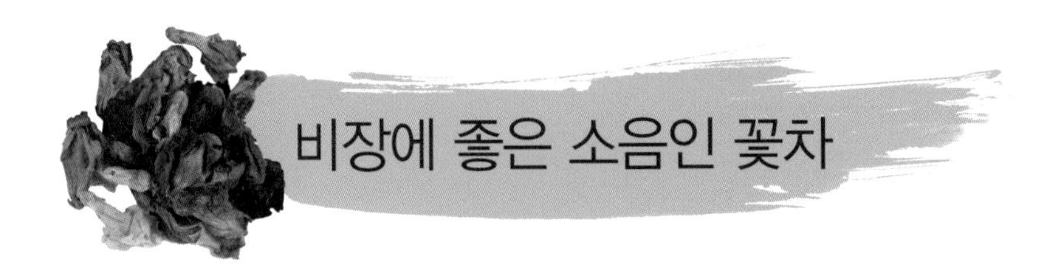

금어초의 약성과 성분

약성

- 성질은 따뜻하고, 맛은 쓰고 독이 없다.
- 피부세포의 콜라겐 합성 촉진으로 노화방지에 효능이 있다.
- 천연소화제로서 소화기능을 돕는다.
- 항균·염증·궤양·종양 등 염증에 효능이 있다.
- 치질치료에 효과가 있다.

성분

안토시아니딘anthocyanidins
플라보놀flavonols
플라본flavones
오론aurones
퀘르세틴quercetin
캠퍼롤kaempferol 등

기본 정보

- 학명은 *Antirrhinum majus* L.이다.
- 꽃말은 '수다쟁이'·'욕망'·'오만'이며, 다른 이름은 금붕어꽃이다. 꽃모양이 헤엄치는 금붕어를 닮았다하여 붙여진 이름으로, 동양에서는 금어초金魚草라 하고, 서양에서는 용의 입을 닮았다하여 스냅 드래곤snap dragon이라고 한다.
- 현삼과에 속한 한두해살이풀로 꽃은 4~5월에 핀다.
- 원산지는 지중해 연안 · 북아프리카이다.
- 이용부위는 꽃이며, 금어초차는 붉은 금어초와 노랑 금어초를 주로 이용한다.

금어초차 제다법

① 금어초의 개화시기인 4~7월에 채취한다.
② 금어초꽃잎을 하나씩 떼어 깨끗이 씻어 물기를 제거한다.
③ 저온에서 꽃잎이 겹치지 않도록 올려놓고 덖음한다.
④ 중온에서 덖음과 식힘을 반복한다.
⑤ 고온에서 가향을 해서 완성한다.

금어초차 블렌딩

- 금어초차에 캐모마일을 블렌딩한다.
- 캐모마일은 숙면·피부 미용·혈당 조절·소화가 되지 않아 속이 더부룩할 때 효과가 있다.
- 금어초차 블렌딩은 소화기능을 좋게 하고, 캐모마일의 은은한 향과 상큼한 맛으로 마음을 편안하게 한다.
- 블렌딩한 차의 우림한 탕색은 연한 노란색이고, 향기는 은은한 과일향이 나며, 맛은 새콤달콤하다.

금어초차 음용법

- 금어초차 1.5g

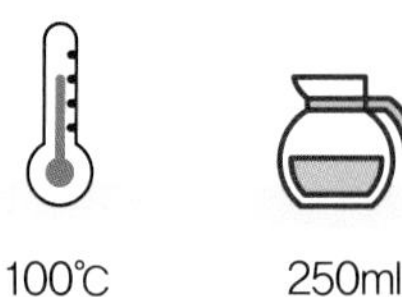

100℃ 250ml 2분

- 금어초차 1.5g
  캐모마일 0.5g

100℃ 250ml 2분

금어초의 활용

- 샐러드·청·샌드위치·꽃 비빔밥 등 식용꽃으로 이용한다.

금어초차의 마음·기작용

- 금어초는 비장脾臟에 좋은 소음인의 꽃차이다.
- 맛이 쓰고 독이 없는 금어초는 소음인의 소화기능을 도와 비기脾氣를 활성화시켜서 한 걸음 나아가 불안정한 마음을 편안하게 한다.
- 금어초는 천연소화제로서 소화에도 도움을 주고, 냉한 위를 따뜻하게 하는데, 이는 수곡열기의 고해膏海와 관계된다. 수곡열기는 위胃에서 고膏가 생성되어 양 젖가슴의 고해로 들어가고, 고해의 맑은 기운은 눈으로 나가서 기氣가 되고, 고해의 탁재濁滓는 위를 보익한다. 즉, 금어초는 고膏를 잘 생성시켜 고해를 충만하게 한다.(아래 그림 참조)
- 금어초의 플라보놀 성분은 항균·염증·궤양·종양 등을 다스리는데 효능이 있고, 또한 피부세포의 콜라겐 합성을 촉진시키며 항산화성분인 안토시아니딘은 노화방지에 탁월한데, 이는 수곡온기의 니해膩海와 관계된다. 수곡온기에서 두뇌에 있는 니해의 탁재濁滓는 피부와 터럭을 보익하기 때문에 금어초는 니해를 충만하게 하는 것이다.

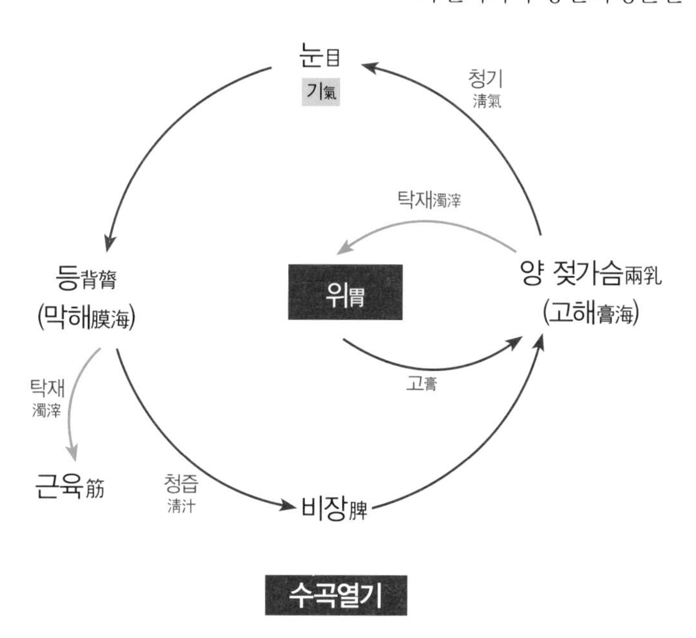

- 또 소음인은 신대비소腎大脾小의 장국으로 수곡열기가 작은 사람인데, 금어초는 소화기능을 원활하게 하여, 비당脾黨의 수곡열기가 잘 흐르게 한다.

대추대조大棗

Zizyphus jujuba var. inermis Rehder.

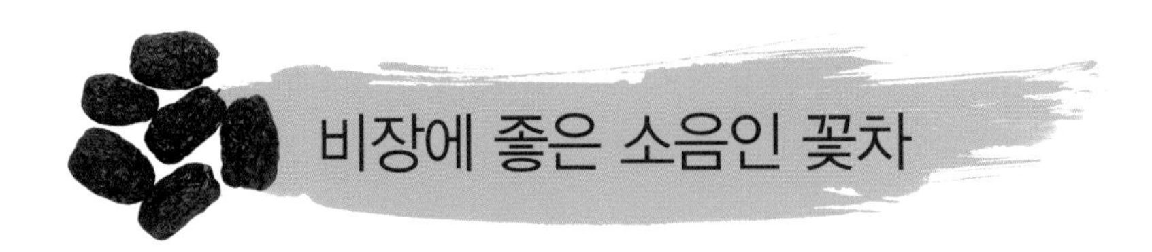

대추의 약성과 성분

기본 정보

- 학명은 *Zizyphus jujuba var. inermis* Rehder.이다.
- 꽃말은 '처음 만남'이고, 다른 이름은 홍조紅棗 · 대조大棗라고도 한다. 대추는 결혼식에 폐백을 받을 때에 자손 번영하기를 바라는 마음을 담아 새색시 치마폭에 던져주는 풍속이 있다.
- 갈매나무과 대추나무속에 속한 낙엽활엽관목이다. 나무 크기는 높이 8m정도 되고, 꽃은 암수한꽃으로 5월 말~7월 중순에 피며, 열매는 적갈색 또는 암갈색으로 9~10월에 성숙한다.
- 원산지는 한국 · 중국이다. 대추는 오래전부터 애용되었던 과실이다.
- 중국에서는 4,000여 년 전에 대추 재배 기록이 있고, 우리나라는 『한서』 「지리지」의 고대낭랑에 대한 기록에 "낭랑에 대추와 밤이 생산된다."라는 기록이 있다.
- 이용부위는 뿌리 · 잎 · 열매이며, 약용으로 사용하고, 열매는 식용한다.

약성

- 성질은 따뜻하고, 맛은 달다.
- 모든 약을 조화시킨다.
- 기운氣運을 더해주며, 비장脾臟을 자양滋養한다.
- 불면증·신경과민에 진정효과가 있다.
- 식욕부진·진액 부족에 효과가 있다.

성분

- **열매**

  단백질

  당류

  유기산

  점액질

  비타민 A, B2, C

  미량의 칼슘

  인

  철 등

- **잎**

  대추알칼로이드daechu alkaloid A·B·C·D·E

  대추사이클로펩타이드daechucyclopeptide

대추차 제다법

① 대추는 잎과 열매를 채취한다.
② 대추잎을 깨끗이 씻는다.
③ 열매는 가을에 붉게 되면 채취하여 시들려서 사용한다.
④ 잎은 고온 덖음하여 유념을 한다.
⑤ 열매는 씨를 제거하고 얇게 썰어서 덖는다.
⑥ 고온에서 맛내기 가향을 하여 완성한다.

대추차 블렌딩

- 대추차에 생강차와 계피차를 블렌딩한다.
- 생강차는 풍과 한을 발산시키고 비위脾胃의 원기를 북돋아 구역질을 치료한다. 계피는 혈액순환을 원활하게 하고, 소화를 돕는다.
- 대추차 블렌딩은 혈액순환과 기 순환을 촉진시켜 비위脾胃를 조화롭게 하여 소화가 잘되고 설사·구토·복통에도 좋은 효과가 있다.
- 블렌딩한 차의 우림한 탕색은 등황색이고, 향기는 상큼한 계피향이 나며, 맛은 달콤하며 매운맛이 난다.

대추차 음용법

- 대추차 3g

100℃ 250ml 2분

- 대추차 2g
  생강차 0.6g
  계피차 0.5g

100℃ 250ml 2분

- 대추는 잠이 많으면 생것으로 쓰고, 잠들지 못하면 볶아서 사용한다.

대추의 활용

- 식초·술·한과·대추고 등으로 이용한다.

대추차의 마음·기작용

- 대추는 비장脾臟에 좋은 소음인의 꽃차이다.
- 맛이 단 대추는 불면증과 신경과민의 진정효과가 있기 때문에 한 걸음 밖으로 나아가 불안정한 마음을 고요하게 한다.
- 대추는 기氣를 더해주고 비장脾臟을 자양하는데, 이는 수곡열기의 막해膜海와 관계된다. 수곡열기는 위胃에서 고膏가 생성되어 양 젖가슴의 고해膏海로 들어가고, 고해의 맑은 기운은 눈으로 나가서 기氣가 되고, 눈의 기는 등으로 들어가 막해가 되고, 비장은 막해의 맑은 즙을 빨아들여 비장의 원기를 보익한다. 즉, 대추는 등에 있는 막해를 잘 빨아들여 비장의 원기를 보익하는 것이다.(아래 그림 참조)
- 대추는 위의 기운을 편안하게 하고 식욕을 생기게 하는데, 이는 수곡열기의 고해膏海와 관계된다. 위에서 생성된 고膏는 양 젖가슴의 고해로 들어가는데, 고해의 탁재濁滓는 위를 보익하기 때문에 대추는 고를 잘 생성시키는 것이다.(옆 그림 참조)

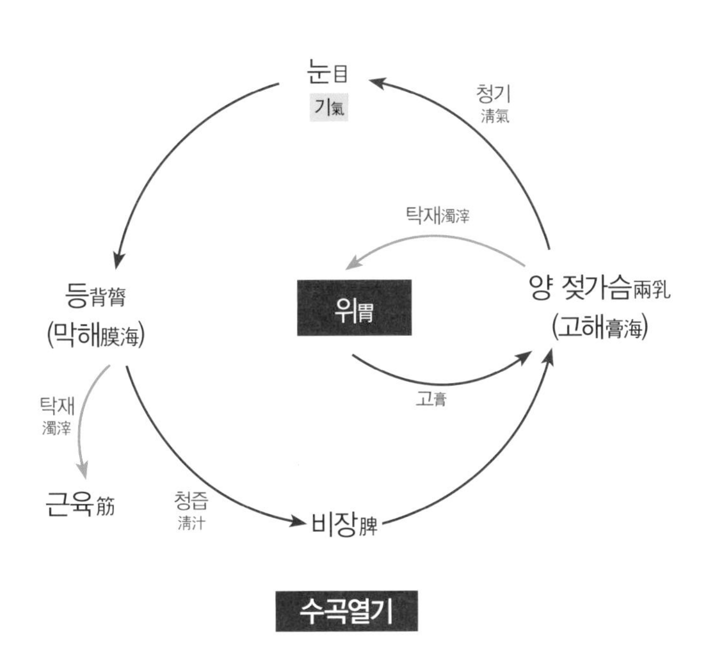

- 또 소음인은 신대비소腎大脾小의 장국으로 수곡열기가 작은 사람인데, 대추는 기본적으로 12경락을 도와서 비당脾黨의 수곡열기를 도와서 기가 잘 흐르게 한다.

마늘대산大蒜

Allium stium Linne.

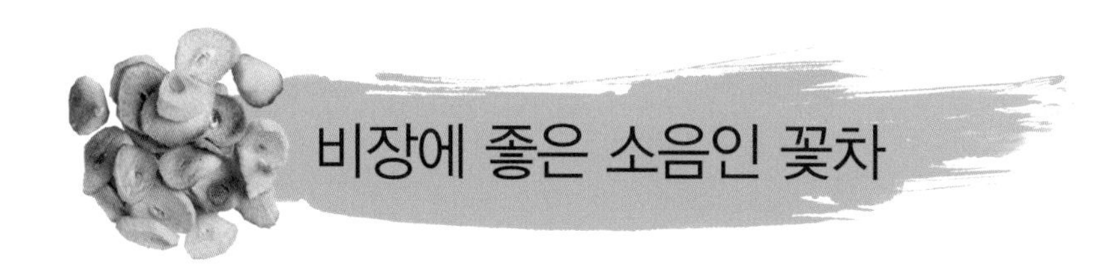

마늘의 약성과 성분

기본 정보

- 학명은 *Allium stium* Linne.이다.
- 꽃말은 '힘'·'용기'이고, 별명은 백해백리라 하며, 생약명은 대산大蒜 또는 호산胡蒜이다. 4,000년 전 단군신화에 마늘이 등장하였으며, 그 약용의 신묘함이 전해져 내려오고 있다.
- 백합과에 속한 비늘줄기의 여러해살이풀이다.
- 원산지는 중앙아시아·이집트이고, 한국·중국·일본·인도·서부아시아 및 열대아시아 전 지역에서 재배되고 있다.
- 『삼국사기』에는 "입추立秋 후 해일亥日에 마늘밭에 후농제後農祭를 지냈다."라는 기록이 있다. 일찍이 통일신라시대에 마늘이 식용 또는 약용작물로 재배되었다.
- 이용부위는 비늘줄기·알뿌리이며, 식용 또는 약용한다.

약성

- 성질은 따뜻하고, 맛은 맵다.
- 알리신 성분은 세균성장을 억제하고, 면역체계를 향상시킨다.
- 혈액을 맑게 하여 고혈압·고지혈증 등 심혈관계 질환을 다스린다.
- 유황 화합물은 활성산소를 제거하고, 간암·대장암을 예방한다.
- 소화기를 따뜻하게 하므로 위장을 튼튼하게 한다.

성분

알린alliin
알리신allicin
유황화합물 디아릴펜타설피드diallypentasulfide
s-메틸시스테인S-methylcysteine
칼슘
칼륨
철
마그네슘
셀레늄
비타민 B1, B2, C
수분
탄수화물 등

마늘차 제다법

① 마늘은 6월에 채취하여 껍질을 벗겨 깨끗이 씻는다.
② 얇게 썰어서 수분을 건조한다.
③ 저온에서 익힘과 식힘을 반복하며 덖는다.
④ 고온에서 마늘이 노릇노릇하도록 덖는다.
⑤ 가향덖음으로 건조하여 완성한다

마늘차 블렌딩

- 마늘차에 생강차와 대추차를 블렌딩한다.
- 생강차는 매운 성분이 몸을 따뜻하게 해주고 독성을 배출시킨다. 대추차는 기력을 올려주고 정신을 이완시키는 작용을 한다.
- 마늘차 블렌딩은 알리신이 살균작용을 하고, 셀레늄은 심장질환을 예방해주며, 몸을 따뜻하게 하여 소화기능을 좋게 하므로 기력을 상승시켜 마음을 편안하게 한다.
- 블렌딩한 차의 우림한 탕색은 연한 미색이고, 향기는 매운 향이 나며, 맛은 약간 맵고 달다.

마늘차 음용법

- 마늘차 2g

100℃

250ml

2분

- 마늘 1.5g
  생강 0.5g
  대추 0.5g

100℃

250ml

2분

- 생마늘은 많이 먹거나 빈속에 먹지 않는 것이 좋다. 또한 하수오, 지황, 목단피와 함께 먹지 않는다.

마늘의 활용

- 마늘쫑·마늘·마늘잎은 장아찌 등으로 이용한다.

마늘차의 마음·기작용

- 마늘은 비장脾臟에 좋은 소음인의 꽃차이다.
- 맵고 따뜻한 마늘은 몸의 열을 발산시켜서 한 걸음 나아가 불안정한 마음을 고요하게 한다.
- 마늘은 소화기를 따뜻하게 하고 위장을 튼튼하게 하는데, 이는 수곡열기의 고해膏海와 관계된다. 수곡열기는 위胃에서 고膏가 생성되어 양 젖가슴의 고해로 들어가고, 고해의 맑은 기운은 눈으로 나가서 기氣가 되고, 고해의 탁재濁滓는 위를 보익한다. 즉, 마늘은 고膏를 잘 생성시켜 고해를 충만하게 한다.(아래 그림 참조)
- 마늘은 고혈압 저하·혈액을 맑게 하는 심혈관에 도움을 주는데, 이는 수곡량기의 혈해血海와 관계된다. 마늘은 허리에 있는 혈해를 충만하게 한다.
- 또 소음인은 신대비소腎大脾小의 장국으로 수곡열기가 작은 사람인데, 마늘은 위장을 튼튼하게 하여, 비당脾黨의 수곡열기를 도와서 잘 흐르게 한다.

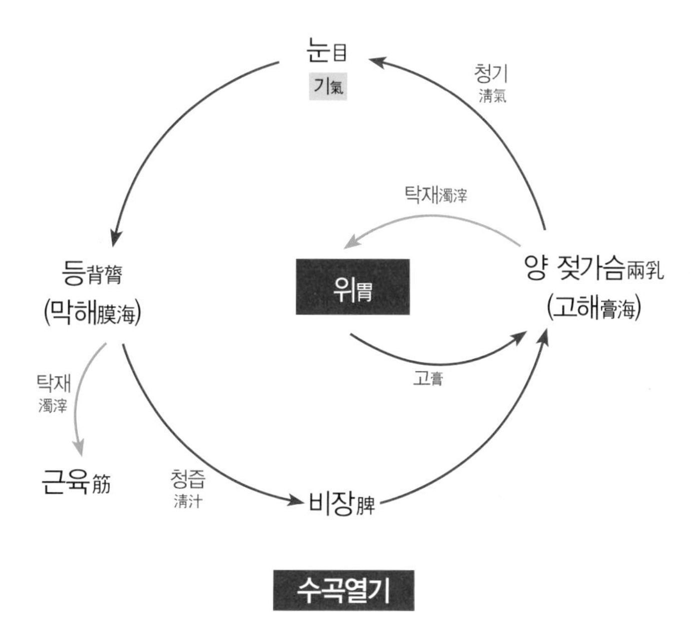

목련꽃 신이화辛夷花
Chrysanthemum indicum L.

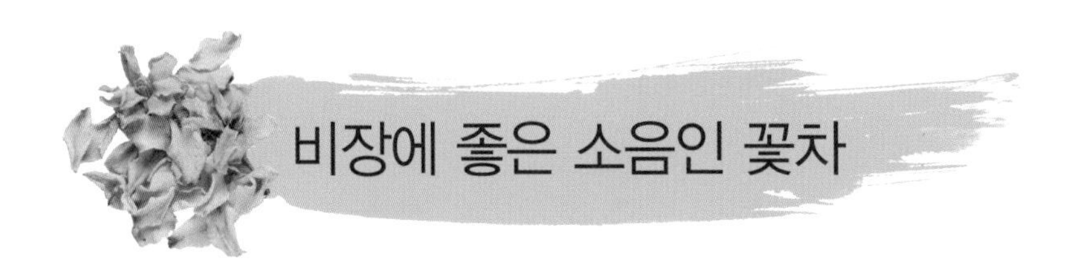

목련꽃의 약성과 성분

약성

- 성질은 따뜻하고, 맛은 맵고, 독이 없다.
- 축농증·비염·코 막힘·두통·기침 등을 치료한다.
- 얼굴 기미에 탁월한 효과가 있고, 얼굴에 광택이 난다.
- 폐肺를 따뜻하게 하여 습濕을 없앤다.
- 풍습으로 인해서 저리고 아픈 것을 다스린다.

성분

정유 시트랄citral

오이게놀eugenol

1,8-신네올1,8-cineole

펠란드렌phellandrene

캠퍼camphor

사비넨sabinene

리모넨limonene

p-사이멘p-cymene

3-헥센-1-올3-hexen-1-ol

라나룰옥사이드linalool oxide 등

기본 정보

- 학명은 *Magnolia kobus* DC.이다.
- 꽃말은 '고귀함'·'숭고한 사랑'이며, 다른 이름은 꽃눈이 붓을 닮아서 목필木筆로 부르기도 하고, 꽃봉오리가 피려고 할 때 끝이 북녘을 향한다고 해서 북향화北向花라고 한다. 생약명은 신이辛夷이다.
- 목련과 목련속에 속하는 낙엽교목으로 높이 10m 전후로 자란다. 꽃은 3~4월에 피고, 꽃의 색은 흰색으로 2~3월에 잎보다 먼저 핀다.
- 원산지는 중국이며 한국·일본 등지에도 분포하고 있다.
- 이용부위는 꽃 봉우리·잎·열매이며, 차 또는 약용한다.

목련꽃차 제다법

① 꽃봉우리를 3~4월에 채취하여 시들린다.
② 꽃을 한 잎 한 잎 떼어서 저온에서 덖음을 한다.
③ 80~90% 건조되면 고온에서 덖음을 한다.
④ 가향덖음으로 맛과 향을 낸다.
⑤ 잔재하여 있는 수분을 건조하여 완성한다.

목련꽃차 블렌딩

- 목련꽃차에 대추, 구기자를 블렌딩한다.
- 대추는 목련의 매운맛을 부드럽게 하고, 식욕부진에 효과가 있다. 구기자는 성질이 평하며 몸과 마음이 피로할 때 효과가 있다.
- 목련꽃차 블렌딩은 오장을 편안하게 하고, 심신을 안정시킨다. 또 비염과 폐 기관지염증에도 좋다.
- 블렌딩한 차의 우림한 탕색은 연갈색이고, 향기는 매운 화향이 진하게 나며, 맛은 달다.

목련꽃차 음용법

- 목련꽃차 0.9g

100℃ 250ml 2분

- 목련꽃차 1g
  대추차 0.7g
  구기자차 0.8g

100℃ 250ml 2분

목련꽃의 활용

- 목련꽃잎 장아찌·목련꽃 효소·목련꽃잎 화장품크림 등에 사용한다.

목련꽃차의 마음·기작용

- 목련은 비장脾臟에 좋은 소음인의 꽃차이다.
- 맛이 맵고 따뜻한 목련은 비장의 기운을 활성화하여 한 걸음 밖으로 나아가 불안정한 마음을 고요하게 한다.
- 목련의 봉우리는 축농증·비염·코 막힘을 치료하는데, 이는 수곡량기의 기 흐름과 관계된다. 수곡량기는 소장小腸에서 유油가 생성되어 배꼽의 유해油海로 들어가고, 유해의 맑은 기운은 코로 나아가서 혈血이 되고, 코의 혈이 허리로 들어가 혈해血海가 된다. 목련은 유해의 맑은 기운이 코로 잘 나아가게 하여, 코의 질병을 치료하는 것이다.(아래 그림 참조)
- 목련은 얼굴 기미와 광택이 나게 하는데, 이는 수곡온기의 니해膩海와 관계된다. 수곡온기에서 두뇌에 있는 니해의 탁재濁滓가 피부를 보익하기 때문에 목련은 니해를 충만하게 하는 것이다.

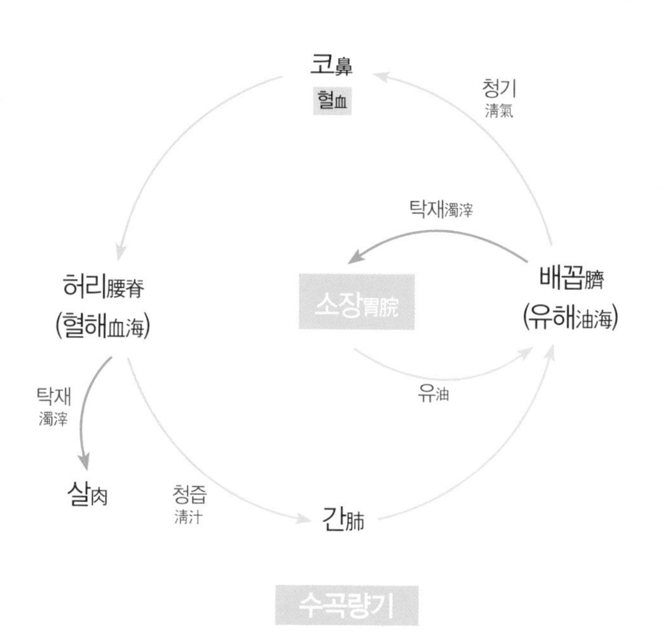

- 또 목련은 폐를 돕고 기운을 조화롭게 하여 몸을 따뜻하게 하는데, 이것도 수곡온기의 니해膩海와 관계된다. 목련은 니해를 충만하게 하는 것이다.
- 또 소음인은 신대비소腎大脾小의 장국으로 수곡열기가 작은 사람인데, 목련은 기본적으로 비당脾黨의 수곡열기를 도와서 기가 잘 흐르게 한다.

배초향곽향藿香

Agastache rugosa (Fisch. & C.A.Mey.) Kuntze.

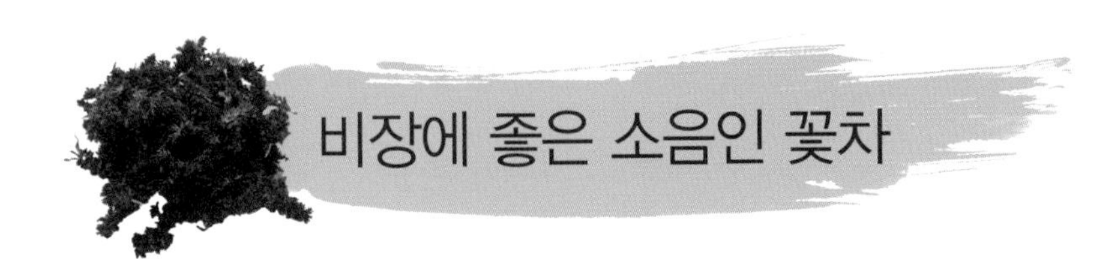

배초향의 약성과 성분

약성

- 성질은 따뜻하고, 맛은 맵다.
- 비기脾氣를 돕고, 중초를 따뜻하게 한다.
- 풍한風寒을 발산시켜 기운을 편안하게 한다.
- 구토·곽란을 멎게 하고, 복통을 낫게 한다.
- 여름에 더위 먹은 기체氣滯를 풀어준다.

성분

정유의 주성분 메틸카비콜methylchavicol과
아네톨anethole
아니스알데하이드anisaldehyde
알파리모넨α-limonene
피메톡시신나말데하이드p-methoxyci nnamaldehyde
알파피넨α-pinene 등

기본 정보

- 학명은 *Agastache rugosa* (Fisch. & C.A.Mey.) Kuntze.이다.
- 꽃말은 '향수'이고, 다른 이름은 방아풀·해곽향海藿香이고, 생약명은 곽향藿香이다.
- 꿀풀과에 속하는 여러해살이풀이다. 내한성이 좋고 꽃은 순형으로서 7~9월에 피며, 꽃의 색은 보라색이고 가을에 씨앗이 익는다. 풀 전체에서 강한 향기가 나는 방향성 식물로 한국 토종 허브로 알려져 있다. 또한 꽃에 꿀이 많이 들어 있는 밀원식물이다.
- 원산지는 한국·중국·일본·대만이다.
- 이용부위는 꽃·어린순·전초이며, 식용과 약용한다. 건조시킨 배초향은 곽향藿香이라는 이름으로 오랫동안 약초로 사용해왔다.

배초향차 제다법

① 배향초 7~8월에 갓 핀 꽃을 채취한다.
② 잎과 꽃을 깨끗이 씻는다.
③ 꽃이 기다란 것은 1cm 크기로 자른다.
④ 잎은 고온에서 덖음을 하고, 유념을 한다.
⑤ 꽃은 덖음과 식힘을 반복한다.
⑥ 고온에서 맛내기 가향을 하여 완성한다.

배초향차 블렌딩

- 배초향차에 진피차, 자소엽차를 블렌딩한다.
- 진피는 원기를 수렴하고 가슴을 편안하게 하고, 자소엽은 비장을 따뜻하게 한다.
- 배초향차 블렌딩은 경맥을 통하게 하고, 기혈을 잘 흐르게 하며, 비장을 보하여 소화를 증진시켜 속을 편안하게 하고 마음을 열어준다.
- 블렌딩한 차의 우림한 탕색은 등황색이고, 향기는 꿀 향이 나며, 맛은 달콤하며 약간의 매운맛이 있다.

배초향차 음용법

- 배초향차 2.5g

100℃ 250ml 2분

- 배초향차 2g
  진피차 0.8g
  감초 0.4g

100℃ 250ml 2분

- 몸에 화와 열이 많거나 비만인 사람은 피하는 것이 좋다.

배초향의 활용

- 방향제·향신료 등으로 이용한다.

배초향차의 마음·기작용

- 배초향은 비장脾臟에 좋은 소음인의 꽃차이다.
- 맛이 매운 배초향은 비장의 기운을 활성화하여 한 걸음 밖으로 나아가 불안정한 마음을 고요하게 한다.
- 배초향은 비기脾氣를 돕고, 중상초를 따뜻하게 하는데, 이는 수곡열기의 기 흐름과 관계된다. 수곡열기는 위胃에서 고膏가 생성되어 양 젖가슴의 고해膏海로 들어가고, 고해의 맑은 기운은 눈으로 나가서 기氣가 되고, 눈의 기는 등으로 들어가 막해膜海가 되고, 비장은 막해의 맑은 즙을 빨아들여서 비장의 원기를 보익하고, 다시 양 젖가슴의 고해로 들어간다. 배초향은 수곡열기의 기 흐름을 돕는 것이다.(아래 그림 참조)
- 배초향은 구토 곽란을 멎게 하고 심복통을 낫게 하는데, 이는 수곡열기의 위胃와 관계된다. 양 젖가슴에 있는 고해의 탁재濁滓가 위장을 보익하기 때문에 배초향은 고해를 충만하게 하는 것이다.(옆 그림 참조)
- 또 소음인은 신대비소腎大脾小로 수곡열기가 작은 사람인데, 배초향은 소음인의 꽃차로 풍한風寒을 발산시켜 기를 편안하게 하기 때문에 수곡열기의 전체의 기 순환이 잘 되게 한다.

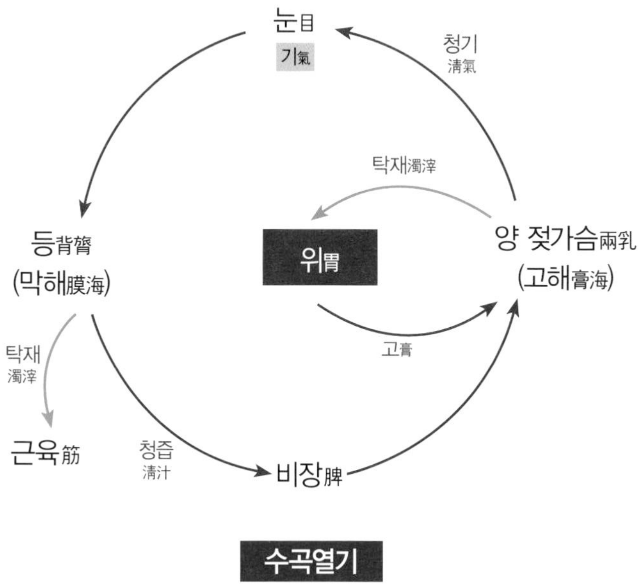

복숭아꽃 도화挑花

prunus persica(L.) Batsch.

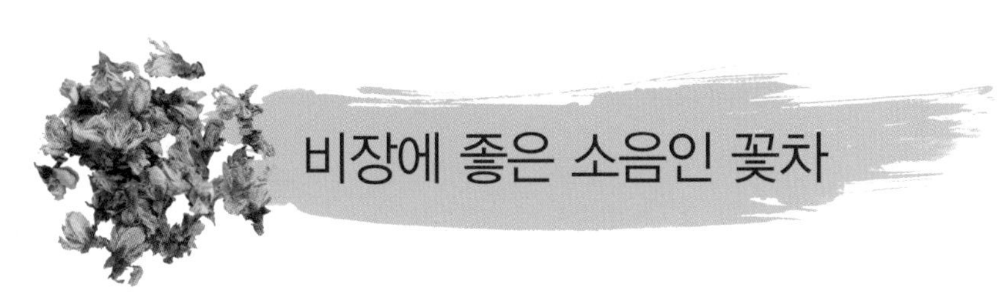

복숭아의 약성과 성분

약성

- 성질은 따뜻하고, 맛은 달다.
- 비장脾臟의 기운을 원활하게 한다.
- 아랫배가 뭉쳐서 아픈 것을 낫게 하고, 대소변을 잘 나가게 한다.
- 활성산소·콜레스테롤·암모니아 등을 몸 밖으로 배출시킨다.
- 어혈을 제거하고, 얼굴색을 좋게 한다.

성분

아미그달린amygdalin
정유
지방유 올레인산olein acid
글리세린glycerin
에멀신emulsin
디카테콜d-catechol
갈로일에피카테친galloylepicatechin 등

기본 정보

- 학명은 *prunus persica(L.)* Batsch.이다.
- 꽃말은 '사랑의 노예'이며, 별명은 핵도인核桃仁·탈도인脫桃仁 등이다.
- 장미과 벚나무속에 속한 낙엽활엽 소교목이다. 꽃은 4월 중순~5월 초에 잎보다 먼저 피며, 꽃의 색은 흰색이나 옅은 홍색으로 핀다.
- 원산지는 중국이며 우리나라 각지에 분포한다. 복숭아는 귀신을 쫓는다는 벽사와 불로장생의 상징물이다.
- 『삼국사기』에 복숭아는 삼국시대부터 이미 심어 길렀다는 언급이 있다.
- 이용부위는 꽃·씨도인·잎·잔가지·열매이며, 열매는 식용으로 이용하고, 그 이외의 것은 약용한다.

복숭아꽃차 제다법

① 복숭아꽃은 4월에 채취한다.
② 꽃봉오리를 솎아주면서 채취한다.
③ 저온에서 덖음을 한다.
④ 중온에서 덖음과 식힘을 하며 덖음을 한다.
⑤ 고온에서 맛내기 가향을 하여 완성한다.

복숭아꽃차 블렌딩

- 복숭아꽃차에 수서해당화꽃차를 블렌딩한다.
- 수서해당화꽃차는 혈액이 부족하거나 또는 몰린 것을 조화롭게 하는 작용이 있다.
- 복숭아꽃차 블렌딩은 복숭아꽃에 필수 아미노산·유기산등이 풍부하게 들어 있어 피로회복에 좋고, 펙틴성분은 장운동을 촉진시켜 변비 예방에 도움을 준다.
- 블렌딩한 차의 우림한 탕색은 연미색이고, 향기는 풋과일향이 나며, 맛은 약간 상큼한 단맛이다.

복숭아꽃차 음용법

- 복숭아꽃차 1g

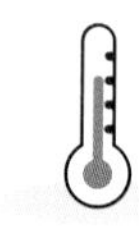

100℃ 250ml 2분

- 복숭아꽃차 0.8g
  수서해당화꽃차 0.5g

100℃ 250ml 2분

- 복숭화꽃차는 과다 복용시 설사 할 수 있어 주의한다.

복숭아의 활용

- 통조림·잼·청 등 식용으로 이용한다.

복숭아꽃차의 마음·기작용

- 복숭아는 비장脾臟에 좋은 소음인의 꽃차이다.
- 맛이 달고 따뜻한 복숭아는 소음인의 비기脾氣를 북돋아서 소화를 도와주기 때문에 한걸음 밖으로 나아가 불안정한 마음을 편안하게 한다.
- 복숭아는 비장의 진기眞氣를 각성시키는데, 이는 수곡열기의 막해膜海와 관계된다. 수곡열기는 위胃에서 고膏가 생성되어 양 젖가슴의 고해膏海로 들어가고, 고해의 맑은 기운은 눈으로 나가서 기氣가 되고, 눈의 기가 등으로 들어가 막해가 된다. 막해의 맑은 즙을 비장이 빨아들여서 비장의 원기를 보익하는데, 복숭아는 막해를 잘 빨아들이도록 하는 것이다.(아래 그림 참조)

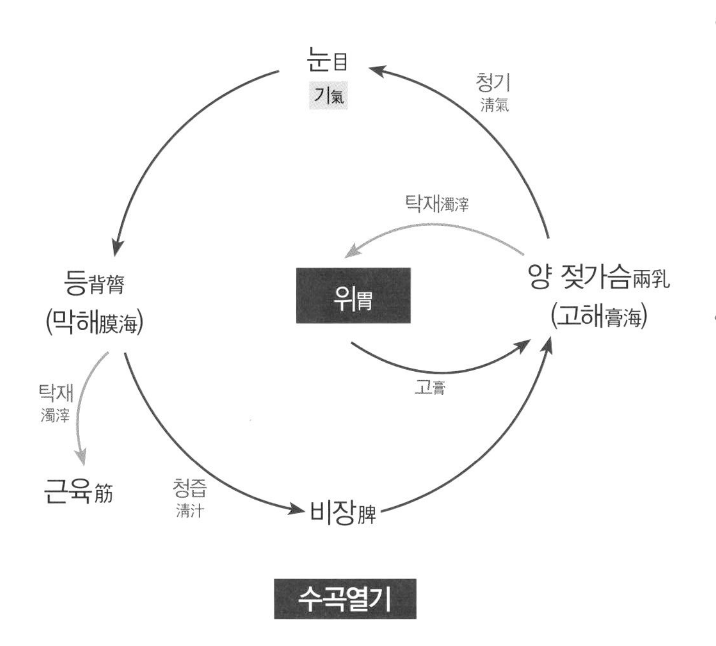

- 복숭아는 어혈瘀血을 없애주는데, 이는 수곡량기의 혈해血海와 관계된다. 복숭아는 수곡량기에서 허리에 있는 혈해血海를 충만하게 하는 것이다.
- 또 소음인은 신대비소腎大脾小의 장국으로 수곡열기가 작은 사람인데, 복숭아는 장臟 건강에 좋고, 기력을 보충하기 때문에 비당脾黨의 수곡열기를 도와서 잘 흐르게 한다.

분꽃

Mirabilis jalapa L.

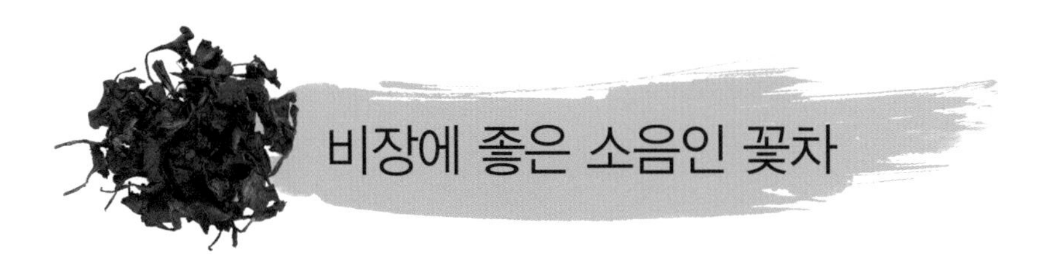

분꽃의 약성과 성분

기본 정보

- 학명은 *Mirabilis jalapa* L.이다.
- 꽃말은 '수줍음' · '소심'이며, 다른 이름은 분화 · 자미리 · 자화분이고, 생약명은 자말리근紫茉莉根이다. 분이라는 이름은 분가루 같은 배젖에서 온 이름이다.
- 분꽃과 분꽃속에 속한 한해살이풀 또는 실내월동 여러해살이풀이다. 꽃이 피는 시기는 6~10월이며, 꽃의 색은 홍색 · 백색 · 황색 등이 있고, 오후 4시 무렵에 피기 시작하여 아침이 되면 꽃이 오므린다. 분꽃의 농후한 향기는 마취성이 있어 모기를 쫓는다.
- 원산지는 중남미이며, 그곳에서는 다년생이나 우리나라에서는 기후관계도 일년생이다.
- 이용부위는 뿌리 · 잎 · 종자이며, 약용한다.

약성

- 성질은 평하고, 맛은 달며, 독이 없다.
- 뿌리는 이뇨·혈액순환·어혈제거·급성관절염에 효능이 있다.
- 뿌리는 생리불순·질염·유선염·방광염을 다스린다.
- 잎은 안면홍조·상처·피부염을 다스린다.
- 씨는 가루 내어 기미·반점·여드름에 바른다.

성분

- **뿌리**

  아미노산
  유기산 및 대량의 전분

- **꽃**

  다종의 베타산틴betaxanthine류 등

- **씨**

  대량의 전분
  조지방粗脂肪
  지방산포화지방산
  올레인산oleine acid
  리놀렌산linolein acid
  리놀산linol acid
  퀘르세틴quercetin 및 캠퍼롤kampferol
  글루코시드glucoside 등

분꽃차 제다법

① 분꽃은 저녁에 꽃이 피기 시작 할 때에 채취한다.
② 분꽃의 수술을 떼어내며 다듬는다.
③ 저온에서 꽃을 동그랗게 펴서 올려 덖는다.
④ 저온에서 덖음과 식힘을 반복하며 덖는다.
⑤ 고온에서 맛내기 가향을 하여 완성한다.

분꽃차 블렌딩

- 분꽃차에 해당화꽃차를 블렌딩한다.
- 해당화꽃차는 혈액순환이 잘되어 뭉친 혈을 풀어주고, 기를 잘 통하게 하며, 이질로 인한 설사·대하증을 다스린다.
- 분꽃차 블렌딩은 분꽃에 주로 들어있는 항산화 성분에 의해 항균·항종양·혈당저하에 도움이 되고, 혈액을 원활하게 하며, 염증을 다스리는데 좋다.
- 블렌딩한 차의 우림한 탕색은 선명한 붉은색이고, 향기는 매혹적인 해당화 향이 은은하게 나며, 맛은 약하게 단맛이 난다.

분꽃차 음용법

- 분꽃차 2g

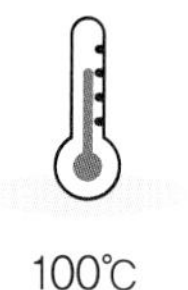

100℃ 250ml 2분

- 분꽃차 1.5g
  해당화꽃차 1개

100℃ 250ml 2분

- 분꽃차 알레르기가 있는 사람은 주의해서 음용한다.

분꽃의 활용

- 꽃차 시럽·꽃식초·떡 장식용으로 이용한다.

분꽃차의 마음·기작용

- 분꽃은 비장脾臟에 좋은 소음인의 꽃차이다.
- 맛이 달고 평한 분꽃은 소음인의 비기脾氣를 북돋아서 소화를 도와주기 때문에 불안정한 마음을 고요하게 한다.
- 분꽃은 혈액순환이나 어혈瘀血을 제거하는 효능이 있는데, 이는 수곡량기의 혈해血海와 관계 된다. 수곡량기는 소장小腸에서 유油가 생성되어 배꼽의 유해油海로 들어가고, 유해의 맑은 기운은 코로 나아가서 혈血이 되고, 코의 혈이 허리로 들어가 혈해가 된다. 혈해의 맑은 즙을 간肝이 빨아 들여서 간의 원기를 보익하기 때문에 분꽃은 혈해를 충만하게 하는 것이다.(아래 그림 참조)
- 분꽃은 급성관절염·유선염·종기 등을 다스리고, 얼굴의 주근깨·잡티에 좋은데, 이는 수곡온기의 니해膩海와 관계된다. 수곡온기에서 두뇌에 있는 니해의 탁재濁滓는 피부와 터럭을 보익하기 때문에 분꽃은 니해를 충만하게 하는 것이다.
- 또 소음인은 신대비소腎大脾小로 수곡열기가 작은 사람인데, 분꽃은 수곡열기의 기 흐름을 도와서 조화롭게 한다.

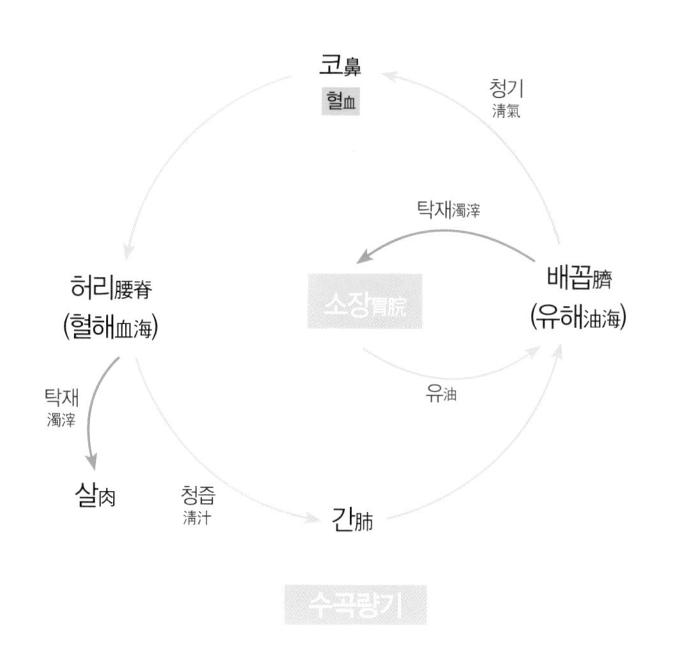

산초山草

Zanthoxylum schinifolium
Siebold & Zucc.

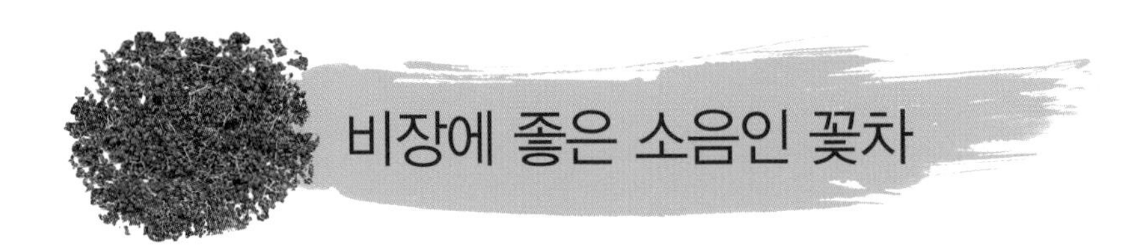

산초나무의 약성과 성분

약성

- 성질은 따뜻하고, 맛은 맵고, 독이 약간 있다.
- 위를 튼튼하게 하고, 위장의 긴장을 완화한다.
- 복부가 차고 아픈 증상에 효과가 있다.
- 회충·구충·살충 작용을 한다.
- 벌레 독이나 생선 독을 없애며, 치통을 멎게 한다.

성분

- **산초**
  정유 제라니올geraniol
  리모넨limonene
  큐믹알콜cumicalcohol
  불포화유기산
- **과피**
  버갑텐bergapten
  안식향산安息香酸

기본 정보

- 학명은 *Zanthoxylum schinifolium* Siebold & Zucc.이다.
- 다른 이름은 파초芭椒·화초花椒·한초漢椒·천초川椒이고, 생약명은 산초山椒이다.
- 운향과의 낙엽 활엽 관목으로 나무·줄기·잎에서 강한 향기가 난다. 산초나무와 초피나무는 유사한데 가시의 배열 형태로 구별이 가능하다. 산초나무는 잎과 가시가 어긋나고, 초피나무제피나무는 가시가 마주나있다.
- 원산지는 한국·중국·일본이다.
- 이용부위는 어린순·잎·열매·뿌리이며, 약용으로 활용하고 어린순과 열매는 식용한다.

산초차 제다법

① 산초잎은 봄~여름에 열매는 익기 전에 채취한다.
② 채취한 잎과 열매는 깨끗이 씻는다.
③ 잎과 열매는 고온에서 잘 익힌다.
④ 잘 익힌 잎은 유념을 한다.
⑤ 잎과 열매는 고온에서 덖음과 식힘을 반복한다.
⑥ 고온에서 맛내기 가향을 하여 완성한다.

산초차 블렌딩

- 산초차에 속미차좁쌀을 블렌딩한다.
- 산초차는 폐와 위의 기의 흐름을 도와주고, 속미차는 위胃안의 열기를 없애주고 신장을 보한다.
- 산초차 블렌딩은 뱃속의 냉冷이 쌓여 심장과 비장이 아픈 것에 산초차와 속미차를 함께 음용하면 효능이 있다.
- 블렌딩한 차의 우림한 탕색은 오렌지색이고, 향기는 구수한 향이 나며, 맛은 약간 맵다.

산초차 음용법

- 산초차 2g

100℃

250ml

2분

- 산초차 1.5g
  속미차 0.5g

100℃

250ml

2분

산초의 활용

- 기름·조미료·향신료 등으로 이용한다.

산초차의 마음·기작용

- 산초는 비장脾臟에 좋은 소음인의 꽃차이다.
- 맛이 매운 산초는 비장의 기운을 활성화 하여, 한 걸음 밖으로 나아가 불안정한 마음을 고요하게 한다.
- 산초는 위를 튼튼하고 위장의 긴장을 완화시키는데, 이는 수곡열기의 고해膏海와 관계된다. 수곡열기는 위胃에서 고膏가 생성되어 양 젖가슴의 고해로 들어가고, 고해의 맑은 기운은 눈으로 나가서 기氣가 되고, 고해의 탁재濁滓는 위를 보익한다. 즉, 산초는 양 젖가슴의 고해를 충만하게 하는 것이다.(아래 그림 참조)
- 산초는 눈을 밝게 하는데, 이것도 수곡열기의 고해와 관계된다. 산초는 양 젖가슴에 있는 고해를 충만하게 하여, 맑은 기운이 눈으로 들어가 기氣를 충만하게 하는 것이다.(옆 그림 참조)

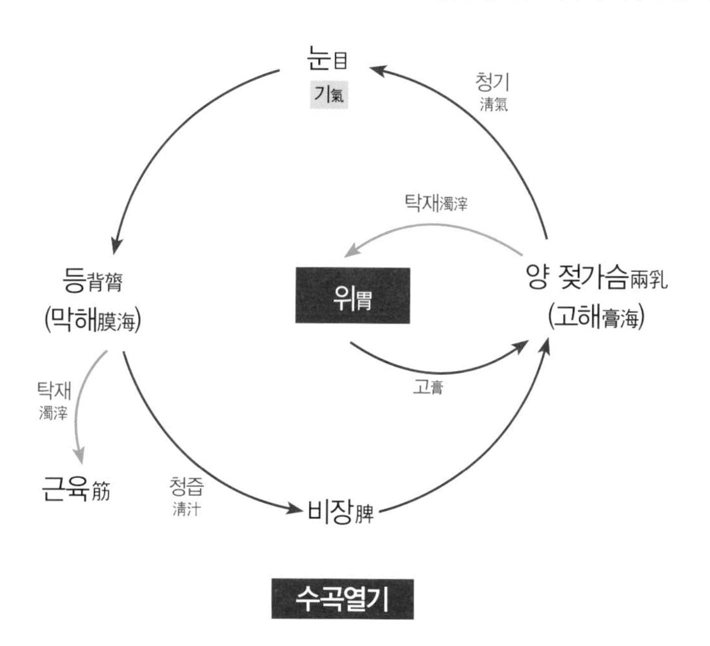

- 또 소음인은 신대비소腎大脾小로 수곡열기가 작은 사람인데, 기본적으로 산초는 소음인의 꽃차로 복부의 차가운 증상을 완하시키기 때문에 수곡열기의 기 흐름을 잘 흐르게 한다.

생강生薑

Zingiber officinale Roscoe.

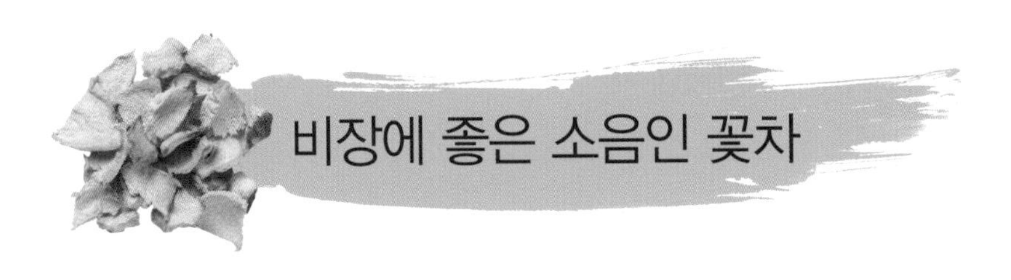

생강의 약성과 성분

기본 정보

- 학명은 *Zingiber officinale* Roscoe.이다.
- 꽃말은 '신뢰'·'향기의 눈물'이고, 다른 이름은 새앙이며, 생약명은 생강이다.
- 생강과에 속하는 여러해살이풀이다. 뿌리줄기는 육질의 황색 덩어리로 옆으로 자란다. 품종은 소생강小生薑·중생강中生薑·대생강大生薑이 있고, 뿌리줄기를 말린 것이 건강乾薑이다. 특징은 향기롭고 톡 쏘는 맛이 있어 음식의 양념 향료나 약재로 쓰인다.
- 산지는 한국·중국·대만·인도·미국에 분포한다. 우리나라에 전래된 시기는『고려사』에 생강에 대한 기록이 나오는 것으로 보아, 그 이전부터 재배한 것으로 추정된다.
- 이용부위는 뿌리줄기이며, 식용 또는 약용한다.

약성

- 성질은 따뜻하고, 맛은 맵고, 독이 없다.
- 신명神明을 시원스레 통하게 한다.
- 담痰을 제거하고, 구토를 치료한다.
- 위기胃氣를 열어 조절을 한다.
- 곽란·복통·냉리·혈폐를 치료한다
- 소화불량·위한胃寒·기침·구토·설사 등에 효과가 있다

성분

진저롤zingiberol

진지베린zingiberene

진제론zingerone

쇼가올shogaol

비타민vitamin A, B, C

보르네올borneol

시트랄citral

생강차 제다법

① 생강은 가을에 뿌리와 잎줄기를 채취한다.
② 생강과 잎줄기를 깨끗이 씻는다.
③ 생강은 채썰어서 시들려서 덖는다.
④ 잎줄기는 고온 덖음하여 유념을 한다.
⑤ 생강은 고온에서 잘 익혀 덖음과 식힘을 반복한다.
⑥ 고온에서 맛과 향을 내는 가향덖음을 하여 완성한다.

생강차 블렌딩

- 생강차에 대추와 작약차를 블렌딩한다.
- 대추차는 따뜻한 성질로 비위의 원기를 북돋아 준다. 작약꽃차는 경락을 따뜻하게 해준다.
- 생강차 블렌딩은 비脾의 진액을 움직이게 하여 마음을 조화롭게 하고, 속을 따뜻하게 하여 습을 없애며 찬 기운을 풀어준다.
- 블렌딩한 생강차의 우림한 탕색은 살구색이고, 향기는 생강 향이 나며, 맛은 달콤하며 매운맛이 난다.

생강차 음용법

- 생강차 2g

100℃ 250ml 2분

- 생강차 1g
  대추차 0.5g
  작약 1송이

100℃ 300ml 2분

- 뜨거운 성질로 쓰려면 껍질을 벗겨서 쓰고, 차가운 성질로 쓰려면 껍질을 벗기지 않고 사용한다.

생강의 활용

- 향신료·생강고·소스·시럽 등 식용·약용으로 이용된다.

생강차의 마음·기작용

- 생강은 비장脾臟에 좋은 소음인의 꽃차이다.
- 맛이 매운 생강은 비장의 기운을 활성화하여 한 걸음 밖으로 나아가 불안정한 마음을 고요하게 한다.
- 생강은 위장의 기운을 열어주어 소화불량·위한胃寒·창만脹滿 등에 사용하는데, 이는 수곡열기의 고해膏海와 관계된다. 수곡열기는 위胃에서 고膏가 생성되어 양 젖가슴의 고해로 들어가고, 고해의 맑은 기운은 눈으로 나가서 기氣가 되고, 고해의 탁재濁滓는 위를 보익한다. 생강은 고膏를 잘 생성시켜 고해를 충만하게 하여 위를 도와주는 것이다.(아래 그림 참조)
- 생강은 신명神明을 잘 통하게 하고, 거담去痰과 구토를 치료하는데, 이는 수곡온기의 진해津海와 관계된다. 수곡온기는 위완胃脘에서 진津이 생성되어 혀 아래의 진해로 들어가고, 진해의 맑은 기운은 귀로 나아가서 신神이 되고, 진해의 탁재는 위완을 보익한다. 즉, 생강은 진津을 잘 생성시켜 진해를 충만하게 하여, 귀로 나아서 신神이 잘 되게 하고, 또 위완을 보익하게 하는 것이다.
- 또 소음인은 신대비소腎大脾小의 장국으로 수곡열기가 작은 사람인데, 생강은 기본적으로 수곡열기의 기흐름을 잘 흐르게 한다.

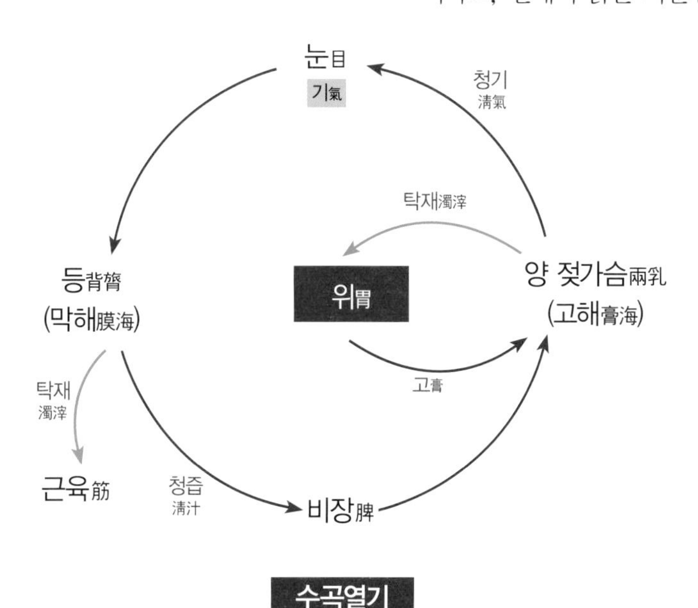

생강나무꽃

Lindera obtusiloba Blume.

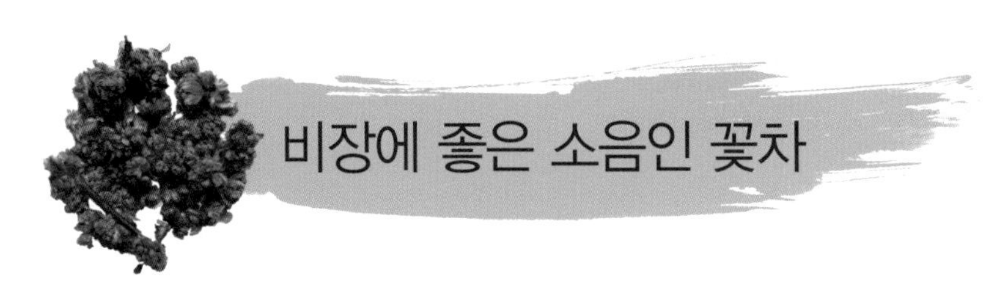

생강나무꽃의 약성과 성분

기본 정보

- 학명은 *Lindera obtusiloba* Blume.이다.
- 꽃말은 '매혹' · '수줍음'이며, 다른 이름은 아귀나무 · 동백나무 · 개동백나무 등이고, 생약명은 삼찬풍三鑽風 · 황매목黃梅木이다.
- 녹나무과 생강나무속에 속하는 낙엽활엽관목이다. 이른 봄에 노란꽃이 개화하므로 봄을 가장 먼저 알린다. 잎과 가지는 방향성의 독특한 정유 성분을 함유하고 있어 상처가 나면 생강 향기가 나서 생강나무라는 이름이 생겼다. 종자를 머릿기름이나 등화용으로 사용해서 산동백나무라고도 한다.
- 원산지는 한국 · 중국 · 일본이다.
- 이용부위는 꽃 · 잎 · 어린 가지 · 열매이며, 차로 활용하거나 약용한다.

약성

- 성질은 따뜻하고, 맛은 맵다.
- 타박상 · 멍든 피 · 활혈 · 어혈을 풀어준다.
- 진통 · 신경통 · 염좌를 치료한다.
- 기침 · 해열 · 두통에 효과가 있다.
- 알레르기 · 심혈관 질환 · 피부미용 등에 좋다.

성분

- **줄기**

  알코올류인 시토스테롤sitosterol
  스티그마스테롤stigmasterol
  캄페스테롤campesterol

- **잎**

  방향유芳香油
  인데롤linderol
  탄화수소

- **열매**

  카프르산capric cide
  라우린산lauric acid
  미리스트산myristic acid
  린드릭산linderic acid
  동백산東柏酸
  트스주익산tsuzuic acid
  올레산oleic acid
  리놀레산linoleic acid 등

생강나무꽃차 제다법

① 생강나무꽃은 3월에 채취한다.

② 생강나무 꽃차는 고온에서 덖음과 식힘을 반복하여 초벌 덖음을 한다.

③ 고온에서 덖음과 식힘을 반복한다.

④ 고온에서 구수한 향이 나도록 가향을 하여 완성한다.

⑤ 생강나무 가지차는 생강나무 가지를 1cm 정도로 잘라서 고온에서 덖음과 식힘을 하고, 가향을 해서 완성한다.

생강나무꽃차 블렌딩

- 생강나무꽃차에 생강차를 블렌딩한다.
- 생강나무차는 가슴이 답답한 것을 흩어내고, 위기를 열어주어 마음을 편안하게 한다.
- 생강나무꽃차 블렌딩은 산후풍·감기예방·신경통 어혈 등에 효능이 있고, 생강차는 소화를 촉진시키고, 면역력을 높여주므로 기력을 회복시키는 효과가 있다.
- 블렌딩한 차의 우림한 탕색은 연한 오렌지색이고, 향기는 생강 향이 나며, 맛은 약간 구수하면서 맵다.

생강나무꽃차 음용법

- 생강나무꽃차 2g

100℃ 250ml 2분

- 생강나무꽃차 1.5g
  생강차 0.5g

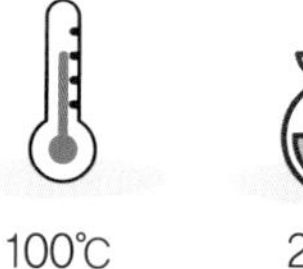

100℃ 250ml 2분

생강나무꽃의 활용

- 화전·베개 속·술 등에 이용한다. 생강나무는 어린잎은 장아찌와 부각·효소 등에 이용한다.

생강나무꽃차의 마음·기작용

- 생강나무는 비장脾臟에 좋은 소음인의 꽃차이다.
- 맛이 매운 생강나무는 비위를 따뜻하게 하여, 항상 불안정한 소음인의 마음을 고요하게 한다.
- 생강나무는 타박상·멍든 피·어혈瘀血을 풀어주는 효과가 있는데, 이는 수곡량기의 혈해血海와 관계된다. 수곡량기는 소장小腸에서 유油가 생성되어 배꼽의 유해油海로 들어가고, 유해의 맑은 기운은 코로 나아가서 혈血이 되고, 코의 혈이 허리로 들어가 혈해가 된다. 혈해의 맑은 즙을 간肝이 빨아 들여서 간의 원기를 보익하기 때문에 생강나무는 혈해를 충만하게 하는 것이다.(아래 그림 참조)
- 생강나무는 기침·해열·두통에 효과가 있는데, 이는 수곡온기의 진해津海와 관계된다. 수곡온기는 위완에서 진津이 생성되어 혀 아래의 진해로 들어가고, 진해의 탁재濁滓가 위완을 보익하기 때문에 생강나무가 진을 잘 생성되게 하는 것이다.

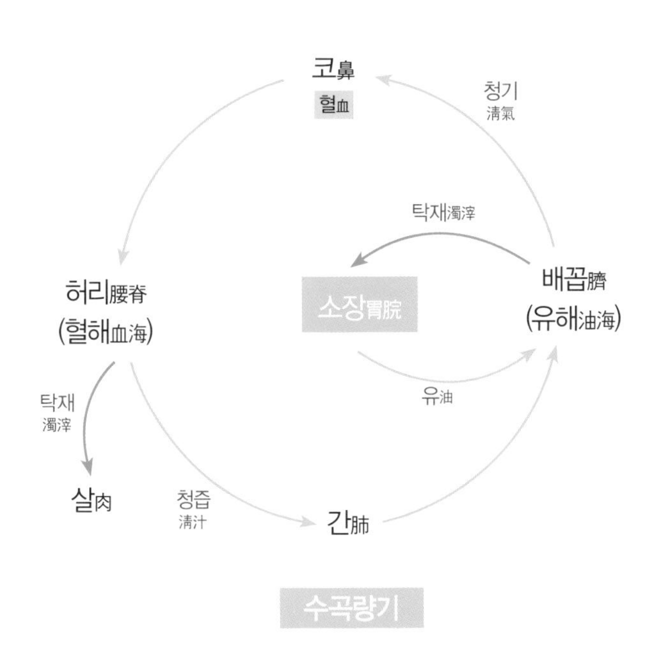

- 또 소음인은 신대비소腎大脾小의 장국을 가지고 있기 때문에 수곡열기가 작은 사람이다. 즉, 생강나무는 기본적으로 비당脾黨의 수곡열기를 도와서 잘 흐르게 한다.

석류石榴

Punica granatum L.

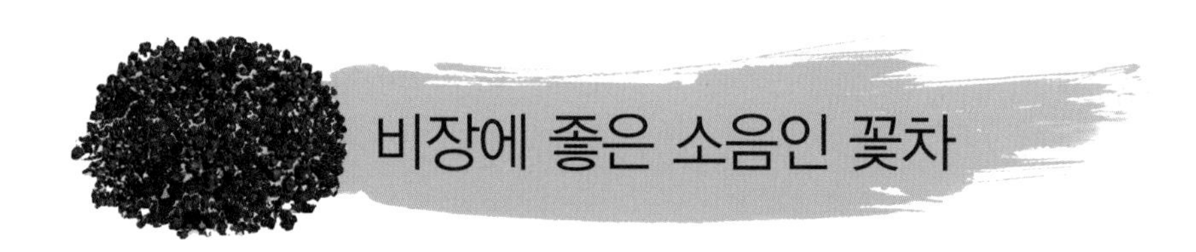

석류의 약성과 성분

약성

- 성질은 따뜻하고, 맛은 시고 떫다.
- 열매는 위장병·진액을 생성하고 갈증을 해소하는 효능이 있다.
- 석류껍질은 소화불량·설사를 그치게 하고, 구충의 효능이 있다.
- 꽃은 치통·중이염·지혈작용·월경불순·대하증에 도움이 된다.
- 피부 미용과 갱년기 여성에게 좋다.
- 면역력·시력 개선에도 효과가 있다.

성분

- **석류피**

  에스트로겐estrogen
  탄닌Tannin
  만니톨mannitol
  식물고무
  이눌린inulin
  이소퀴세틴isoquercetin
  몰식자산
  사과산
  수산
  펙틴pectin
  칼슘
  납
  지방
  점액질 등

기본 정보

- 학명은 *Punica granatum* L.이다.
- 꽃말은 '자손 번영'이고, 다른 이름은 석류·석누나무·석류수石榴樹·석류목石榴木·안석류安石榴이고, 생약명은 석류石榴이다.
- 석류나무과 석류나무속에 속한 낙엽활엽관목이다. 석류는 안에 많은 씨가 들어 있어 다산의 상징이 되기도 한다.
- 원산지는 이란·아프카니스탄·인도 북부이다. 우리나라에는 중국을 거쳐 들어온 것으로 보인다.
- 이용부위는 잎·꽃·뿌리껍질·열매·열매껍질이며, 약용으로 사용하고 열매는 식용한다.

석류꽃차 제다법

① 석류꽃은 5~6월에 채취한다.
② 저온에서 덖음과 식힘을 반복한다.
③ 석류 껍질차는 석류를 깨끗이 씻어 껍질을 벗겨 채로 썬다.
④ 고온에서 덖음과 식힘을 반복한다.
⑤ 고온에서 맛내기 가향을 하여 완성한다.

석류꽃차 블렌딩

- 석류꽃차에 당근차를 블렌딩한다.
- 당근차는 비타민A가 풍부하여 눈 건강에 도움을 준다. 또 석류꽃차에 없는 비타민A 성분을 보충해준다.
- 석류꽃차 블렌딩은 석류에는 에스트로겐 성분이 풍부하여 갱년기 여성에게 좋고, 피부미용과 노화방지·심혈관계에 도움이 된다.
- 블렌딩한 차의 우림한 탕색은 연갈색이고, 향기는 무향이 나며, 맛은 달콤하고, 약간 구수하다.

석류꽃차 음용법

- 석류꽃차 2~3송이

100℃

250ml

2분

- 석류꽃차 2송이
  당근차 1g

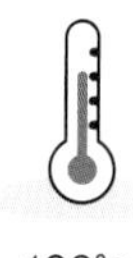

100℃

250ml

2분

석류의 활용

- 청·음료 등으로 이용한다.

석류꽃차의 마음·기작용

- 석류는 비장脾臟에 좋은 소음인의 꽃차이다.
- 맛이 시고 떫은 석류는 비장의 기운을 활성화 하여, 한 걸음 나아가서 불안정한 마음을 고요하게 한다.
- 석류는 위장병·소화불량·시력 개선에 효과가 있는데, 이는 수곡열기의 고해膏海와 관계된다. 수곡열기는 위胃에서 고膏가 생성되어 양 젖가슴의 고해로 들어가고, 고해의 맑은 기운은 눈으로 나가서 기氣가 되고, 고해의 탁재濁滓는 위를 보익한다. 즉, 석류는 고膏를 잘 생성시켜 고해를 충만하게 하는 것이다.(아래 그림 참조)
- 석류는 에스트로겐이 풍부하여 피부 미용과 갱년기 여성에게 좋은데, 이는 수곡온기의 니해膩海와 관계된다. 수곡온기에서 두뇌에 있는 니해의 탁재濁滓가 피부를 보익하기 때문에 석류는 니해를 충만하게 하는 것이다.
- 또 소음인은 신대비소腎大脾小의 장국으로 수곡열기가 작은 사람인데, 석류는 진액을 생기게 하고 갈증을 해소하여, 비당脾黨의 수곡열기를 도와서 잘 흐르게 한다.

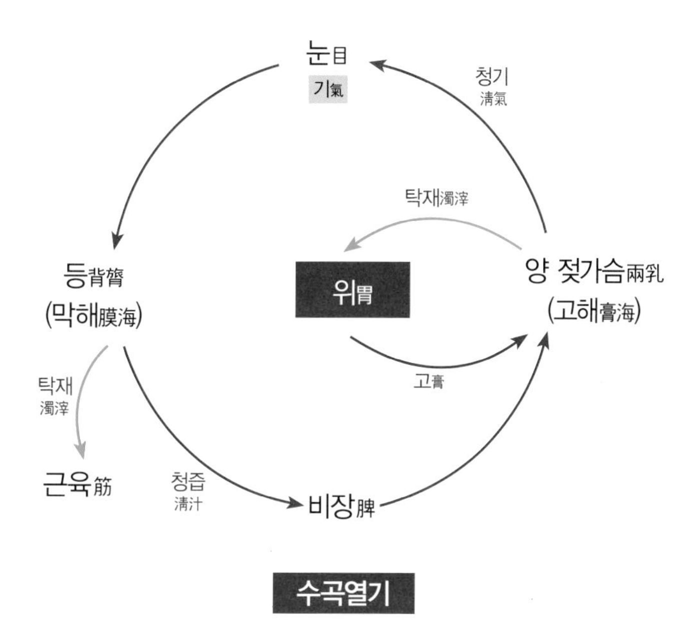

쑥애엽艾葉

Artemisia princeps Pamp.

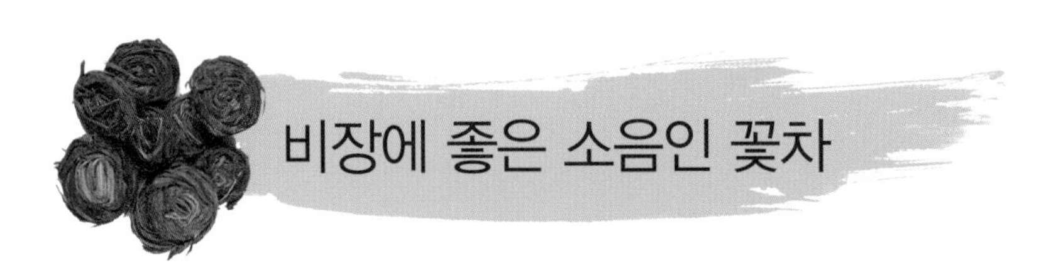

쑥의 약성과 성분

기본 정보

- 학명은 *Artemisia princeps* Pamp.이다.
- 꽃말은 '평안'·'행복'이며, 다른 이름은 의초醫草·구초灸草·첨애艾·애艾·빙대氷臺·황초黃草·애호艾蒿 등이고, 생약명은 애엽艾葉이다.
- 국화과 쑥속에 속한 여러해살이 초본이다. 유사 식물로 참쑥·사철쑥·제비쑥·산쑥 등이 있다. 쑥은 '단오날 이른 아침에 쑥을 베어다가 다발로 묶어 대문 옆에 세워두면 여러 가지 액을 물리친다'는 속담도 있다.
- 원산지는 한국이다. 쑥은 '곰이 쑥을 먹고 웅녀로 탄생하여 환웅의 아내가 되었고 단군을 낳았다'는 단군신화가 있다.
- 이용부위는 잎이며, 식용과 약용한다.

약성

- 성질은 따뜻하고, 맛은 맵고 쓰며, 독이 없다.
- 차가운 기운을 몰아내어 몸을 따뜻하게 한다.
- 아랫배가 차서 발생하는 질병에 효능이 있다.
- 자궁냉병으로 인한 대하증·생리불순·불임 등을 다스린다.
- 묵은 쑥은 지혈하는 효능이 좋아 자궁의 부정출혈에 효과가 있다.

성분

- **황해쑥**

  정유精油 시네올cineole 25–30%
  테르피넨–4–올terpinen–4–ol
  β–카리오필렌β–caryophyllene
  리날로올linalool
  아르테미시아 알코올artemisia alcohol
  캠퍼camphor
  보르네올borneol

- **잎**

  테트라코사놀tetracosanol
  베타시토스테롤β–sitosterol
  이–체불라치톨l–chebulachitol
  엘 이노시톨L–inositol

- **뿌리 및 줄기**

  이눌린inulin과 비슷한 다당多糖 알테모스artemose
  폴리엔polyin 화합물
  옥시토신oxytocin

쑥차 제다법

① 쑥은 5월 5일에 채취하고, 쑥꽃은 9월 초에 채취한다.
② 쑥과 쑥꽃은 깨끗이 씻어서 1cm로 자른다.
③ 고온에서 잘 익히며 덖음을 하여 유념을 한다.
④ 중온에서 덖음과 식힘을 반복하며 덖는다.
⑤ 고온에서 맛내기 가향을 하여 완성한다.

쑥차 블렌딩

- 쑥차에 아마란스차를 블렌딩한다.
- 아마란스차는 단백질이 풍부하고, 당뇨와 심혈관계 질환에 효능이 있다.
- 쑥차 블렌딩은 쑥의 따뜻한 성질은 냉대하·생리통 등 부인병을 다스리고, 혈액순환에 도움을 주며, 해독작용과 동맥경화·노화방지에 좋다.
- 블렌딩한 차의 우림한 탕색은 갈홍색이고, 향기는 은은한 쑥향이 나며, 맛은 약간 구수하면서 쓴맛이 난다.

쑥차 음용법

- 쑥차 2.5g

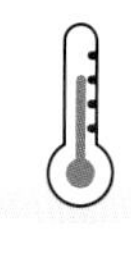

100℃ 250ml 2분

- 쑥차 2g
  아마란스차 0.9g

100℃ 250ml 2분

쑥의 활용

- 떡·차·효소·튀김 등으로 이용한다.
- 모기를 쫓는 모기불로 사용한다.
- 뜸뜨는 재료로 사용한다.

쑥차의 마음·기작용

- 쑥은 비장脾臟에 좋은 소음인의 꽃차이다.
- 맛이 맵고 따뜻한 쑥은 삿된 기운을 몰아내어 비장의 기운을 활발하게 하여, 엄숙하고 사람을 감싸게 한다.
- 쑥은 몸을 따뜻하게 하고 비기를 활성화시켜 소화에 도움을 주기 때문에 한 걸음 밖으로 나아가 항상 불안정한 마음을 고요하게 한다.
- 쑥은 피를 맑게 하고, 지혈작용과 혈관을 튼튼하게 하는데, 이는 수곡량기의 혈해血海와 관계된다. 수곡량기는 소장小腸에서 유油가 생성되어 배꼽의 유해油海로 들어가고, 유해의 맑은 기운은 코로 나아가서 혈血이 되고, 코의 혈이 허리로 들어가 혈해가 된다. 쑥은 허리에 있는 혈해를 충만하게 하는 것이다.(아래 그림 참조)

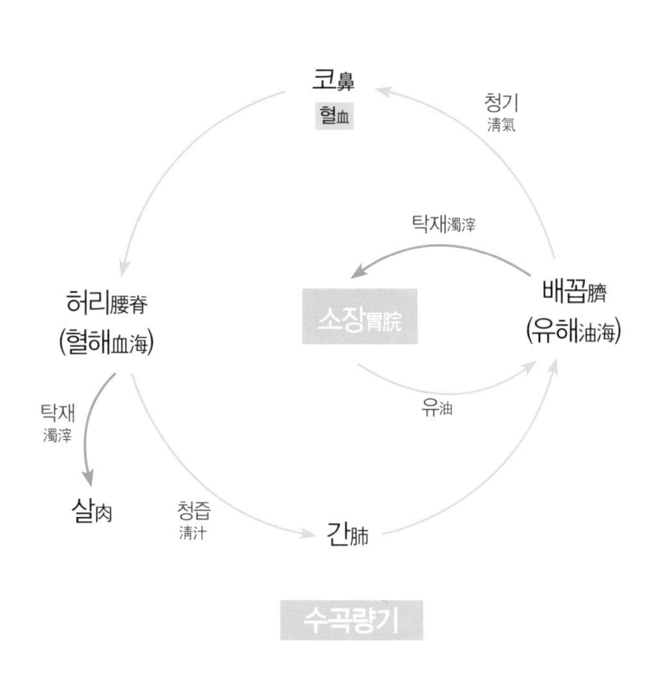

- 쑥은 대하증, 월경불순 등 부인병을 다스리고, 태아를 안정시키는 효능이 있는데, 이것도 수곡량기의 혈해血海와 관계된다. 쑥은 허리에 있는 혈해의 맑은 즙을 빨아들여 간의 원기를 보익하게 하는 것이다.
- 또한 소음인은 신대비소腎大脾小의 장국으로 수곡열기가 작은 사람인데, 쑥은 기본적으로 비당脾黨의 수곡열기를 도와서 잘 흐르게 한다.

찔레꽃

Rosa multiflora Thunb.

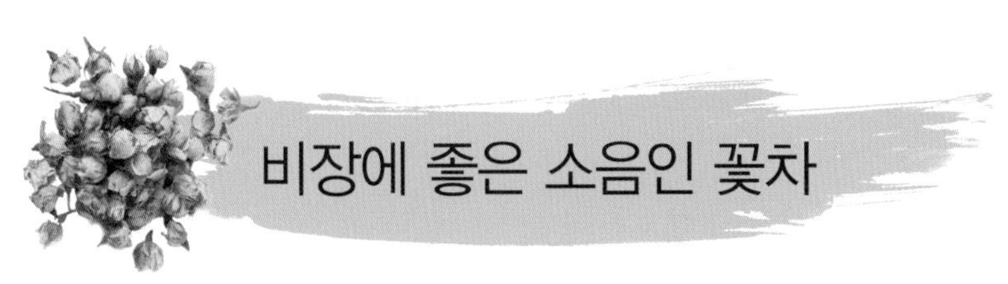

찔레의 약성과 성분

약성

- 꽃의 성질은 서늘하고, 맛은 달다.
- 뿌리의 성질은 서늘하고, 맛은 쓰고, 떫다.
- 열매의 성질은 서늘하고, 맛은 시다.
- 꽃은 더위를 식히고 위장을 편하게 하며, 각종 출혈에 지혈효과가 있다.
- 순은 혈액순환과 부종·노화방지·면역력을 증강시킨다.
- 뿌리는 혈액순환·신염·부종·각기 등에 효과가 있다.
- 열매는 이뇨·해독·해열·생리통·신장염·방광염 등에 효능이 있다.

성분

- **꽃**
  아스트라갈린astragalin
  정유
- **뿌리**
  톨멘틱산tormentic acid
  뿌리껍질에는 탄닌tannin
- **순**
  비타민C
- **열매**
  물티플로린multiflorin
  루틴rutin
  지방유
  열매껍질에는 리코펜licopene
  알파-카로틴α-carotene

기본 정보

- 학명은 *Rosa multiflora* Thunb.이다.
- 꽃말은 '고독'·'가족에 대한 그리움'이며, 다른 이름은 야장미·영실·자매화·찔레나무이고, 생약명은 영실營實이다.
- 장미과 장미속에 속한 낙엽 활엽 관목으로 꽃은 5월에 피는데, 흰색 또는 연한 붉은색이며 향기가 있다. 열매는 10월에 성숙한다.
- 원산지는 한국·중국·일본이다.
- 이용 부위는 뿌리·줄기·잎·꽃·열매이며, 약용한다.

찔레꽃차·잎차 제다법

① 찔레잎의 채취는 3~4월에 한다.
② 꽃이 활짝 피기 직전의 꽃봉오리를 채취한다.
③ 꽃차는 저온에서 덖음과 식힘을 반복하며 덖는다.
④ 잎차는 고온에서 익힌 후 식혀서 유념을 한다.
⑤ 중온에서 덖음과 식힘을 반복하며 덖는다.
⑥ 고온에서 덖음과 식힘을 반복하며 구수하도록 가향을 하여 완성한다.
⑦ 영실은 8~9월에 열매가 빨갛게 익기 전에 채취하여 고온에서 덖어 완성한다.

찔레꽃차 블렌딩

- 찔레꽃차에 아까시꽃차를 블렌딩한다.
- 아까시꽃차는 천연 항생제로 염증을 다스리며, 특히 신장의 열을 내려주어 신장 기능을 개선시킨다. 또 부종에도 도움이 된다.
- 찔레꽃차 블렌딩은 찔레꽃의 항산화성분으로 피부미용과 혈액순환 등에 도움이 되며, 아까시꽃차는 염증을 다스리고 신장 기능을 개선시킨다.
- 블렌딩한 차의 우림한 탕색은 미색이고, 향기는 매혹적인 장미향이 나며, 맛은 약간 달다.

찔레꽃차 음용법

- 찔레꽃차 1g

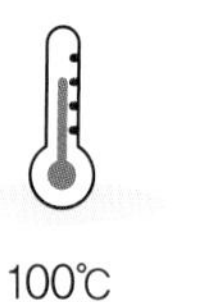

100℃ 250ml 2분

- 찔레꽃차 1g
  아까시나무꽃차 0.5g

100℃ 250ml 2분

찔레꽃의 활용

- 갈색계통의 염료로 잎과 열매를 사용한다.
- 찔레꽃과 잎으로 청을 담아 이용한다.

찔레꽃차의 마음·기작용

- 찔레는 비장脾臟에 좋은 소음인의 꽃차이다.
- 맛이 쓰고 차가운 찔레꽃은 소음인의 위장을 조화롭게 하여, 한 걸음 밖으로 나아가 불안정한 마음을 고요하게 한다.
- 찔레는 비기脾氣를 도와주고, 눈을 밝게 하는데, 이는 수곡열기의 고해膏海와 관계된다. 수곡열기는 위胃에서 고膏가 생성되어 양 젖가슴의 고해로 들어가고, 고해의 맑은 기운은 눈으로 나가서 기氣가 되고, 고해의 탁재濁滓는 위를 보익한다. 즉, 찔레는 고膏를 잘 생성시켜 고해를 충만하게 한다.(아래 그림 참조)

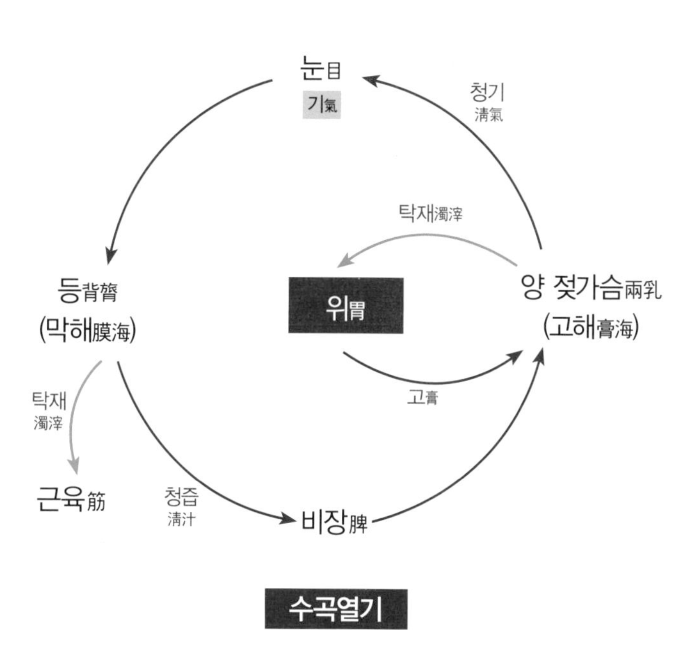

- 찔레는 출혈을 멎게 하고·어혈·혈액순환을 좋게 하는데, 이는 수곡량기의 혈해血海와 관계된다. 수곡량기에서 코의 혈血이 허리로 들어가 혈해가 되는데, 찔레꽃은 혈해를 충만하게 하는 것이다.
- 또 소음인은 신대비소腎大脾小의 장국으로 수곡열기가 작은 사람인데, 찔레는 기본적으로 비당脾黨의 수곡열기를 도와서 잘 흐르게 한다.

하수오何首烏

polygonum multiflorum Thunb.

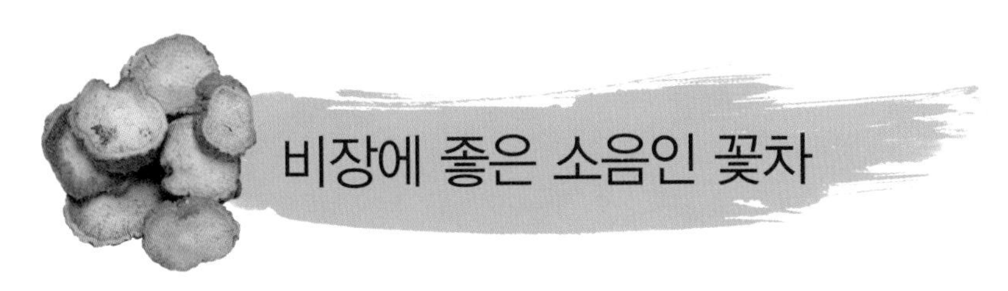

하수오의 약성과 성분

기본 정보

- 학명은 *polygonum multiflorum* Thunb.이다.
- 꽃말은 '엄격'이며, 다른 이름은 수오首烏·지정地精·진지백陳知白·마간석馬肝石이고, 생약명은 하수오何首烏이다. 하수오는 암수의 구별이 있어 낮에는 덩굴이 곧게 뻗어 있다가 밤이 되면 암수 두 줄기가 서로 꼬이게 된다. 그래서 '야교등'이라는 별명을 가지고 있다.
- 마디풀과 닭의 덩굴속에 속한 덩굴성 여러해살이풀이다. 하수오는 적하수오이고 또 박주가리과의 백하수오가 있어 혼동하기 쉽다. 하수오와 백하수오는 둘다 뿌리를 약재로 쓰는데, 하수오는 뿌리가 갈색 또는 붉은색이고, 백하수오는 뿌리가 흰색에 가깝다.
- 원산지는 한국·중국·동아시아이다.
- 이용부위는 덩이뿌리는 약으로 사용하고, 꽃과 잎은 식용으로 사용한다.

약성

- 성질은 따뜻하고, 맛은 쓰고 달며, 독이 없다.
- 머리카락을 검게 하고, 얼굴색을 좋게 한다.
- 비위를 보하고 자양강장을 도우며, 호르몬 균형을 잡아준다.
- 정액의 종자를 늘려주며, 장생불사長生不死하게 한다.
- 콜레스테롤 저하·동맥경화 억제 작용으로 고혈압과 심혈관계에 효과가 좋다.

성분

- **뿌리와 줄기**

  안트라퀴논 유도체anthraquinone 로서
  크리소파놀chrysophanol과 에모딘emodin
  레인rhein
  피스티온physcione
  크리사퍼놀chrysophanol과 전분
  조지방粗脂肪
  레시틴lecithin
  플라보노이드flavonoid
  β-시토스테롤β-sitosterol 등

하수오차 제다법

① 하수오는 뿌리를 가을부터 겨울까지 덩이뿌리를 채취하여, 소금물에 하룻밤 담갔다가 사용한다.
② 하수오를 깨끗이 씻어서 잘게 썰어 쌀뜨물에 하루 정도 담가두었다가 건진다.
③ 뿌리를 고온에서 찌고 식히기를 3회 반복한다.
④ 중온에서 덖음과 식힘을 3회 반복한다.
⑤ 고온에서 3회 반복으로 덖음하여 완성한다.

하수오차 블렌딩

- 하수오차에 진피차, 대추차를 블렌딩한다.
- 대추는 마음을 안정시켜주고 비장과 위장을 튼튼하게 하며, 진피는 기를 순조롭게 하여 가슴을 편안하게 한다.
- 하수오차 블렌딩은 비장질환을 다스리는데 효과가 좋고, 마음을 안정시키고, 비장의 원기를 고르게 한다.
- 블렌딩한 차의 우림한 탕색은 옅은 살구색이고, 향기는 달달한 대추향이 나며, 맛은 약간 달콤하면서 쌉싸름하다.

하수오차 음용법

- 하수오차 2g

100℃ 250ml 2분

- 하수오차 1.5g
  대추차 1g
  진피차 0.5g

100℃ 300ml 2분

- 하수오차는 과다 음용시 설사·복통·구토 등이 발생하므로 주의한다.

하수오의 활용

- 불면증과 노화방지에 술을 담아 취침 30분 전 마신다.

하수오차의 마음·기작용

- 하수오는 비장脾臟에 좋은 소음인의 꽃차이다.
- 하수오는 소음인이 부족한 비기脾氣를 도와서 엄숙하게 하고, 한 걸음 나아가 불안한 마음을 고요하게 한다.
- 하수오는 비위脾胃를 보하는데, 이는 수곡열기의 고해膏海와 관계된다. 수곡열기는 위胃에서 고膏가 생성되어 양 젖가슴의 고해로 들어가고, 고해의 맑은 기운은 눈으로 나가서 기氣가 되고, 고해의 탁재濁滓는 위를 보익한다. 즉, 하수오는 고膏를 잘 생성시켜 고해를 충만하게 한다.(아래 그림 참조)
- 하수오는 흑발黑髮을 유지시키고 탈모를 예방하는데, 이는 수곡온기의 니해膩海와 관계된다. 수곡온기에서 두뇌에 있는 니해의 탁재가 피부와 털을 튼튼하게 하기 때문에 하수오는 니해를 충만하게 하는 것이다.
- 하수오는 콜레스테롤 저하·동맥경화 억제작용으로 고혈압과 심혈관계에 좋은데, 이는 수곡량기의 혈해血海와 관계된다. 하수오는 수곡량기에서 허리에 있는 혈해를 충만하게 한다.

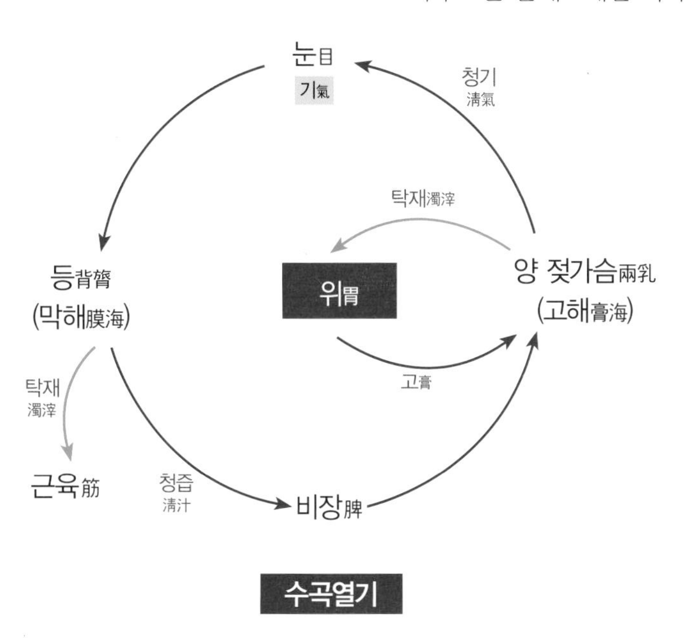

- 또 소음인은 신대비소腎大脾小로 수곡열기가 작은 사람인데, 하수오는 자양강장을 돕고, 호르몬 균형을 잡아주어 수곡열기의 기 흐름을 도와서 조화롭게 한다.

해당화海棠花

Rosa rugosa Thunb.

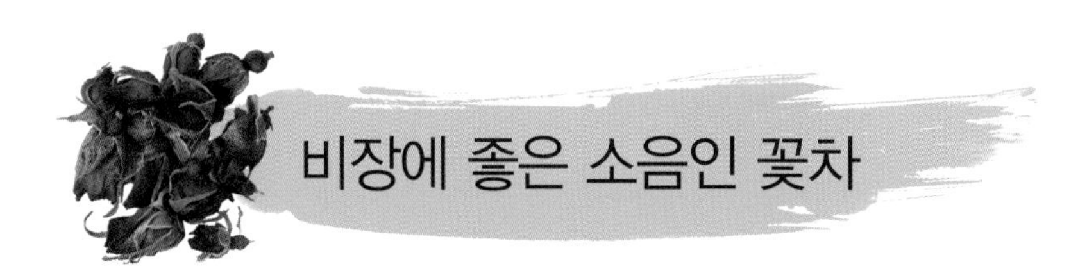

해당화의 약성과 성분

기본 정보

- 학명은 *Rosa rugosa* Thunb.이다.
- 꽃말은 '온화'이며, 다른 이름은 필두화筆頭花 · 홍매괴紅玫瑰 · 배회화徘徊花, 자매국刺玫菊 · 자매화刺玫花 · 호화湖花 생약명은 매괴화玫瑰花이다.
- 장미과 장미속에 속한 낙엽활엽관목으로 꽃은 5~7월에 새가지 끝에 피며, 꽃의 색은 진한 분홍색이고, 열매는 7월 말~8월 중순에 적색으로 익는다.
- 원산지는 한국 · 중국 · 일본 · 러시아 사할린 · 우수리 · 캄차카 등의 아시아이다. 우리나라는 함경남북도 · 황해도 · 충청남도 · 강원도 등 해안가에 분포하고 있다.
- 우리 선조들이 논에서 일하며 부른 노래 중에 '메나리'라는 노동요가 있는데, 여기 가사에 해당화라는 용어가 들어있다.
- 이용부위는 뿌리 · 꽃 · 열매이며, 차 또는 약용한다.

약성

- 성질은 따뜻하고, 맛은 달고 약간 쓰다.
- 위통胃痛·간위肝胃기능의 감퇴로 인한 흉복부 통증에 효과가 있다.
- 기氣가 울체되거나, 어혈이 있을 때 잘 풀어준다.
- 혈당저하에 효과가 있다.
- 객혈·토혈·월경불순·대하증에 좋다.

성분

- **꽃**

  방향성 정유精油 주성분은 시트로네올citronellol
  제라니올geraniol
  네롤nerol
  유게놀eugenol
  페닐에틸알콜phenylethyl alcohol
  탄닌tannin
  유기산
  지방유
  적색소, 황색소 등

- **과실**

  비타민C
  포도당
  프룩토오스fructose, 과당
  자일로스xylose
  자당蔗糖 등의 당류
  구연산
  사과산
  키닌 산quinin acid 등의 비휘발산

해당화꽃차 제다법

① 해당화꽃은 5~7월에 갓 핀 것으로 채취한다.
② 꽃을 흐르는 물에 씻어 물기를 제거한다.
③ 저온에서 꽃봉오리 상태로 올려서 덖음과 식힘을 반복한다.
④ 중온에서 덖음과 식힘을 반복한다.
⑤ 고온에서 가향을 반복하여 완성한다.

해당화꽃차 블렌딩

- 해당화꽃차에 캐모마일꽃차를 블렌딩한다.
- 캐모마일은 불면증에 도움이 되고, 심신을 안정시키며, 살균작용을 하고, 피부를 촉촉하게 하는 효능이 있다.
- 해당화꽃차 블렌딩은 피부미용·토혈·이질 설사·월경 불순 등에 효능이 있고, 캐모마일차는 피부를 진정시키고, 정신을 안정시켜 마음을 편안하게 한다.
- 블렌딩한 차의 우림한 탕색은 살구색이고, 향기는 은은 향이 매혹적이며, 맛은 달콤하다.

해당화꽃차 음용법

- 해당화꽃차 2송이

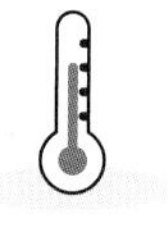

100℃ 250ml 2분

- 해당화꽃차 1송이
캐모마일꽃차
4~5송이

100℃ 250ml 2분

해당화의 활용

- 꽃잎은 증류액 추출·잼·청을 담아 이용한다.
- 뿌리는 염료로 사용한다.

해당화꽃차의 마음·기작용

- 해당화는 비장脾臟에 좋은 소음인의 꽃차이다.
- 맛이 달고 따뜻한 해당화는 비장의 기운을 활성화하여 한 걸음 밖으로 나아가 불안정한 마음을 고요하게 한다.
- 해당화는 어혈瘀血·혈당저하·객혈·토혈·월경불순 등에 효능이 있는데, 이는 수곡량기의 혈해血海와 관계된다. 수곡량기는 소장小腸에서 유油가 생성되어 배꼽의 유해油海로 들어가고, 유해의 맑은 기운은 코로 나아가서 혈血이 되고, 코의 혈이 허리로 들어가 혈해가 된다. 혈해의 맑은 즙을 간肝이 빨아 들여서 간의 원기를 보익하기 때문에 해당화는 혈해를 충만하게 한다.(아래 그림 참조)
- 해당화는 위통胃痛과 위胃의 기능을 좋게 하는데, 이는 수곡열기의 고해膏海와 관계된다. 수곡열기는 위에서 고膏를 생성시켜 양 젖가슴의 고해를 충만하게 하고, 이 고해의 탁재濁滓가 위胃를 보익하기 때문에 해당화는 고를 잘 생성시키는 것이다.
- 또 소음인은 신대비소腎大脾小의 장국으로 수곡열기가 작은 사람인데, 해당화는 기운이 막힌 것을 풀어주기 때문에 비당脾黨의 수곡열기의 전체 기 흐름을 도와서 잘 흐르게 한다.

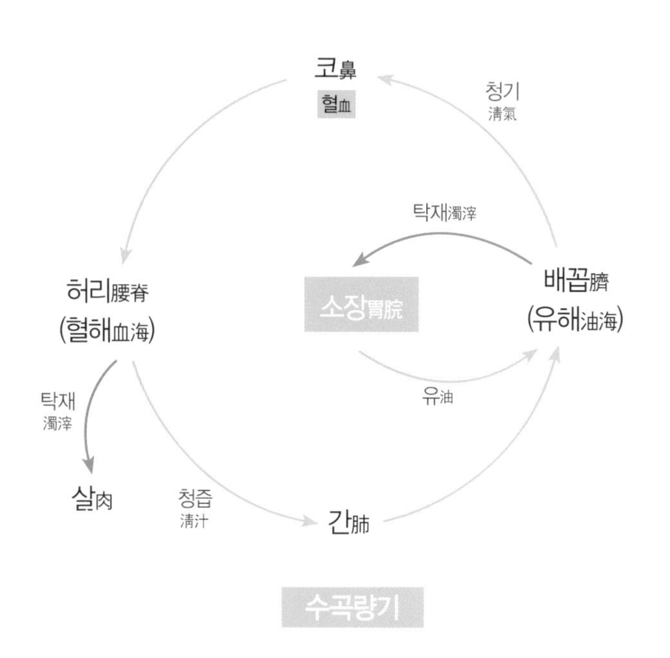

황기黃芪

Astragalus penduliflorus Lam. var. dahuricus DC. X.Y. Zhu.

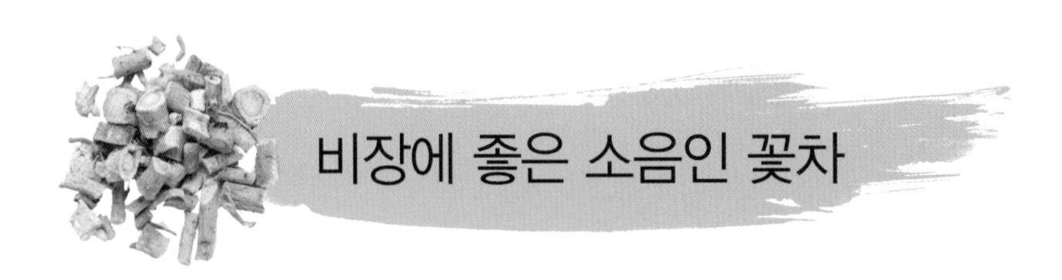

황기의 약성과 성분

기본 정보

- 학명은 *Astragalus penduliflorus Lam. var. dahuricus* DC. X.Y. Zhu.이다.
- 꽃말은 '평온'이며, 다른 이름은 황기黃耆 · 황저黃著 · 왕손王孫 · 면황기綿黃芪 · 면기綿芪이고, 생약명은 황기黃芪이다.
- 콩과에 속한 다년생 초본이고 키는 높이가 1m 이상 자란다. 황기의 뿌리는 가늘고 길며 삼과 비슷하여 '단너삼'이라고도 하고, 표피는 희고 속은 황색이므로 황기라 부른다.
- 원산지는 중국으로 최초의 본초서인 『신농본초경』에 기록이 있으며, 우리나라에서는 경북 · 강원 · 함남 · 북의 산지와 고산에 자생하는데, 현재는 전국 각지에서 재배하고 있다.
- 이용부위는 뿌리 · 꽃 · 잎이며, 약용한다.

약성

- 성질은 따뜻하고, 맛은 달고, 독이 없다.
- 땀을 수렴하기 때문에 땀이 많이 나는 것을 다스린다.
- 피부를 튼튼히 하고, 새살이 재생되는데 효능이 있다.
- 이뇨작용을 하여 몸이 붓는 것을 치료한다.
- 만성 무력감과 만성 피로에 도움이 된다.

성분

자당
글루크론산glucuron acid
아스트라갈로사이드Astragaloside
점액질粘液質
베타인betaine등 아미노산
고미질苦味質
콜린choline
엽산葉酸 등

황기차 제다법

① 황기는 가을~겨울에 채취한다. 6년 근이 좋다. 건조된 황기는 절편된 것으로 구입한다.
② 황기를 깨끗이 씻는다.
③ 중온에서 덖음과 식힘을 반복하며 덖는다.
④ 고온에서 덖음과 식힘을 반복하며 덖는다.
⑤ 고온에서 노릇노릇하도록 덖어 건조하여 완성한다.

황기차 블렌딩

- 황기차에 당귀잎차를 블렌딩한다.
- 당귀차는 혈을 조화롭게 하고, 비장을 견실하게 하는 효능이 있다.
- 황기차 블렌딩은 면역력을 높여주고, 몸을 따뜻하게 하며, 혈이 온몸에 잘 통하게 하여 눈을 밝게 한다.
- 블렌딩한 차의 우림한 탕색은 연한 미색이고, 향기는 한약 향이 나며, 맛은 달다.

황기차 음용법

- 황기차 2g

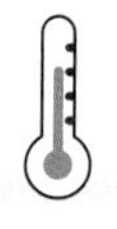

100℃ 250ml 2분

- 황기차 1g
  당귀잎차 1g

100℃ 250ml 2분

황기의 활용

- 닭백숙에 넣어 이용한다.

황기차의 마음·기작용

- 황기는 비장脾臟에 좋은 소음인의 꽃차이다.
- 맛이 달고 따뜻한 황기는 소음인의 비기脾氣를 활성화시켜서 한 걸음 나아가 불안정한 마음을 고요하게 한다.
- 황기는 피부를 튼튼하게 하고 땀을 수렴하는데, 이는 수곡온기의 니해膩海와 관계된다. 수곡온기는 위완胃脘에서 진津이 생성되어 혀 아래의 진해津海로 들어가고, 진해의 맑은 기운은 귀로 나아가서 신神이 되고, 신神이 두뇌로 들어가 니해가 되고, 니해의 탁재濁滓는 피부를 보익補益한다. 황기는 니해를 충만하게 하는데,아래 그림 참조 이는 소음인의 피부를 조밀하게 하여 땀을 막아서 좋지만, 태음인의 경우 땀을 막아서 기운이 잘 통하지 않게 한다.(아래 그림 참조)
- 황기는 이뇨작용을 하여 몸이 붓는 것을 치료하는데, 이는 수곡한기의 신장腎臟과 관계된다. 신장은 방광에 있는 정해精海의 맑은 즙을 빨아들여서 원기를 보익하고, 기운을 생식기 앞의 액해液海로 넘겨준다. 황기는 신장을 원기를 보익하는 것이다.
- 또 소음인은 신대비소腎大脾小의 장국으로 수곡열기가 작은 사람인데, 황기는 만성 무력감과 만성 피로에 도움을 주기 때문에 비당脾黨의 수곡열기를 도와서 잘 흐르게 한다.

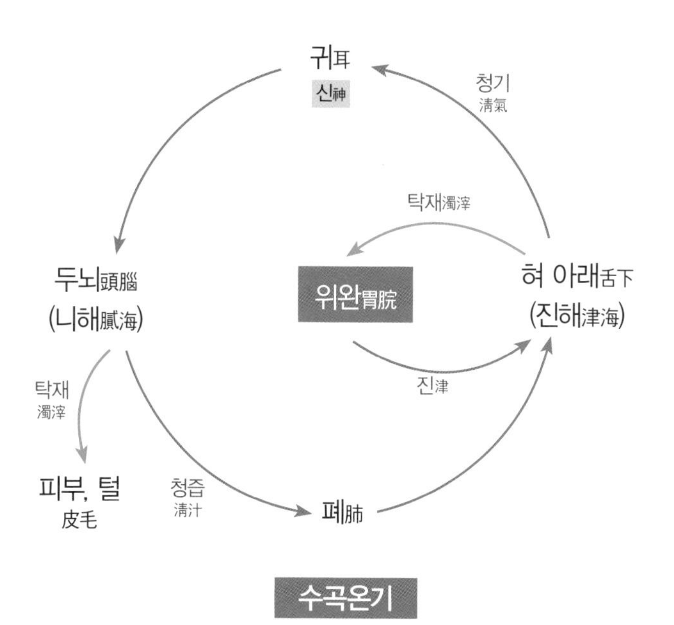

소음인 꽃차 음용 사례

목련꽃

58세 / 여 / 소음인

온 세계가 코로나로 어려운 요즘 모임·여행 등을 자제 하면서 집에서만 생활하고 있으니 몸도 마음도 지치고 힘들어 아픈 곳만 생기는 듯하다.

몇 해 전 동생 가족과 함께 경주 여행 중 행복하기만 했던 날이 생각이 난다. 동생을 엄마처럼, 친구처럼 생각하는 나는 함께 여행하는 것 자체가 큰 선물처럼 즐겁기만 했다. 여행 마지막 날에는 갑작스런 소낙비에 연잎으로 우산을 삼고, 선비나무라 부르는 회화나무의 당당한 모습을 볼 수 있는 심수정心水亭 등을 둘러보았다. 여러 날 움직이다 보니 마음처럼 몸이 가볍지만은 않음을 느낄 수 있었다. 비를 맞아서인지 목이 좀 아프고 코막힘으로 일정을 단축하여 빨리 호텔에 가서 쉬고 싶은 마음이 간절했다.

그런데 동생 손길이 우리들을 찻집으로 안내하고 있었다. 속마음은 진한 커피나 한잔씩 마시면 좋겠는데 굳이 찻집을 찾아가나 했다. 차에 관심이 많은 동생은 목련꽃차를 주문하고 목련꽃의 성분, 효능 등을 이야기해주면서 직접 정성껏 목련꽃차를 우려 주었다. 여러 잔 마시던 중 어느 순간에 온 몸이 따듯해지고 피곤함이 싹 사라지는 것을 느꼈다.

여행 후 집에 돌아와 커피대신 동생이 직접 만들어준 목련꽃차를 우려 마시게 되었다. 요즈음 코로나로 인해, 안 밖으로 힘든 나에게 목련꽃차는 효자 역할을 단단히 할뿐만 아니라, 목감기, 코감기 증상에도 큰 도움을 주었다. 차를 즐기는 동생 덕분에 귀한 목련꽃차를 알게 되었고, 갱년기와 함께 찾아오는 무력감 등을 목련꽃차를 즐겨 마시면서 활기를 되찾고 있다. 경주 여행 중 비오는 날 찾아간 그 찻집을 잊을 수가 없다.

쑥꽃

72세 / 여 / 소음인

2016년 3월, 인연이 되어 몸과 마음을 치유할 수 있는 한방꽃차를 배우게 되었다. 일상의 온갖 스트레스로 몸과 마음이 지쳐 있을 때, 투명 유리주전자에 예쁘게 만든 차를 넣어 우려서 따르면, 맑은 찻물소리에 아련해 있던 정신이 먼저 깨어난다. 차의 따뜻함에 감각도 깨어나고, 예쁜 모습에 시각적으로 황홀함을 느끼고, 그윽한 향기에 후각도 깨어난다. 차를 마시는 동안은 감각이 켜지고, 생각 감정 스트레스가 사라진다. 그래서 생활 속에서 감각이 빨리 켜질 수 있는 것은 맛있는 차를 우려서 마시는 것이 좋다.

꽃차 중에서도 나를 반하게 하는 것은 쑥차이었다. 2016년 봄 쑥차를 처음 마셔보았던 그 기억을 잊을 수가 없다. 봄비는 내 어깨위에도 내려앉아 몸이 아시시 추웠는데, 교실에 먼저 도착한 교우가 쑥차를 우리고 있었다. 교실 안은 쑥 향기로 그윽하였고, 그 향기는 은하수 너머에 계신 어머니까지 소환해 주었다. 쑥차를 마시고 얼마 지나지 않아 아시시 추웠던 몸도 따뜻해지는 것을 느꼈다.

쑥은 맛은 쓰고 독이 없으며 성질은 따뜻하다. 생 쑥은 차지만 열을 가하면 쑥의 성질이 따뜻해지기에 주로 차로 만들어 음용한다. 차로 음용하기도 하지만 방안에 좋지 않은 냄새가 날 때는 만들어 놓은 차를 조금 떼어 불을 붙여서 연기를 한번 내주면, 방안이 쑥 향기로 그윽해진다.

생강차

34세 / 여 / 소양인

주위에서 생강차는 몸을 따뜻하게 하고, 감기를 예방하기 때문에 여성이나 환절기에 마시면 좋다고 하였다. 생강은 매콤하고 독특한 향이 나는데, 나는 그 향이 너무 싫다. 그리고 맵고 따뜻한 성질의 생강이 나의 몸을 더워지게 하는데, 열이 많은 나에게는 맞지 않는 것 같았다. 생강차를 마시면 열이 위로 치밀어 혈압이 오른다. 또 가슴에 뜨거운 것이 쌓이는 듯 갑갑해지면서, 신경이 예민해지고 작은 일에도 화가 난다.

내가 마시는 차 한잔에 가슴이 갑갑해지고, 신경이 예민해지는 것을 보면, 무엇을 마시는지가 중요한 것을 알 수 있다. 무심코 다른 사람이 좋다고 하는 것을 따라서 하다가는 나 같이 열이 많고 예민한 사람은 낭패를 보기 쉽다. 나중에 전문가에게 들은 이야기이지만, 생강차는 몸이 차가운 소음인의 차로 열이 많은 소양인은 마시지 않는 것이 좋다는 것을 알게 되었다.

당귀잎차·당귀꽃차

69세 / 여 / 태음인

처음 한방꽃차를 실습 하는 날 당귀잎차를 덖는데, 당귀잎의 냄새를 맡는 순간 속이 메슥거리고, 갑자기 머리가 아파왔다. 밖으로 나와서 바람을 쐬고야 좀 진정이 되었다. 주위의 사람들에게 머리가 안 아프냐?고 물어보니, 다들 괜찮다고 하고 왜 그러냐?는 반응이었다. 당귀는 소음인의 생혈生血하는 소중한 약재인데, 나와는 맞지 않는 것이었다.

다음에 꽃차 모임이 있어서, 당귀와 두통 이야기를 하니 다른 분도 그러한 경험이 있다고 하였다. 봄의 나물로 당귀잎을 보내왔는데, 박스를 여는 순간 그 향기에 머리가 아프게 되었다는 것이다. 처음에는 의심이 생겨서 다시한번 더 냄새를 맡으니 똑 같은 반응이 와서, 멀리하고 있다는 것이다. 당귀의 특유한 향과 맛을 소음인이나 태음인 한증인 사람들은 좋아하는데, 태음인 가운데 열이 많은 사람에게는 두통을 유발하는 것이었다.

이것을 통해서 사상의학이 현대인의 건강에 꼭 필요한 것임을 확인할 수 있었다. 자신의 사상인체질을 알고, 사상인에 맞는 꽃차를 마시는 것만으로 질병을 예방하는 것이다. 예방의학인 사상의학이 대중들과 함께하는 방법으로 꽃차에 대한 사상의학 연구는 매우 중요한 것이다.

나는 이후에 다른 꽃차들 실습은 잘 하는데, 특히 당귀잎차·당귀꽃차는 나와 맞지 않아 주의하고 있다.

구절초
66세 / 여 / 소음인

2016년 가을 지인들과 세종에 있는 '영평사'라는 절에 가게 되었다. 절 가까이 다가가자 주변을 온통 하얗게 뒤덮은 구절초 꽃이 우리를 반기며, 탄성이 저절로 나오게 했다. 우리는 천상의 정원을 구경하는 듯 향기에 취해서 감동의 도가니에서 빠져 나오지 못했다. 영평사에서 사온 구절초 꽃차는 일상의 스트레스로 지쳐 있는 우리의 마음을 알아주기라도 하는 듯 우리를 완전히 매료시키고 시각, 후각, 청각, 미각까지 일깨워주었다.

수많은 종류의 꽃들이 피고 지지만, 구절초 꽃은 꽃 중에 꽃이라 아니할 수 없다. 구절초 꽃을 자세히 들여다보고 있으려면 아프게 잊혀져간 슬픈 사랑까지 불러내온다. '구절초 꽃의 눈물'이란 말도 있다. 밤이면 꽃잎에 찬이슬이 내려앉아 꽃잎은 밤새 떨고 있다가 아침 햇살이 비추이면, 꽃잎에 내려앉은 방울방울 맺힌 이슬이 눈물같이 보인다고 했다. 그래서 산중 바위 틈에 피어난 구절초를 보면 가슴이 시렸던가 보다.

구절초는 특히 여성 질환으로 고생하는 사람이나 아이를 잉태하지 못하는 여성에게 아주 좋은 약제로 사용하기도 한다. 목욕할 때 욕조에다가 구절초 꽃이나 잎을 넣어 목욕을 하면 그 향기로 인하여 피로 회복에도 많은 도움이 된다. 아이를 갖지 못하는 여성들이 적절하게 음용해서 다 같이 행복하게 살았으면 좋겠다.

소양인 꽃차

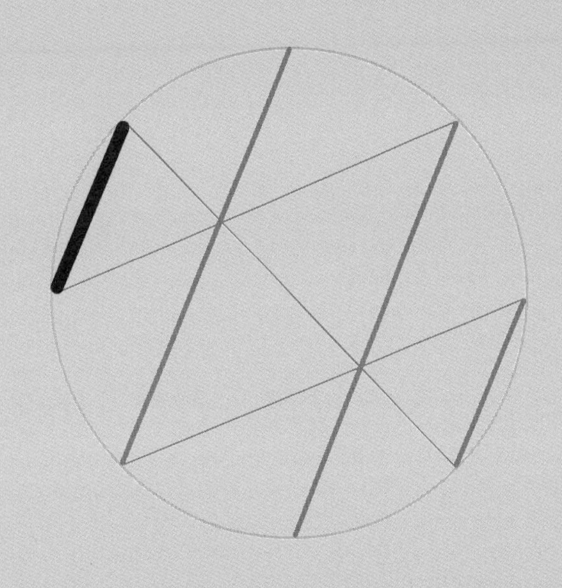

가지
개나리꽃
결명자決明子
골담초骨擔草
금계국金鷄菊
녹차綠茶
당아욱
레몬lemon
맨드라미
메리골드marigold
모란牡丹
모싯잎
박태기꽃
박하博荷
블루베리blueberry
산수유山茱萸
여주
영지버섯
유채꽃
으름덩굴
장미薔薇
접시꽃
제비꽃
조릿대
팥
패랭이

위 그림은 사상의학원리도의 기반이 되는 『주역』의 문왕팔괘도文王八卦圖의 기흐름이다.
사상의학이 기氣철학에 근거하고 있음을 알수 있다.

가지

Solanum tuberosum L.

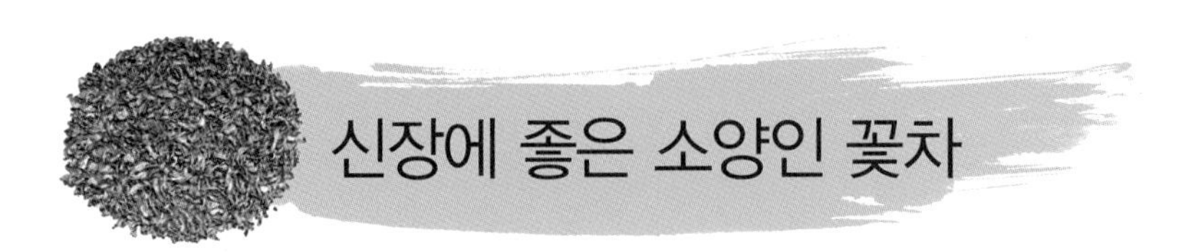

가지의 약성과 성분

기본 정보

- 학명은 *Solanum melongena* L.이다.
- 꽃말은 '진실'·'소소한 행복'·'좋은 말'이며, 다른 이름은 낙소酪酥·왜과矮果이고, 생약명은 가자茄子이다.
- 가지과 가지속 한해살이풀이지만 열대지방에서는 여러해살이풀이다. 꽃은 6~9월에 피고 자주색이며, 마디 사이의 중앙에서 꽃이 달린다. 열매는 대형과 장과로서 보통은 흑색이다.
- 원산지는 인도이며, 한국·중국·일본 등에 분포하고 있다.
- 한반도에는 중국을 통해 들어와 신라 시대부터 재배되었다. 송나라의 『본초연의』에는 '신라에 일종의 가지가 나는데, 모양이 달걀 비슷하고 엷은 자색에 광택이 나며, 꼭지가 길고 맛이 단데 지금 중국에 널리 퍼졌다'라는 기록이 있다.
- 이용부위는 뿌리·잎·꽃·열매이며, 차 또는 약용하고 열매는 식용한다.

약성

- 성질은 서늘하고, 맛은 달다.
- 열을 내려주고 피를 잘 돌게 한다.
- 종기와 치질로 인한 하혈과 혈관 노폐물 제거에 좋다.
- 열이 쌓여 생긴 질병을 제거하고 변비와 배뇨 등을 돕는다.
- 가지껍질의 안토시아닌 색소는 암을 예방하는 효과가 있다
- 가지 꽃은 칼에 베인 상처와 치통을 치료한다.

성분

- **잎**

  솔라닌solanine

- **식물 전체**

  알카로이드alkaloid,
  트리고넬린Trigonellin
  스타치드린stachydrine
  안토시아닌anthocyanin
  나수닌nasunin
  콜린choline
  아데닌adenine
  이미다졸릴에틸아민imidazolylethylamine
  아르기닌글리코사이드arginine–glucoside
  카페산daffeic acid
  비타민A, 비타민B_1, 비타민B_2
  미네랄, 단백질, 당류, 식이섬유, 철분 등

가지차 제다법

① 가지는 여름~가을에 열매가 성숙했을 때 채취한다.
② 가지는 꼭지를 제거하고 깨끗이 씻는다.물에 담가두어 떫은맛을 제거한다.
③ 1.5mm 두께로 자른다.
④ 중온에서 골고루 익힌다.
⑤ 고온에서 덖음과 식힘을 반복한다.
⑥ 고온에서 구수한 맛이 나도록 가향을 해서 완성한다.

가지차 블렌딩

- 가지차에 우엉차를 블렌딩한다.
- 우엉차는 당뇨병을 예방하고 섬유소가 풍부하여 배변을 촉진시키며, 콜레스테롤을 저하시켜 혈관을 튼튼하게 한다.
- 가지차 블렌딩은 장 건강을 돕고, 혈액순환이 좋아지므로 심혈관계 질환과 암을 예방한다.
- 블렌딩한 차의 우림한 탕색은 갈색이고, 향기는 구수한 향이 나며, 맛은 달고 구수하다.

가지차 음용법

- 가지차 2g

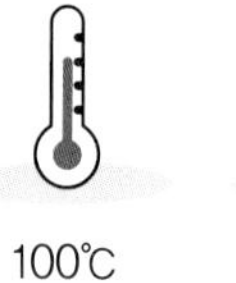

100℃ 250ml 2분

- 가지차 1.5g
  우엉차 0.5g

100℃ 250ml 2분

가지의 활용

- 물·볶음·전·튀김 등에 활용한다.
  기름과 함께 조리하면 리놀산과 비타민 E의 흡수율을 높여준다.

가지차의 마음·기작용

*) 수곡한기水穀寒氣는 하초下焦인 신당腎黨에 흐르는 기운이다.

*) 액해液海는 생식기 앞에 있는 기운 덩어리이다.

*) 정해精海는 방광에 있는 기운 덩어리이다.

*) 탁재濁滓는 탁한 찌꺼기로 몸의 형체를 이루는 기운이다.

*) 보익補益은 돕고 더하는 것으로, 혈기血氣와 음양陰陽을 돕는 것이다.

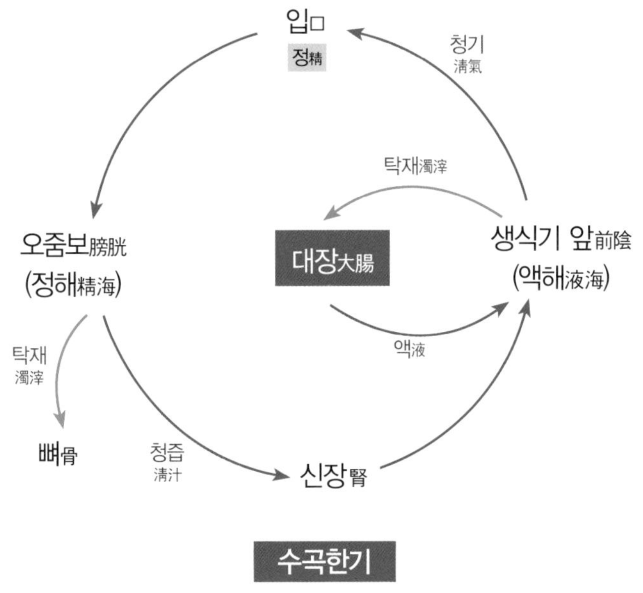

- 가지는 신장腎臟에 좋은 소양인의 꽃차이다.
- 맛이 단 가지는 열이 많은 소양인의 열을 식혀 주고, 신장腎臟의 기운을 도와서 소변이 잘 나가게 하여 온화한 마음으로 시작한 일을 이루게 한다.
- 가지는 장의 노폐물을 제거하고 변비와 배뇨 등을 돕는데, 이는 수곡한기의 액해液海와 관계된다. 수곡한기는 대장大腸에서 액液이 생성되어 생식기 앞으로 들어가 액해가 되고, 액해의 맑은 기운은 입으로 나아가고, 액해의 탁재濁滓는 대장을 보익한다. 가지는 생식기 앞에 있는 액해를 충만하게 하여, 대장을 돕는 것이다.(아래 그림 참조)
- 가지는 종기와 치질로 인한 하혈과 혈관 노폐물 제거에 좋은데, 이는 수곡량기의 혈해血海와 관계된다. 수곡량기에서 코의 혈이 허리의 혈해로 들어가고, 간이 혈해의 맑은 즙을 빨아들여 간의 원기를 보익하기 때문에 가지는 혈해를 충만하게 하는 것이다.
- 가지는 피부의 열을 내려주는 진정효과와 피부를 맑게 하는 효과가 있는데, 이는 수곡온기의 니해膩海와 관계된다. 수곡온기에서 니해의 탁재濁滓는 피부를 보익하기 때문에 가지는 니해를 충만하게 하여 피부를 돕는 것이다.
- 소양인은 비대신소脾大腎小의 장국으로 신당腎黨의 수곡한기가 적은데, 가지는 기본적으로 수곡한기의 기흐름을 잘 흐르게 한다.

입口
정精
청기
清氣
탁재濁滓
오줌보膀胱
(정해精海)
대장大腸
생식기 앞前陰
(액해液海)
액液
탁재
濁滓
뼈骨
청즙
清汁
신장腎
수곡한기

개나리꽃

Forsythia koreana Rehder Nakai.

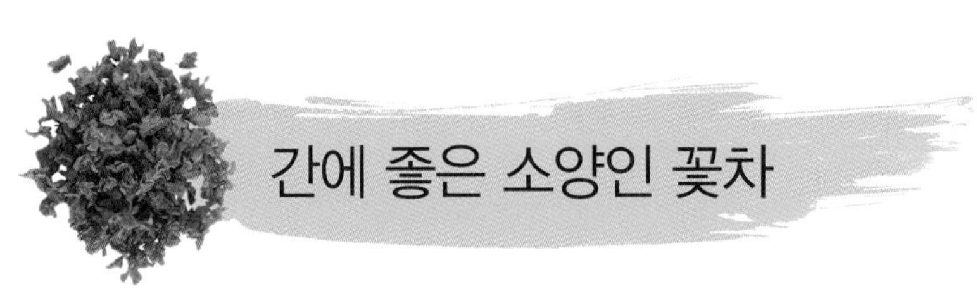

연교개나리의 약성과 성분

기본 정보

- 학명은 *Forsythia koreana Rehder Nakai.*이다.
- 꽃말은 희망 · 깊은 정 · 조춘의 감격 · 달성 · 기대 · 집중력이며, 다른 이름은 한련자旱連子 · 대교자大翹子 · 공각空殼 · 공교空翹이고, 생약명은 연교連翹이다.
- 물푸레나무과 개나리속에 속한 낙엽활엽관목으로, 꽃은 4월에 피고 연한 노란색이며, 과실은 9월에 익기 시작한다.
- 원산지는 한국이다.
- 연교는 1423년 일본에서 세종대왕에게 바친 진상품에 포함되었고, 선조는 연교가 들어간 청심환을 복용하였으며, 순조는 연교를 주원료로 사용한 가미승갈탕을 복용했다는 기록이 있으니, 연교는 그 당시 아주 귀한 약재였다.
- 이용부위는 뿌리 · 잎 · 씨앗이며, 약용하고 꽃은 차로 사용한다.

약성

- 성질은 서늘하고, 맛은 쓰다.
- 열을 제거하고 독을 풀어주며, 기氣가 몰리고 혈이 엉긴 것을 풀어준다.
- 올레아놀산에탄올에 의해 강심·이뇨 작용을 돕고, 방광의 습열을 제거한다.
- 항균·항바이러스·항알레르기 작용을 한다.
- 피부발진·종기 등 염증성질환을 다스린다.

성분

- **연교**

  포르시톨forsythol

  스테롤sterol

  마타이레시노시드matairesinoside

  플라보놀flavonol

  리그난lignan

  아크티게닌arctigenin

  아크티인arctiin

  사포닌

  올레아놀산oleanolic acid 등

- **열매껍질**

  올레아놀산oleanolic acid 등

- **푸른열매**

  사포닌, 알칼로이드alkaloid

  필리게닌phylligenin

  피노레시놀pinoresinol

  바이세폭시리그난bisepoxylignan 등

연교차 제다법	① 연교 채취는 9월에 채취한다. ② 연교를 깨끗이 씻어 살짝 증제한다. ③ 수분을 건조하여 중온에서 익힌다. ④ 고온에서 덖음과 식힘을 반복하며 덖는다. ⑤ 고온에서 노릇노릇하게 가향을 하여 완성한다.
연교차 블렌딩	• 연교차와 방풍잎차, 박하를 블렌딩한다. • 방풍잎은 풍을 제거하고 관절통증을 비롯하여 피부염·종기·파상풍을 다스린다. 박하는 열을 내려주고, 감기로 인한 두통·인후통과 치통·피부가려움증 등에 효능이 있다. • 연교차 블렌딩은 몸을 서늘하게 해주고, 피부·종기·기관지염 등 염증성 질환을 다스리며, 뇌졸중 예방에 도움이 된다. • 블렌딩한 차의 우림한 탕색은 연한 갈색이고, 향기는 박하향이 나며, 맛은 구수하고 시원하다.
연교차 음용법	• 연교차 2g — 100℃ 250ml 2분 • 연교차 1g 방풍잎차 0.5g 박하잎차 0.5g — 100℃ 250ml 2분 • 몸이 찬 사람은 주의해서 음용한다.
연교차의 활용	• 꽃으로 개나리주를 담가 먹기도 한다.

연교개나리꽃차의 마음·기작용

- 연교는 간肝에 좋은 소양인의 꽃차이다.
- 맛이 쓴 연교는 소양인의 간의 기운을 도와서 너그럽고 느슨한 마음으로 시작한 일을 이루게 한다.
- 연교는 청열해독清熱解毒하여 열을 내리고 독을 풀어주며, 기氣가 몰리고 혈이 엉긴 것을 풀어주는데, 이는 수곡량기의 혈해血海와 관계된다. 수곡량기는 코에 있는 혈이 허리로 들어가 혈해가 되고, 혈해의 맑은 즙을 간肝이 빨아들여서 간의 원기를 보익하기 때문에 연교는 혈해를 충만하게 하는 것이다.(아래 그림 참조)
- 연교 열매껍질과피에는 강심·이뇨 작용과 방광의 습열을 제거하는 데도 도움을 주는데, 이는 수곡한기의 정해精海와 관계된다. 수곡한기에서 방광에 있는 정해의 맑은 즙을 신장이 빨아들여서 신장의 원기를 보익하는 것이다.
- 소양인은 비대신소脾大腎小의 장국으로 신당腎黨의 수곡한기가 적은데, 연교는 기본적으로 수곡한기의 기 흐름을 잘 흐르게 한다.

결명자決明子

Senna tora L. Roxb.

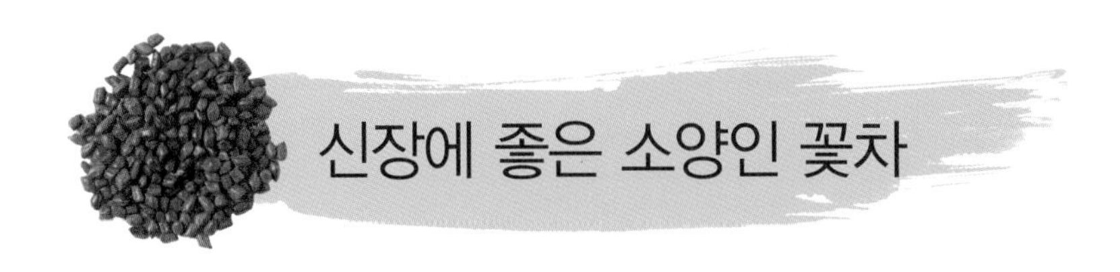

신장에 좋은 소양인 꽃차

결명자의 약성과 성분

기본 정보

- 학명은 *Senna tora* L. Roxb.이다.
- 꽃말은 '청정'·'수줍음'·'부끄러운'·'타고난 소질'이며, 다른 이름은 초결명草決明·양명羊明·양각羊角·마제결명馬蹄決明이다. 생약명은 결명자이다.
- 콩과 세나속 한해살이풀로 꽃은 6~8월에 피고 노란색이다. 과실은 삭과로 긴 선형이고, 활같이 굽는다.
- 원산지는 중앙아메리카이고, 한국·일본·중국 등에 분포하고 있다.
- 조선전기 서거정徐居正의 『사가집』에 "금년 유월에는 비가 자주 오는 바람에, 당 아래 심은 결명자 꽃이 만발하였네"라는 내용이 있어, 결명자는 조선시대에도 재배하였다.
- 이용부위는 씨앗이며, 약용한다.

약성

- 성질은 약간 차고, 맛은 달면서 쓰고 떫다.
- 에모딘 성분은 장운동을 활발하게 촉진시켜 변비 예방 및 개선을 돕는다.
- 안트라퀴논 성분은 눈의 열을 식히고, 밝게 하는 효능이 있다.
- 간열肝熱을 맑게 하고, 복수腹水가 차는 것을 치료한다.
- 혈압을 내리고 동맥경화를 다스린다.

성분

크리소파놀chrysophanol
에모딘emodin
피지사이언physcion
앨로우에모딘aloe-emodin
라인rhein
모디난modinan
오브투신obtusin
루브로푸사린rubrofusarin
팔미트산palmitic acid
스테아릭산stearic acid
올레산oleic acid
안트라퀴논anthraquinone
비타민A,
철
아연
망간
구리 등

결명자차 제다법

① 결명자는 10~11월 하순경에 채취한다.
② 결명자를 깨끗이 씻는다.
③ 수분을 건조하여 중온에서 덖는다.
④ 고온에서 덖음과 식힘을 반복하며 건조시킨다.
⑤ 고온에서 노릇노릇하게 가향을 하여 완성한다.

결명자차 블렌딩

- 결명자차에 국화차를 블렌딩한다.
- 국화차는 얼굴에 열이 오르고 눈이 충혈 되며, 또 눈이 침침하거나 두통에 효과가 있으며, 간 기능을 좋게 한다.
- 결명자차 블렌딩은 풍열로 인한 목적종통과 심한 눈부심 현상을 다스리고, 간의 열을 내려준다.
- 블렌딩한 차의 우림한 탕색은 연한 노란색이고, 향기는 국화향이 나며, 맛은 약간 쓰며 구수하다.

결명자차 음용법

- 결명자차 2g

100℃ 250ml 2분

- 결명자차 1.5g
  국화차 2~3송이

100℃ 250ml 2분

- 설사를 자주하거나 혈압이 낮은 사람, 또 몸이 찬 소음인은 주의해서 음용한다.

결명자의 활용

- 차·술을 만든다

결명자차의 마음·기작용

- 결명자는 신장腎臟에 좋은 소양인의 꽃차이다.
- 맛이 달고 쓴 결명자는 밖으로 나가서 활동하기를 좋아하는 소양인에게 신장腎臟의 기운을 도와서 온화한 마음으로 시작한 일을 이루게 한다.
- 결명자는 장의 운동을 활발하게 해서 변비 예방 및 개선을 돕고, 이뇨작용을 도와서 소변배출을 원활하게 한다. 이는 수곡한기의 액해液海와 관계된다. 수곡한기는 대장大腸에서 액液이 생성되어 생식기 앞으로 들어가 액해가 되고, 액해의 맑은 기운은 입으로 나아가고, 액해의 탁재濁滓는 대장을 보익한다. 결명자는 생식기 앞에 있는 액해를 충만하게 하여, 대장을 돕는 것이다.(아래 그림 참조)
- 결명자는 눈의 피로와 충혈·출혈을 없애주고 야맹증·녹내장·결막염을 개선시켜 주는데, 이는 수곡열기의 고해膏海와 관계된다. 수곡열기는 위胃에서 고膏가 생성되어 양 젖가슴의 고해로 들어가고, 고해의 맑은 기운은 눈으로 나가서 기氣가 된다. 결명자는 고해에서 눈으로 들어가는 기를 충만하게 하여 눈의 좋게 하는 것이다.
- 결명자는 간의 열을 내리고, 간경화로 인한 복수에 쓰는데, 이는 수곡량기의 혈해血海와 관계된다. 수곡량기는 코에 있는 혈이 허리로 들어가 혈해血海가 되고, 혈해의 맑은 즙을 간肝이 빨아 들여서 간의 원기를 보익하기 때문에 결명자는 혈해를 충만하게 하는 것이다.

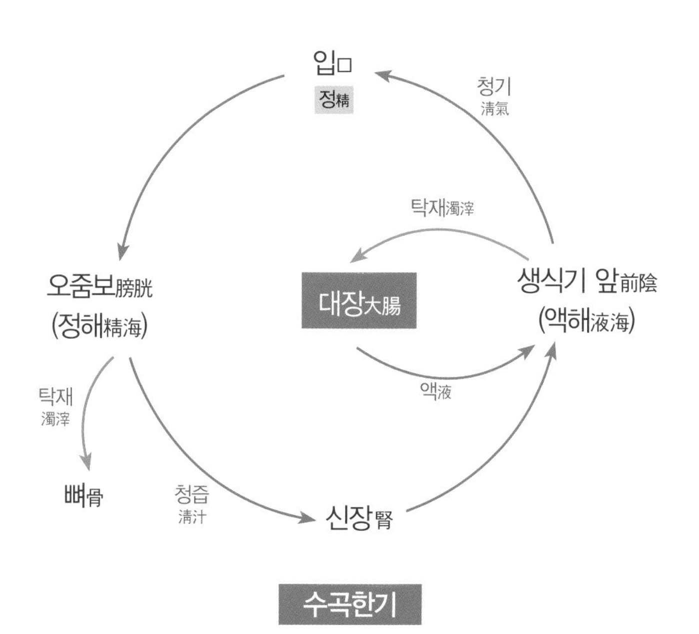

골담초骨擔草

Caragana sinica Buc'hoz Rehder.

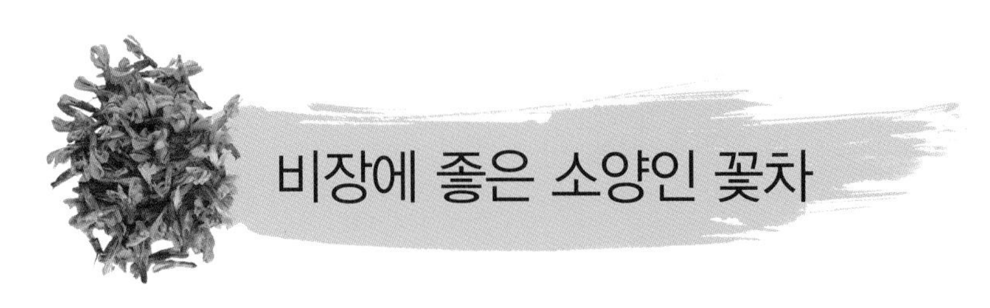

골담초의 약성과 성분

기본 정보

- 학명은 *Caragana sinica* Buc'hoz Rehder.이다.
- 꽃말은 '겸손'이며, 다른 이름은 금계아 · 금작목 등이고, 생약명은 골담근骨擔根 · 금작화金雀花이다.
- 콩과에 속한 낙엽활엽관목 관화식물이다. 꽃은 5월에 피는데 처음에는 황색으로 핀 후에 적황색으로 변하고, 아래로 늘어져 핀다. 골담초는 뼈를 책임지는 풀이라는 뜻을 가지고 있다.
- 원산지는 중국 · 한국이다. 해변이나 공해가 심한 도심지에서도 잘 자란다.
- 한국고전 『매산집』에 금작화金雀花 · 선비화禪扉花라고 기록되어 있다. 여기에서 '선비화'라고 한 것은 영주 부석사浮石寺의 조사당祖師堂 추녀 밑에 심어 놓은 골담초를 말하는 것이다. 의상대사義湘大師가 지팡이를 꽂은 것이 자란 것이라고 한다.
- 이용부위는 뿌리 · 뿌리껍질 · 꽃으로 약용하고, 꽃은 차로 사용한다.

약성

- 성질은 평하거나 따뜻하고, 맛은 맵고 쓰며, 독이 있다.
- 꽃은 음기운을 보하고 혈액순환을 도우며, 비장기능을 튼튼하게 한다.
- 꽃은 소염·타박상·신경통·마비 등에 효능이 있다.
- 뿌리는 폐를 맑게 하고, 비장을 튼튼하게 하며, 혈액순환을 조화롭게 한다.
- 뿌리는 뼈·관절·신경통·타박상을 치료한다.
- 골담초는 여성들의 생리불순·생리통을 다스린다.
- 골담근은 해수·고혈압·두통에 효과가 있다.

성분

- **뿌리**

  알카로이드alkaloid
  스테롤sterol
  캄페스테롤Campesterol
  스티그마스테롤Stigmasterol
  브라시카스테롤brasicasterol
  콜레스테롤Cholesterol
  사포닌saponin
  배당체
  전분 등

골담초차 제다법

① 골담초꽃은 개화시기인 5월에 채취한다.
② 꽃을 깨끗이 씻어 채반에 널어 물기를 제거한다.
③ 저온에서 꽃이 겹치지 않도록 올려서 익힌다.
④ 중온에서 꽃을 덖음과 식힘을 반복한다.
⑤ 고온에서 가향을 해서 완성한다.

골담초차 블렌딩

- 골담초꽃차에 방풍꽃차를 블렌딩한다.
- 방풍꽃차는 복통, 팔다리 근육이 뻣뻣할 때, 근골통증·경맥을 건강하게 하는 효능이 있다.
- 골담초꽃차 블렌딩은 뼈를 튼튼하게 하고, 혈맥을 잘 통하게 하며, 경맥을 건실하게 돕는다.
- 블렌딩한 차의 우림한 탕색은 옅은 미색이고, 향기는 은은한 마늘향이 나며, 맛은 시원하다.

골담초차 음용법

- 골담초꽃차 2g

100℃ 250ml 2분

- 골담초꽃차 1g
  방풍꽃차 1g

100℃ 250ml 2분

- 골담초는 성질이 차기 때문에 기가 허하고 위가 찬 사람은 많이 음용하면 좋지 않다.

골담초의 활용

- 골담초 꽃은 떡·부침·물김치·샐러드·비빔밥 요리 재료로 사용하고, 뿌리는 술을 담아 약용으로 사용한다.

골담초차의 마음·기작용

- 골담초은 비장脾臟에 좋은 소양인의 꽃차이다.
- 골담초는 소양인의 음기운을 보하고 비, 위장 소화기를 튼튼하게 하여, 온화한 마음으로 상대방을 포용하게 한다.
- 골담초는 혈액순환을 조화롭게 하고 여성들의 생리불순·생리통을 다스리는데, 이는 수곡량기의 혈해血海와 관계된다. 수곡량기는 소장小腸에서 유油가 생성되어 배꼽의 유해油海로 들어가고, 유해의 맑은 기운은 코로 나아가서 혈血이 되고, 코의 혈이 허리로 들어가 혈해가 된다. 혈해의 맑은 즙을 간肝이 빨아 들여서 간의 원기를 보익하기 때문에 골담초는 혈해를 충만하게 하는 것이다.
- 골담초의 뿌리는 뼈와 관절 신경통과 순환기 계통을 치료하는 관절 영양제이고, 타박상 및 골절 치료를 돕는다. 이는 수곡한기의 정해精海와 관계된다. 수곡한기에서 방광에 있는 정해의 탁재는 발이 구부리는 강한 힘으로 단련하여 뼈를 이루게 하므로 골담초의 뿌리는 정해를 충만하게 하는 것이다. 정해의 맑은 즙은 신장이 빨아들여서 신장의 원기를 보익한다.

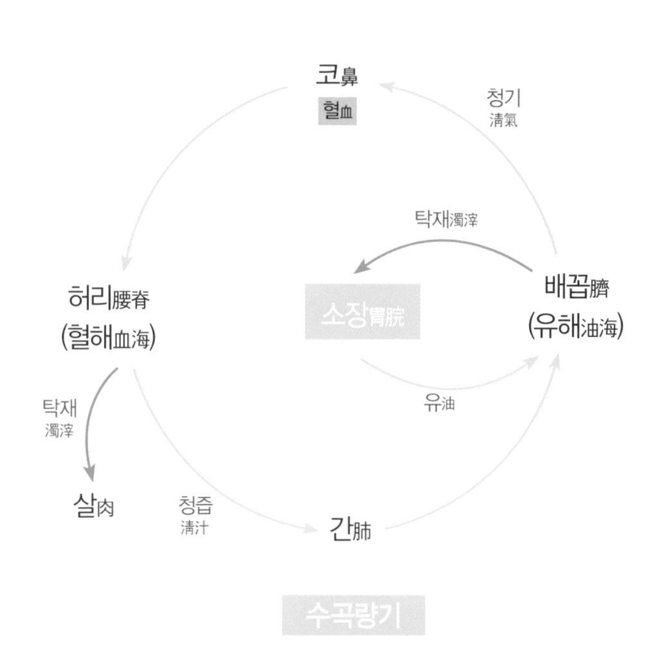

- 또 소양인은 비대신소脾大腎小의 장국으로, 수곡한기가 작은 사람이다. 골담초는 기본적으로 수곡한기의 기흐름을 잘 흐르게 한다.

금계국金鷄菊

Coreopsis drummondii D.Don Torr. & A.Gray.

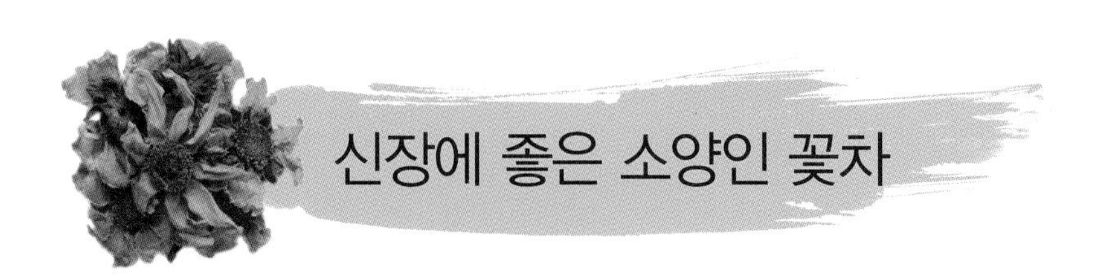

금계국의 약성과 성분

기본 정보

- 학명은 *Coreopsis drummondii* D.Don Torr. & A.Gray.이다.
- 꽃말은 '상쾌한 기분'이며, 다른 이름은 각시꽃 · 공작이국화 · 천국화이고, 생약명은 전엽금계국이다.
- 국화과 금계국속에 속한 한해살이 혹은 두해살이풀이 있고, 또 큰금계국*Coreopsis lanceolata L.*으로 국화과 기생초속에 속한 여러해살이풀도 있다. 꽃은 6~8월에 피며 황금색이다. 금계국은 발아율이 높고 녹화효과가 뛰어나 우리나라에서 비탈면 녹화공사에 많이 사용되는 식물이다.
- 원산지는 북아메리카이며, 우리나라에는 전국에 분포되어있다.
- 이용부위는 꽃이며, 차로 이용한다.

약성

- 성질은 평하고, 맛은 맵다.
- 열을 내려주고, 해독작용을 한다.
- 청혈·해독·혈액순환을 돕고, 어혈을 풀어준다.
- 강심·이뇨 작용의 효과가 있다.
- 붓기·염증·종기를 다스린다.

성분

지방유
단백질
비타민C
당류 등

금계국꽃차 제다법

① 금계꽃은 개화시기인 6~8월에 채취한다.
② 저온에서 꽃받침이 아래로 가도록 올려놓고 익힌다.
③ 꽃이 90%이상 건조되면 꽃을 한번 뒤집어서 익힌 후 꺼내 식힌다.
④ 중온에서 덖음과 식힘을 반복한다.
⑤ 고온에서 가향을 하여 완성한다.

금계국꽃차 블렌딩

- 금계국꽃차에 레몬그라스를 블렌딩한다.
- 레몬그라스는 소화촉진과 살균작용을 하며, 빈혈에도 효능이 있다. 여름에 시원한 냉차로 마시면 향과 맛이 좋다.
- 금계국꽃차 블렌딩은 열을 식혀주고, 해독과 살균작용으로 염증성 질환을 다스리며 혈액순환이 잘 되게 한다.
- 블렌딩한 차의 우림한 탕색은 주황색이고, 향기는 레몬향이며, 맛은 상큼하다.

금계국꽃차 음용법

- 금계국꽃차 2g

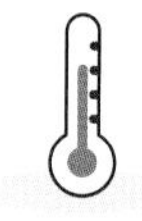

100℃ 250ml 2분

- 금계국꽃차 1.5g
  레몬그라스 0.5g

100℃ 250ml 2분

금계국꽃의 활용

- 꽃청·다식 염료용으로 이용한다.

금계국꽃차의 마음·기작용

- 금계국은 신장腎臟에 좋은 소양인의 꽃차이다.
- 맛이 매운 금계국은 밖으로 나가서 활동하기를 좋아하는 소양인 신장腎臟의 기운을 도와서 온화한 마음으로 시작한 일을 이루게 한다.
- 금계국은 청혈·해독 효능이 있고, 혈액순환이 잘되게 하여 어혈을 풀어주는데, 이는 수곡량기의 혈해血海와 관계된다. 수곡량기는 소장小腸에서 유油가 생성되어 배꼽의 유해油海로 들어가고, 유해의 맑은 기운은 코로 나아가서 혈血이 되고, 코의 혈이 허리로 들어가 혈해가 된다. 혈해의 맑은 즙을 간肝이 빨아 들여서 간의 원기를 보익하기 때문에 금계국은 혈해를 충만하게 하는 것이다.(아래 그림 참조)

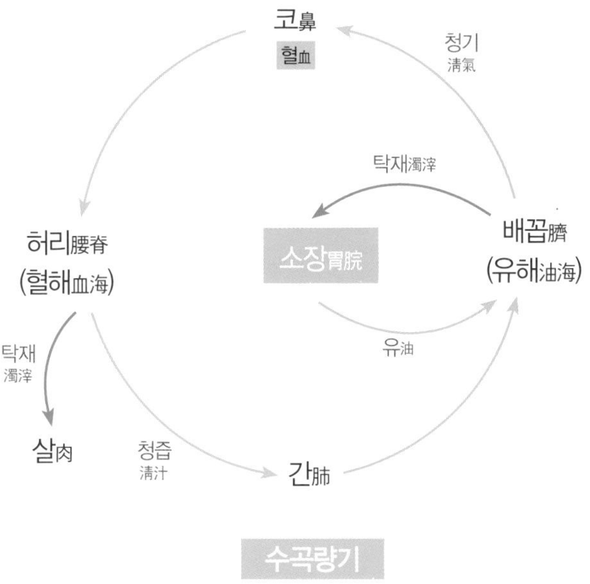

코鼻
혈血
청기 淸氣
탁재濁滓
허리腰脊 (혈해血海)
소장胃脘
배꼽臍 (유해油海)
유油
탁재 濁滓
살肉
청즙 淸汁
간肺
수곡량기

- 금계국은 이뇨작용으로 소변의 배설을 돕는데, 이는 수곡한기의 정해血海와 관계된다. 수곡한기에서 신장은 방광에 있는 정해의 맑은 즙을 빨아 들여 신장의 원기를 더해 주기 때문에 금계국은 정해를 충만하게 하는 것이다.
- 또 소양인은 비대신소脾大腎小의 장국으로 신당腎黨의 수곡한기가 적은데, 금계국은 기본적으로 수곡한기의 기 흐름을 좋게 한다.

녹차綠茶

Camellia sinensis L. Kuntze

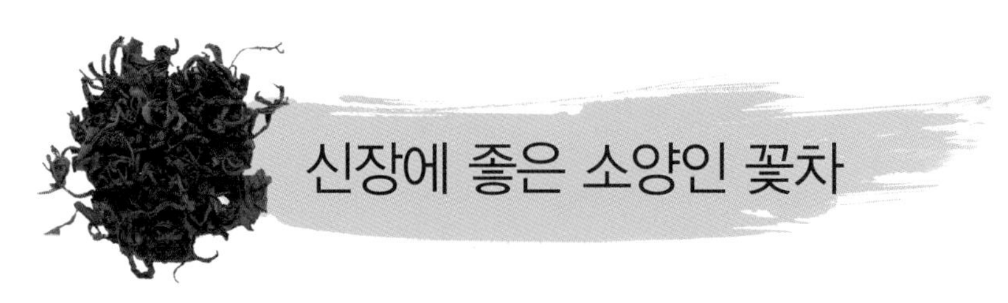

녹차의 약성과 성분

기본 정보

- 학명은 *Camellia sinensis* L. Kuntze.이다.
- 꽃말은 '추억'이고, 생약명은 다엽茶葉이다. 차茶의 말뜻은 형부인 풀艸→艹과 성부인 '나 여余'자가 '차 다'로 전음된 형성자이다. 즉, 다茶자는 풀艹이 쓰여 나余 자신을 편안하게 하는 '차茶'라는 뜻이다.
- 차나무과 상록활엽관목이다. 키는 4~8m까지 자라는데, 잎은 약간 두껍고 단단하며 광택이 나고 둘레에 톱니가 있다. 꽃은 9~11월에 흰 꽃이 피며, 열매는 이듬해 10~11월에 결실을 맺는다.
- 원산지는 중국이다. 세계의 주요 차산지는 중국을 비롯하여 한국 · 인도 · 스리랑카 · 아프리카 · 일본 · 베트남 등이며, 우리나라에는 전남 보성 · 경남 하동 · 제주도 등에서 재배하고 있다.
- 이용부위는 잎 · 뿌리 · 종자를 약용하는데, 잎은 주로 음료용으로 활용한다.

약성

- 성질은 차고, 맛은 쓰고, 달다.
- 집중력·판단력·기억력 등에 좋으며, 이뇨작용을 돕는다.
- 콜레스테롤을 제거하고, 고혈압·동맥경화 등 심혈관계 질환에 좋다.
- 머리가 맑아지고 의식이 집중되며, 마음 안정에 좋다.
- 혈압상승을 막아주고, 당뇨병을 다스린다.
- 식중독 예방 및 충치예방에 효과가 있다.

성분

탄닌tannin
카페인caffeine
유리아미노산freeamino acid
데아닌theanine
글루타민산glutamic acid
비타민vitamin류
칼륨
칼슘
인
마그네슘
망간
철
사포닌saponin 등

녹차 제다법

① 녹차는 3~5월에 채취한다.
② 녹차 잎은 쉰 잎을 골라내며 선별한다.
③ 250℃이상 높은 온도에서 골고루 뒤집으며 익힌다.
④ 찻잎을 식혀서 유념한다.
⑤ 고온에서 온도를 조절하며 덖음과 식힘을 반복한다. 유념을 한번 더해도 된다.
⑥ 찻잎에 맛내기와 가향을 하여 완성한다.

녹차 블렌딩

- 녹차에 매화차를 블렌딩한다.
- 매화는 피로회복과 위장기능을 도와 식욕을 돋운다.
- 녹차 블렌딩은 혈액을 맑게 하여 심혈관계 질환을 예방하고 암·당뇨 등 성인병을 다스린다. 또 마음을 편안하게 한다.
- 블렌딩한 차의 우림한 탕색은 연한 연두색이고, 향기는 싱그러운 풋풋한 향과 매화향이 나며, 맛은 쌉싸름하면서 단맛이 난다.

녹차 음용법

- 녹차 3g

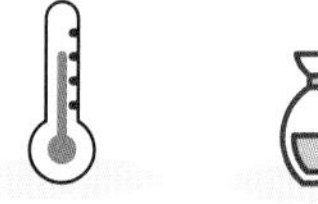

- 녹차 2g

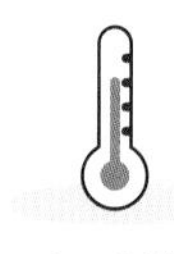

- 찻잔에 찻물을 따르고 매화 1송이를 띄워 마신다.

녹차의 활용

- 차를 우리고 난후 찻잎은 나물·장아찌·멸치볶음 등으로 이용한다.

녹차의 마음·기작용

- 녹차는 신장腎臟에 좋은 소양인의 꽃차이다.
- 맛이 쓰고 회감回甘이 있는 녹차는 데아닌theanine 성분이 심신안정에 도움을 주며, 밖으로 나가서 활동하기를 좋아하는 소양인의 신장腎臟 기운을 도와서 온화한 마음으로 시작한 일을 이루게 한다.
- 녹차는 몸의 열을 내리고 간이 독소를 걸러 독소가 혈액에 쌓이는 것을 막아주는데, 이는 수곡량기의 혈해血海와 관계된다. 수곡량기는 소장小腸에서 유油가 생성되어 배꼽의 유해油海로 들어가고, 유해의 맑은 기운은 코로 나아가서 혈血이 되고, 코의 혈이 허리로 들어가 혈해가 된다. 혈해의 맑은 즙을 간肝이 빨아 들여서 간의 원기를 보익하기 때문에 녹차는 혈해를 충만하게 하는 것이다.(아래 그림 참조)
- 또 녹차는 고혈압, 동맥경화 등 심혈관계 질환을 예방하는데, 이것도 수곡량기의 혈해와 관계된다.
- 녹차는 카테킨이 체내 노폐물을 배출 시켜 변비 예방과 해소를 돕는데, 이는 수곡한기의 액해液海와 관계된다. 녹차는 생식기 앞에 있는 액해를 충만하게 하여, 대장을 돕는 것이다.
- 녹차는 이뇨작용을 촉진시켜 부종을 완화하는데, 이는 수곡한기의 정해血海와 관계된다. 수곡한기에서 신장은 방광에 있는 정해의 맑은 즙을 빨아 들여 신장의 원기를 더해 주기 때문에 녹차는 정해를 충만하게 하는 것이다.

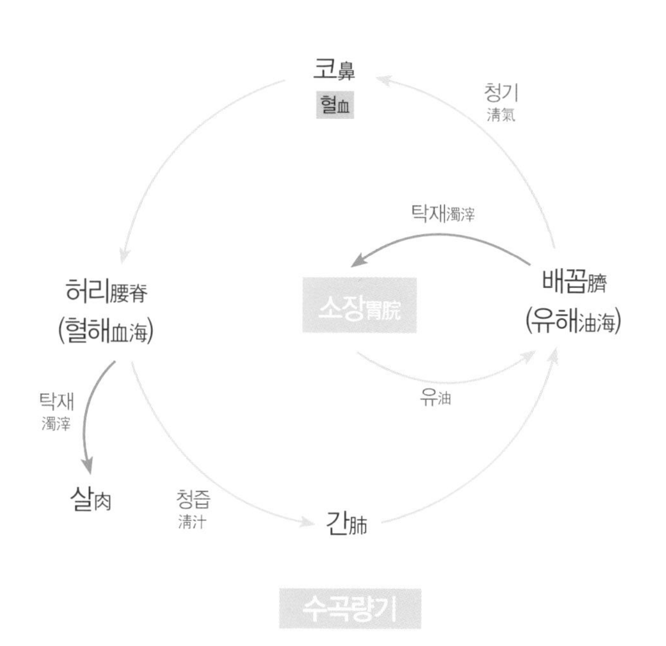

당아욱

Malva sylvestris var. *mauritiana* Boiss.

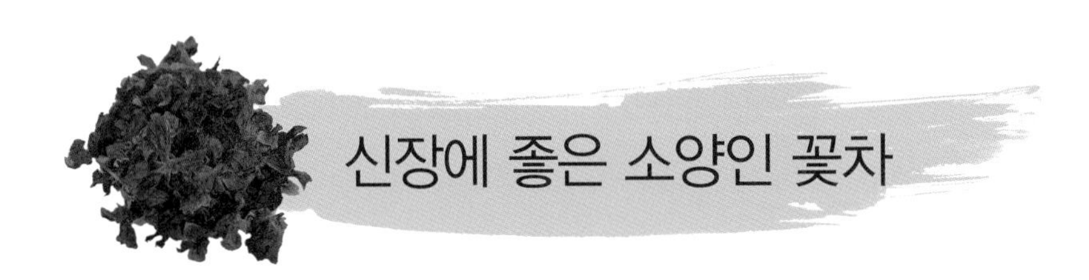

당아욱의 약성과 성분

기본 정보

- 학명은 *Malva sylvestris* var. mauritiana Boiss.이다.
- 꽃말은 '자애' · '어머님의 사랑' · '은혜'이며, 다른 이름은 당아옥 · 동규冬葵 · 분홍아욱 · 활규 등이다. 생약명은 금규錦葵이다.
- 아욱과 아욱속으로 두해살이풀이며, 꽃은 5~9월에 피는데 품종에 따라 여러 가지 색깔이 있다.
- 원산지는 유럽 · 북아프리카 · 서아시아이다. 우리나라에는 중국에서 유래되어 전국 각지에서 재배하고 있다.
- 속담에 가을 아욱국은 막내사위만 줄 정도로 맛이 일품이어서 『시경』에는 맛있는 아욱을 서로 차지하려고 밭을 두고 제후 간에 치열한 전쟁이 일어났다고 한다. 조선시대 『물명고』에는 규葵를 청나라어로는 '아부하'라고 하는데, 조선어로는 '아옥'이라고 한다는 기록이 있다.
- 이용부위는 잎과 줄기이며, 약용한다.

약성

- 성질은 차고, 맛은 짜다.
- 기운을 잘 통하게 하고, 대변이 원활하도록 돕는다.
- 여성들의 부인과 염증질환으로 대하증에 효능이 좋다.
- 목구멍이 붓고 아픈 병증 등 기관지염·천식· 인후염을 다스린다.
- 당아욱의 잎 성분은 성인병 예방과 치료에 도움이 된다.
- 동규자는 요로결석 질환으로 결석을 배출시킨다.

성분

안토시아닌anthocyanin
페놀류phenols
플라보노이드flavonoid
항산화물질antioxidant
비타민A
비타민C
이눌린inulin
필수지방산essentialfatty acid
칼륨potassium
마그네슘magnesium
식이섬유 등

당아욱꽃차 제다법

① 당아욱꽃은 5~7월경에 채취한다.
② 당아욱꽃은 수술을 제거한다.
③ 저온에서 꽃이 겹치지 않도록 올려서 익힌 후, 뒤집어서 익힌다.
④ 중온에서 덖음을 한다.
⑤ 고온에서 맛내기 가향을 하여 완성한다.

당아욱꽃차 블렌딩

- 당아욱꽃차와 산수국차, 애플민트를 블렌딩한다.
- 산수국은 열을 내리게 하고 해독시키는 효능과 소염작용이 있고, 애플민트는 항균, 항산화작용과 신경을 안정시키는 작용을 한다.
- 당아욱꽃차 블렌딩은 몸을 서늘하게 하고 해독시켜 염증을 가라앉히며, 대소변이 원활하도록 도와 마음을 편안하게 해준다.
- 블렌딩한 차의 우림한 탕색은 짙은 남색이고, 향기는 상큼한 사과향이 나며, 맛은 달다.

당아욱꽃차 음용법

- 당아욱꽃차 2g

100℃

250ml

2분

- 당아욱꽃차 1g
  산수국차 0.5g
  애플민트차 2~3잎

100℃

250ml

2분

- 당아욱꽃차는 몸이 찬 사람은 많이 마시지 않는다.

당아욱의 활용

- 국·죽·청·고약 등으로 이용한다.

당아욱꽃차의 마음·기작용

- 당아욱은 신장腎臟에 좋은 소양인의 꽃차이다.
- 맛이 짠 당아욱은 소양인의 신장腎臟의 기운을 도와서 온화한 마음으로 시작한 일을 이루게 한다.
- 당아욱은 기氣를 잘 통하게 하여 대변을 원활하게 하는데, 이는 수곡한기의 액해液海와 관계된다. 수곡한기는 대장大腸에서 액液이 생성되어 생식기 앞으로 들어가 액해가 되는데 당아욱은 대장에서 생성된 액해를 충만하게 하여 대변을 잘 통하게 한다. (아래 그림 참조)
- 당아욱은 여성들의 부인과 염증 질환인 대하증에 효능이 있는데, 이 역시 수곡한기의 정해精海와 관계된다. 수곡한기는 입에서 정精이 생성되어 방광에 들어가 정해가 되는데, 당아욱은 정해를 충만하게 해서 대하증을 다스리는데 도움을 준다. (아래 그림 참조)

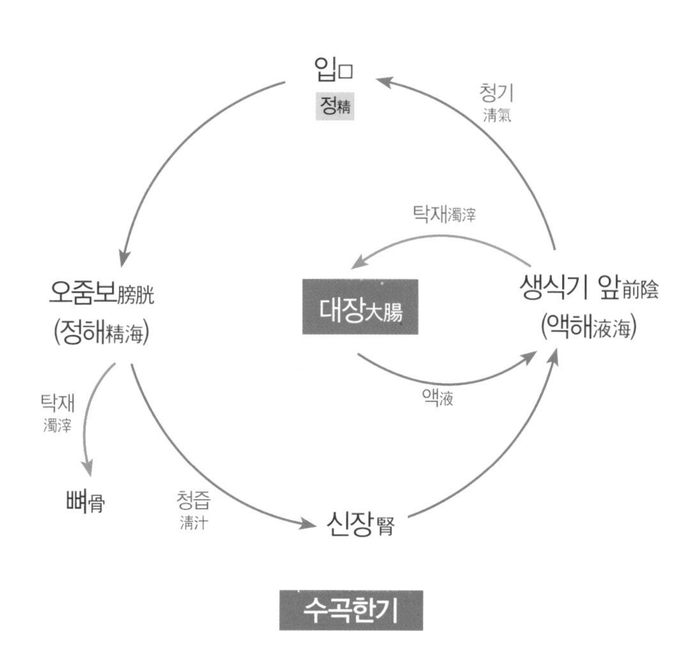

- 당아욱은 목구멍이 붓고 아픈 병증 등 기관지염·천식·인후염을 다스리는데, 이는 수곡온기의 진해津海와 관계된다. 수곡온기는 위완胃脘에서 진津이 생성되어 혀 아래의 진해로 들어가고, 진해의 맑은 기운은 귀로 나아가서 신神이 되고, 진해의 탁재濁滓는 위완으로 보익한다. 당아욱은 진해를 충만하게 하여 위완을 보익하여 인후咽喉의 질병을 다스린다.

레몬lemon

Citrus limon L. Osbeck.

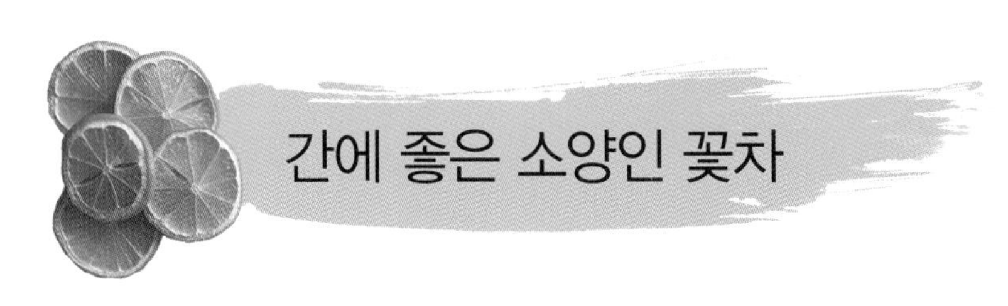

레몬의 약성과 성분

약성

- 성질은 차고, 맛은 쓰고 매우며, 독이 없다.
- 열을 내리고 해독작용을 한다.
- 피부가 부어 오른 종창腫脹과 종독腫毒을 다스린다.
- 감기·두통·현기증을 치료하고 숙면을 유도한다.
- 간의 기운을 조화롭게 하고 충혈 된 눈을 밝게 한다.

성분

리모넨limonene
2-β-피넨
α-테르피넨
네롤nerol
시트랄citral
플라보노이드flavonoid
쿠마린coumarin
퀘르세틴quercetin
페닐프로파노이드phenylpropanoid
배당체glycoside의 리모노이드limonoid
시트르산citric acid
비타민vitamin 등

기본 정보

- 학명은 *Citrus limon* L. Osbeck.이다.
- 꽃말은 '열정'·'성실한 사랑'·'사려분별'이다. 신맛의 대명사로 신맛이 강하며, 단맛과 쓴맛이 공존하고 있다.
- 운향과 귤속 상록활엽교목이다. 꽃은 보통 5~10월에 피며, 열매는 1년에 6~10번 정도 맺기 때문에 통상적으로 10월 이후부터 다음해 봄까지 수확을 한다. 열매가 노란색으로 변하기 전인 녹색일 때 수확하는 것이 좋다.
- 원산지는 인도이나 최근에 이탈리아·미국 캘리포니아에서 많이 생산되고 있다.
- 이용부위는 꽃·잎·줄기·열매이며, 식용하거나 차로 이용한다.

레몬차 제다법

① 레몬은 10월부터 다음해 봄까지 채취한다.
② 베이킹 소다와 굵은 소금으로 깨끗하게 씻고 물기를 제거한다.
③ 1~2mm 두께로 자른다.
④ 중온에서 덖음한다.
⑤ 저온에서 건조하여 보관한다.

레몬차 블렌딩

- 레몬차와 당아욱꽃차, 애플민트를 블렌딩한다.
- 당아욱은 열을 내리고 기를 통하게 하여 대변을 잘 보게 하며, 애플민트는 감기·위장병·두통에 효능이 있고, 신경을 안정시켜준다.
- 레몬차 블렌딩은 몸을 서늘하게 하고, 해독시켜 염증을 가라앉히며, 대소변이 원활하도록 돕고 정신을 편안하게 한다.
- 블렌딩한 차의 우림한 탕색은 핑크색이고, 향기는 상큼한 레몬과 사과향이 나며, 맛은 시다.

레몬차 음용법

- 레몬차 2g

100℃ 250ml 2분

- 레몬차 1g
  당아욱꽃차 0.5g
  애플민트차 0.5g

100℃ 250ml 2분

- 과다하게 섭취시 위가 상하거나 속 쓰림 현상이 발생한다.

레몬의 활용

- 레몬은 쥬스나 잼·음료·캔디·파이·빵·과자 등에 이용한다.
- 향수나 아로마 오일로 사용한다.

레몬차의 마음·기작용

- 레몬은 간肝에 좋은 소양인의 꽃차이다.
- 맛이 시고 단 레몬은 소양인의 간의 기운을 도와서 너그럽고 느슨한 마음으로 시작한 일을 이루게 한다.
- 레몬은 모세혈관의 강화 작용·고지혈증 억제·혈압강하 효과가 있는데, 이는 수곡량기의 혈해血海와 관계된다. 수곡량기는 소장小腸에서 유油이 생성되어 배꼽의 유해油海로 들어가고, 유해의 맑은 기운은 코로 나아가서 혈血이 되고, 혈은 허리로 들어가 혈해가 된다. 레몬은 코에 있는 혈이 허리에 있는 혈해로 잘 들어가게 하여, 혈해를 충만하게 하는 것이다.(아래 그림 참조)
- 레몬 오일은 정신적 피로를 극복하게 하는 작용으로 정신을 명료하게 하는데, 이는 수곡온기의 니해膩海와 관계된다. 수곡온기에서 귀에 있는 신神이 두뇌에 들어가 니해膩海가 되는데, 레몬 오일은 니해를 충만하게 하여 두뇌의 활성을 도와 정신을 명료하게 하는 것이다.
- 레몬은 피부건강·다이어트 및 감기예방에 좋은데, 이는 수곡온기의 니해膩海와 관계된다. 니해의 탁재濁滓가 피부를 보익하기 때문에 레몬은 니해를 충만하게 하는 것이다.
- 소양인은 비대신소脾大腎小의 장국으로 신당腎黨의 수곡한기가 적은데, 레몬은 기본적으로 수곡한기의 기 흐름을 잘 흐르게 한다.

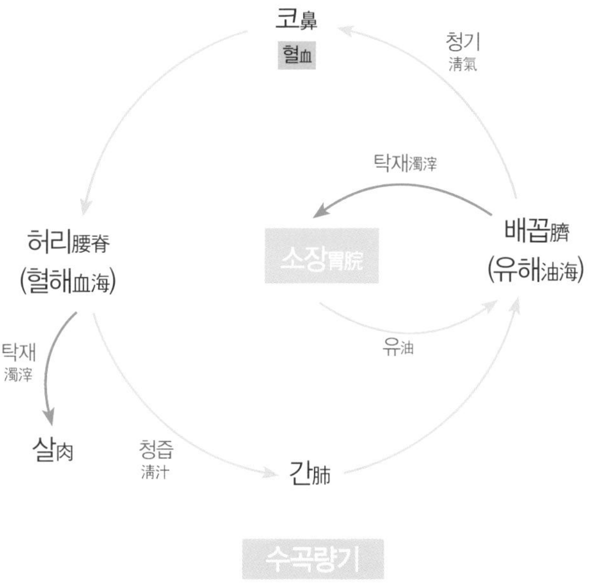

코鼻
혈血
청기 清氣
탁재濁滓
허리腰脊
(혈해血海)
소장胃脘
배꼽臍
(유해油海)
유油
탁재 濁滓
살肉
청즙 淸汁
간肺
수곡량기

맨드라미 청상자青箱子

Celosia argentea var. *cristata* L. Kuntze.

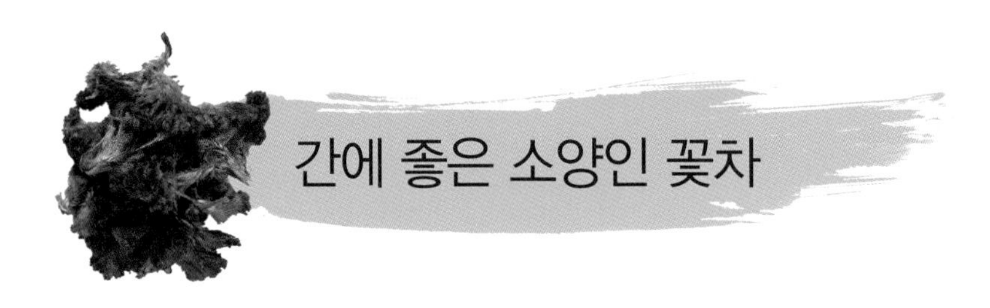

맨드라미꽃의 약성과 성분

기본 정보

- 학명은 *Celosia argentea* var. cristata L. Kuntze. 이다.
- 꽃말은 '시들지 않는 사랑'·'사치'·'헛된 장식'이며, 다른 이름은 계관·계두·단기맨드래미·맨드래미이고, 생약명은 계관화鷄冠花이다.
- 비름과 맨드라미속 한해살이풀이다. 꽃은 7~10월에 피며 흰색·홍색·황색 등이다.
- 산지는 아시아이고, 우리나라는 전국에서 재배한다.
- 이규보의 『동국이상국집』에는 「동산에 가득한 계관화鷄冠花가 성하게 피어 여름부터 늦가을까지 계속되므로 사랑하여 글을 짓고 이어 이백전 학사李百全學士를 맞아 함께 짓다」라는 시 제목이 있는데, 맨드라미는 고려시대부터 이미 재배하고 있었다.
- 이용부위는 꽃·잎·씨앗이며, 모두 약용하고, 꽃은 식용하거나 차로 활용한다.

약성

- 성질은 서늘하고, 맛은 달다.
- 열을 내리고 혈액을 맑게 하며, 진정·소염의 효과가 있다.
- 치루痔漏로 인한 하혈·임질·토혈·객혈·자궁출혈 등 에 지혈작용을 한다.
- 눈 백태·눈 충혈·시력감퇴를 다스린다.
- 적백대하赤白帶下·트리코모나스 질염을 치료한다.

성분

- **계관화**

  베타시아닌betacyanin

  캠페리트린Kaempferitrin 등

- **계관자**

  지방유fatty oil 등

맨드라미꽃차 제다법

① 맨드라미꽃은 7~10월 종자가 성숙할 시기에 채취한다.
② 씨방을 잘라내고 꼬불꼬불한 맨드라미꽃을 1.5~2cm 넓이로 자른다.
③ 고온에서 덖음과 식힘을 반복하여 꽃을 익힌다.
④ 고온에서 덖음과 식힘을 반복한다.
⑤ 고온에서 구수한 향이 나도록 가향을 하여 완성한다.

맨드라미꽃차 블렌딩

- 맨드라미꽃차, 홍차, 레몬을 블렌딩한다.
- 홍차는 혈중 콜레스테롤 수치를 낮춰 동맥경화·뇌졸중·암 발생 예방에 매우 좋다. 또 장내의 유해균을 죽이고, 코로나 바이러스 예방에도 효과가 있다는 연구가 발표되고 있다. 레몬은 비타민C가 많아 감기를 예방하고 피로회복에 도움이 된다.
- 맨드라미꽃차 블렌딩은 열을 내리게 하고, 염증성 질환을 다스리며, 지혈작용을 한다. 또 여성들의 자궁 염증에도 효과가 있다.
- 블렌딩한 차의 우림한 탕색은 홍색이고, 향기는 구수한 꽃차향과 상큼한 홍차향이 나며, 맛은 구수하고 약간 떫은맛이 난다.

맨드라미꽃차 음용법

- 맨드라미꽃차 2g

100℃ 250ml 2분

- 맨드라미꽃차 1g
  홍차 1g
  레몬차 0.5g

100℃ 300ml 2분

맨드라미꽃의 활용

- 떡에 데코·부각·식용 색소·청을 담그는데 이용한다.

맨드라미꽃차의 마음·기작용

- 맨드라미꽃은 간肝에 좋은 소양인의 꽃차이다.
- 맛이 단 맨드라미는 소양인에게 간의 기운을 도와서 너그럽고 느슨한 마음으로 시작한 일을 이루게 한다.
- 맨드라미는 몸의 열을 내리고 혈액을 맑게 하고, 치루痔漏로 인한 하열·소변에 피가 섞여 나오는 임질·토혈·객혈·자궁 출혈 등에 지혈 작용을 하는데, 이는 수곡량기의 혈해血海와 관계된다. 수곡량기는 소장小腸에서 유油가 생성되어 배꼽의 유해油海로 들어가고, 유해의 맑은 기운은 코로 나아가서 혈血이 되고, 코의 혈이 허리로 들어가 혈해가 된다. 혈해의 맑은 즙을 간肝이 빨아 들여서 간의 원기를 보익하기 때문에 맨드라미는 혈해를 충만하게 하는 것이다.(아래 그림 참조)
- 맨드라미 씨앗 청상자은 눈의 피로와 충혈·출혈을 없애주고, 눈 백태·시력감퇴·야맹증을 개선시켜 주는 효과가 있는데, 이는 수곡열기의 고해膏海와 관계된다. 수곡열기는 위胃에서 고膏가 생성되어 양 젖가슴의 고해로 들어가고, 고해의 맑은 기운은 눈으로 나가서 기氣가 된다. 청상자는 고해에서 기氣가 눈으로 잘 들어가게 하여 눈의 기능을 돕는 것이다.

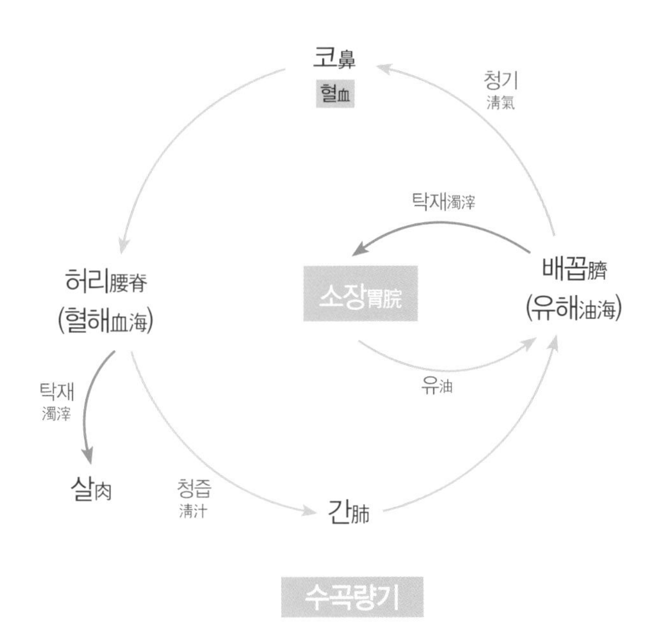

- 또 소양인은 비대신소脾大腎小의 장국으로 신당腎黨의 수곡한기가 적은데, 맨드라미는 기본적으로 수곡한기의 기 흐름을 잘 흐르게 한다.

메리골드 만수국萬壽菊

Tagetes patula L.

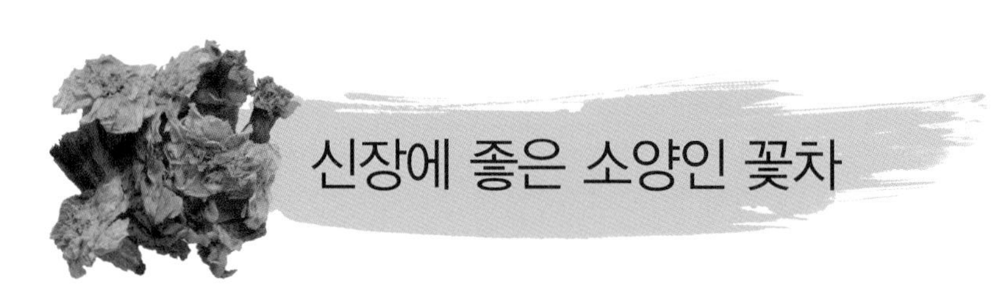

메리골드꽃의 약성과 성분

약성

- 성질은 차고, 맛은 달면서 쓰다.
- 간으로 기운이 몰리거나 왕성한 것을 조화롭게 회복시킨다.
- 루테인이 풍부하여 망막의 기능을 촉진시키고, 눈의 피로를 줄이며, 안구 세포를 보호한다.
- 열을 내리고, 풍을 제거하며, 담을 삭인다.
- 감기·해수·백일해·급성 유선염·유행성 이하선염을 치료한다.

성분

타게티인tagetiin
남색형광물질藍色螢光物質 알파트리티에닐a−trithienyl
테르펜류terpen類
색소 헬레니엔helenien
베타카로틴β−carotene
플라보크산틴flavoxanthin 등

기본 정보

- 학명은 *Tagetes patula* L.이다.
- 꽃말은 '반드시 오고야 말 행복'이다. 다른 이름은 천일화 · 천수국 · 만수국이다. 꽃의 향기가 강해 뱀이나 곤충들이 다가오지 않아서 뱀꽃이라고 부르는 곳도 있다.
- 국화과의 한해살이풀이며, 줄기는 15~90cm까지 다양하게 자란다. 꽃은 초여름부터 서리 내리기 전까지 피는데, 노란색 · 오렌지색 · 붉은색의 다양한 색깔의 꽃을 피워 만수국 · 천수국이라는 별칭이 생겼다.
- 원산지는 멕시코이며, 아프리카를 거쳐 유럽에 퍼졌고, 우리나라에도 유입되었다.
- 이용부위는 꽃이며, 약용 또는 차로 사용한다.

메리골드꽃차 제다법	① 갓 피어난 꽃을 채취하여 씻어서 물기를 제거한다. ② 중온에서 굴려 가면서 골고루 익힌다. ③ 덖음과 식힘을 반복한다. ④ 고온에서 맛을 내고 가향 덖음을 한다. ⑤ 수분 5~6% 건조하여 완성한다.
메리골드꽃차 블렌딩	• 메리골드꽃차와 박하차를 블렌딩한다. • 박하차는 열을 내리고 소화를 촉진시키며, 피로회복에 도움이 되고, 신경을 안정시킨다. • 메리골드꽃차 블렌딩은 열을 내려 속을 시원하게 하고, 습진과 피부염증에 효능 이 있다. 또 눈 건강에도 도움이 되고, 소화가 잘되어 식욕을 도우며, 마음을 편안하게 한다. • 블렌딩한 차의 탕색은 진한 황색이며, 향은 국화와 박하향이 나고, 맛은 시원하다.
메리골드꽃차 음용법	• 메리골드꽃차 3송이 100℃ 250ml 2분 • 메리골드꽃차 3송이 박하잎차 2~3잎 100℃ 250ml 2분
메리골드꽃의 활용	• 청·식초·꽃 비빔밥 등에 넣어 이용된다. • 염료·아토피 비누로 이용한다.

메리골드꽃차의 마음·기작용

- 메리골드는 신장腎臟에 좋은 소양인의 꽃차이다.
- 맛이 달고 쓴 메리골드는 밖으로 나가서 활동하기를 좋아하는 소양인 신장腎臟의 기운을 도와서 온화한 마음으로 시작한 일을 이루게 한다.
- 메리골드는 루테인이 풍부해 눈의 피로를 줄이고, 안구세포의 보호하는데, 이는 수곡열기의 고해膏海와 관계된다. 수곡열기는 위胃에서 고膏가 생성되어 양 젖가슴의 고해로 들어가고, 고해의 맑은 기운은 눈으로 나가서 기氣가 된다. 메리골드는 고해를 충만하게 하여 고의 맑은 기운이 눈으로 잘 나가게 하는 것이다.(아래 그림 참조)
- 메리골드는 몸의 열을 식혀 청열·거풍·화담의 효능이 있는데, 이것도 수곡열기의 고해膏海와 관계된다. 수곡열기에서 고해의 탁재濁滓가 위를 보익하기 때문에 차가운 메리골드는 고해를 충만하게 하여 소양인의 위열胃熱을 잡는 것이다.(아래 그림 참조)

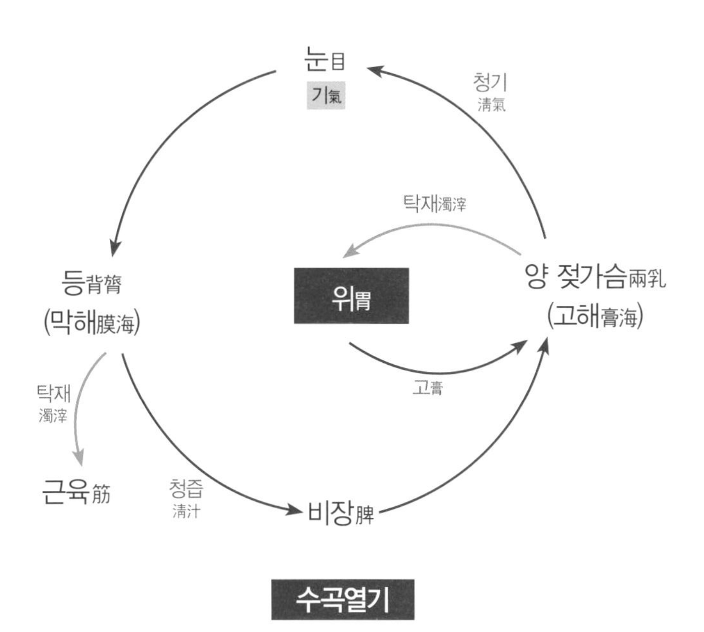

- 메리골드는 감기·해수·백일해·급성 유선염·유행성 이하선염에 효과가 있는데, 이는 수곡온기의 니해膩海와 관계된다. 수곡온기에서 니해의 탁재濁滓는 피부를 보익하기 때문에 메리골드는 니해를 충만하게 하는 것이다.
- 또 소양인은 비대신소脾大腎小의 장국으로 신당腎黨의 수곡한기가 적은데, 메리골드는수곡한기의 기 흐름을 잘 흐르게 한다.

모란牡丹

Paeonia suffruticosa Andrews.

신장에 좋은 소양인 꽃차

모란의 약성과 성분

기본 정보

- 학명은 *Paeonia suffruticosa* Andrews.이다.
- 꽃말은 '부귀' · '영화榮華' · '왕자의 품격' · '행복한 결혼'이며, 다른 이름은 목단 · 부귀 · 화중왕花中王이고, 생약명은 목단피牧丹皮이다.
- 작약과 작약속으로 낙엽활엽관목이다. 꽃은 4~5월에 피며, 자주색이 보통이나 개량종에는 짙은 빨강 · 분홍 · 노랑 · 흰색 · 보라 등 다양하고 홑겹 외에 겹꽃도 있다.
- 중국이 원산지이며, 우리나라에는 전국 각처에서 재배한다.
- 고려 고종 때 「한림별곡」에는 한림제유가 지은 경기체가 중 화훼의 기록이 있는데, 여러 가지 꽃 이름을 나열하면서 모란을 가장 먼저 내세우고 있다. 이것은 그 시대 사람들이 모란을 가장 사랑했다는 의미이다.
- 이용부위는 나무껍질과 꽃이며, 약용하고, 꽃은 차로 사용한다.

약성

- 뿌리는 성질이 서늘하고, 맛은 맵고 쓰다.
- 꽃은 성질이 평하고, 맛은 쓰고 담백하며, 독이 없다.
- 뿌리껍질은 열을 내리고, 피를 맑게 하여, 혈액순환을 돕는다.
- 지혈작용 · 소염작용 · 진정작용 · 진통 · 타박상 · 종기 등을 치료한다.
- 꽃은 혈액순환을 촉진시켜 생리불순과 생리통을 다스린다.
- 뒤섞인 신기腎氣를 가지런하게 짝 맞추고 고르게 조절한다.

성분

- **꽃잎**

  아스트라갈린astragalin 등

- **뿌리**

  파에오놀paeonol
  파에오노시드paeonoside
  파에오놀라이드paeonolide
  파에오니플로린paeoniflorin
  정유
  피토스테롤phytosterol 등

모란꽃차 제다법

① 모란꽃은 4월~5월에 채취한다.
② 꽃 다듬기는 받침을 2개정도 떼어내고 큰 꽃은 수술을 제거한다.
③ 저온에서 꽃받침이 아래로 가도록 올려놓는다.
④ 중온에서 꽃을 그대로 두고 덖음과 식힘을 반복하며, 꽃이 90%이상 건조되면 꽃을 한번 뒤집어 준다.
⑤ 고온에서 맛내기와 가향을 하여 완성한다.

모란꽃차 블렌딩

- 모란꽃차와 금은화꽃차를 블렌딩한다.
- 금은화꽃차는 열을 내리게 하고, 악성 종기·대장염·인두염·결막염 등 염증을 다스린다.
- 모란꽃차 블렌딩은 열이 많은 사람들의 열을 식혀주고, 피를 맑게 하며, 독성을 없애준다. 인후염 등의 염증을 낫게 하고, 혈액순환을 좋게 한다.
- 블렌딩한 차의 우림한 탕색은 맑은 미색이고, 향기는 한약재 향이 나며, 맛은 약간 쓰다.

모란꽃차 음용법

- 모란꽃차 1송이

100℃ 250ml 2분

- 모란꽃차 1송이
  금은화꽃차 0.5g

100℃ 250ml 2분

- 임산부와 월경과다인 경우에는 음용을 신중히 해야 한다.

모란꽃의 활용

- 염료 식물로 이용할 수 있다.

모란꽃차의 마음·기작용

- 모란꽃은 신장腎臟에 좋은 소양인의 꽃차이다.
- 맛이 쓰고 담백한 모란은 밖으로 나가서 활동하기를 좋아하는 소양인이 자신의 안을 살피게 하고, 두려운 마음을 고요하게 한다.
- 모란꽃은 혈액순환을 촉진하고 뭉친 피를 풀어주며, 지혈작용을 돕는데, 이는 수곡량기의 혈해血海와 관계된다. 수곡량기는 소장小腸에서 유油가 생성되어 배꼽의 유해油海로 들어가고, 유해의 맑은 기운은 코로 나아가서 혈血이 되고, 코의 혈이 허리로 들어가 혈해血海가 된다. 혈해의 맑은 즙을 간肝이 빨아 들여서 간의 원기를 보익하기 때문에 모란꽃은 혈해를 충만하게 하는 것이다.(아래 그림 참조)
- 모란의 뿌리牧丹皮는 뒤섞인 신기腎氣를 가지런하게 짝 맞추고 고르게 조절하는데, 이는 수곡한기의 정해精海와 관계된다. 수곡한기에서 신장은 방광에 있는 정해의 맑은 즙을 빨아 들여서 신장의 원기를 보익하기 때문에 목단피는 정해를 충만하게 하는 것이다.
- 또 소양인은 비대신소脾大腎小의 장국으로 수곡한기가 작은 사람이다. 모란꽃은 기본적으로 수곡한기의 기흐름을 잘 흐르게 한다.

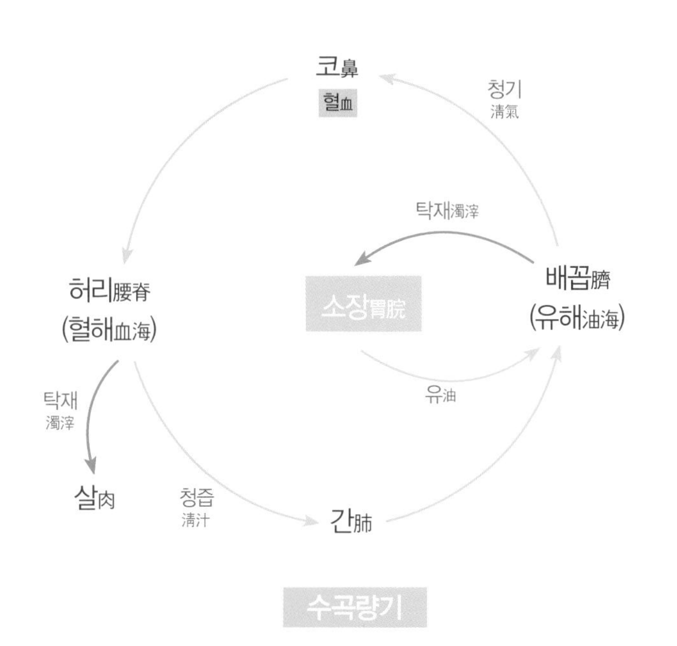

모싯잎저마엽苧麻葉

Boehmeria nivea L. Gaudich.

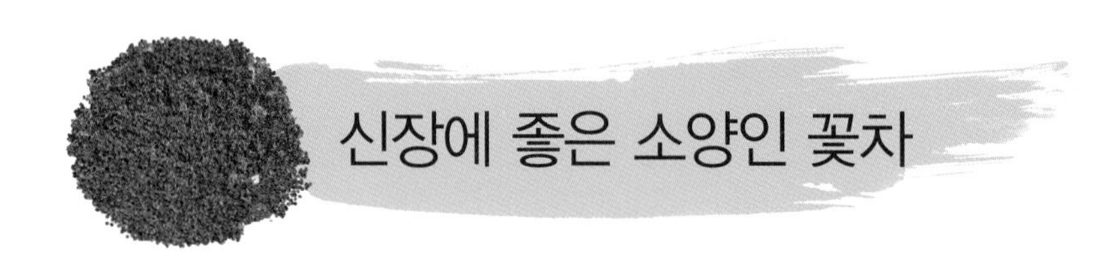

모시풀의 약성과 성분

- 성질은 차고, 맛은 달다.
- 열을 내리고, 어혈을 제거하며 부기를 가라앉힌다.
- 가래·기관지염·인후염·해수·폐결핵에 도움이 된다.
- 청열·해독작용으로 소종·옹종·창독 등을 낫게 한다.
- 칼슘과 비타민K가 풍부하여 관절을 튼튼하게 한다.

기본 정보

- 학명은 *Boehmeria nivea* L. Gaudich.이다.
- 꽃말은 '근엄함'이며, 다른 이름은 남모시 · 저마苧麻이고, 생약명은 저마근苧麻根이다.
- 쐐기풀과 모시풀속에 속한 여러해살이풀로 키가 1~2m 자란다. 유사종으로는 왜모시풀 · 개모시풀 · 거북꼬리가 있다.
- 원산지는 동남아시아이며, 주로 열대지방과 온대 북부 지방에 분포되어 있다. 우리나라에 모시풀이 들어온 것은 삼국시대인 백제 25년에 중국의 남조를 통하여 들어왔고, 섬유자원으로써 고려시대부터 재배하기 시작하였다.
- 이용부위는 뿌리 · 줄기껍질 · 잎 · 꽃으로 모두 약용하고, 잎은 차로 활용한다.

성분

- **잎**

  플라보노이드flavonoid
  루틴rutin
  글루타민산glutamine acid
  베타카로틴β-carotene
  칼슘calcium
  비타민K 등

- **뿌리**

  페놀류phenol類
  트리터페노이드triterpenoid
  클로로겐산chlo rogenacid 등

- **전초와 종자**

  히드로시안산hydrocyanicacid 등

모싯잎차 제다법

① 모싯잎은 처음 올라오는 5월에 채취한 잎이 더욱 좋다.
② 모싯잎은 깨끗이 씻어서 물기를 제거하고 1cm 크기로 자른다.
③ 중온에서 익힌 후 꺼내 식혀서 유념을 한다.
④ 고온에서 덖음과 식힘을 반복한다.
⑤ 고온에서 가향을 해서 완성한다.

모싯잎차 블렌딩

- 모싯잎차에 조릿대차를 블렌딩한다.
- 조릿대차는 열증을 제거하고 혈액순환을 좋게 하며, 진액을 생성시켜주는 효능이 있다.
- 모싯잎차 블렌딩은 열을 내리게 하여 속을 시원하게 하고, 혈액순환을 도우며, 몸에 진액이 생성되어 뼈를 튼튼하게 한다.
- 블렌딩한 차의 우림한 탕색은 초록색이고, 향기는 은은한 풀 향이 나며, 맛은 달다.

모싯잎차 음용법

- 모싯잎차 2g

100℃ 250ml 2분

- 모싯잎차 1.5g
  조릿대차 0.5g

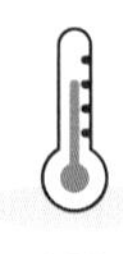

100℃ 250ml 2분

모싯잎의 활용

- 나물·장아찌·김치류·떡류 등 다양하게 이용한다.

모싯잎차의 마음·기작용

- 모싯잎은 신장腎臟에 좋은 소양인의 차이다.
- 맛이 단 모싯잎은 열이 많은 소양인의 열을 식혀 주고 신장腎臟의 기운을 도와서 소변이 잘 나가게 하여 온화한 마음으로 시작한 일을 이루게 한다.
- 모시풀은 청열·지혈·해독작용과 어혈을 풀어주고, 부기를 가라앉히는데, 이는 수곡량기의 혈해血海와 관계된다. 수곡량기는 소장小腸에서 유油가 생성되어 배꼽의 유해油海로 들어가고, 유해의 맑은 기운은 코로 나아가서 혈血이 되고, 코의 혈이 허리로 들어가 혈해가 된다. 혈해의 맑은 즙을 간肝이 빨아 들여서 간의 원기를 보익하기 때문에 모시풀은 혈해를 충만하게 하는 것이다.(아래 그림 참조)
- 모싯잎에는 관절을 튼튼하게 해주어 골다공증 및 류마티스 예방을 돕는데, 이는 수곡한기의 정해精海와 관계된다. 수곡한기에서 입에 있는 정精이 방광에 들어가 정해精海가 되고, 정해의 맑은 즙은 신장에 들어가고, 탁재는 뼈를 보익한다. 모싯잎은 방광에서 생성된 정해를 충만하게 하여, 뼈의 생성을 돕는 것이다.
- 모시의 줄기껍질은 신장의 기능을 도와서 소변이 잘 통하도록 도와주는데, 이것도 수곡한기의 정해精海와 관계된다. 수곡한기에서 정해의 맑은 즙이 신장의 원기를 보익하기 때문에 모시는 신장의 기능을 도와 소변을 원활하게 하는 것이다.

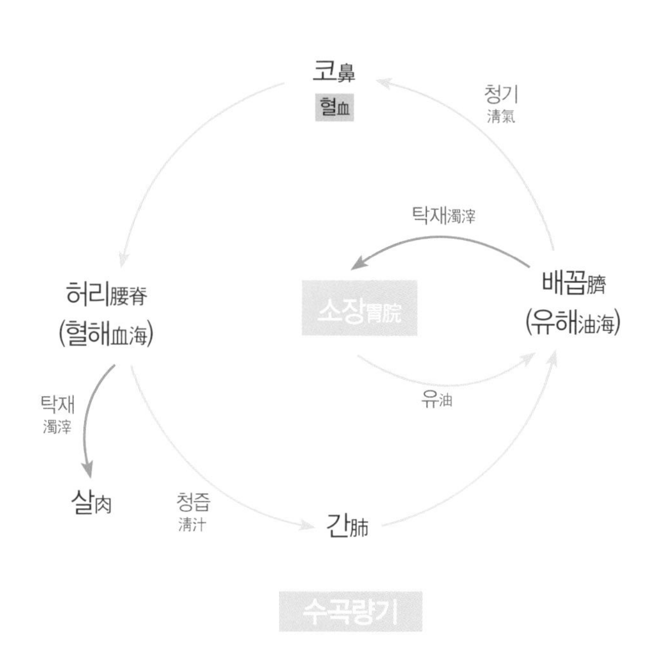

박태기꽃

Cercis chinensis Bunge.

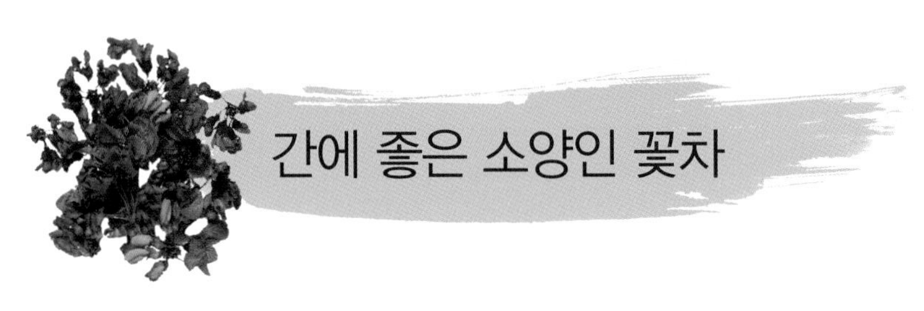

박태기나무의 약성과 성분

기본 정보

- 학명은 *Cercis chinensis* Bunge.이다.
- 꽃말은 '배신'·'자각'·'풍요로운 생애'·'의혹' 등이며, 다른 이름은 자형紫荊·화소방花蘇芳·구슬꽃나무·밥티나무·소방목이며, 생약명은 자형피紫荊皮이다. 박태기나무는 나무줄기에 꽃이 핀 모습이 밥알이 붙은 것처럼 보인다고 해서 밥풀대기나무, 즉 박태기나무로 불리게 되었다.
- 콩과 박태기나무속에 속한 낙엽활엽관목이다. 꽃은 4월 하순에 잎보다 먼저 피고, 홍자색이다.
- 원산지는 중국이고, 한국·일본에 분포하고 있다.
- 『연암집』에는 "뜰 중간에 구기자, 해당화, 팥배나무, 박태기나무를 섞어서 심으니"라고 하여, 조선시대에 약초나무로 심어 가꾸었다.
- 이용부위는 뿌리껍질·나무껍질·나무·꽃·씨앗으로 약용하고, 꽃은 차로 활용한다.

약성

- 성질은 평하고, 맛은 쓰며, 꽃에는 독성이 있다.
- 나무껍질은 혈액순환 촉진·생리불순·생리통·신경통·타박상에 효능이 있다.
- 뿌리껍질은 혈액순환 촉진·어혈제거·종기·해독·대하증에 효과가 있다.
- 열매는 기침과 임부姙婦의 가슴 통증을 다스린다.
- 꽃은 열熱과 풍風을 제거하고, 피를 맑게 하며, 해독작용을 한다.
- 꽃은 류머티즘에 의한 근골통을 낫게 한다.

성분

- **껍질**

  탄닌tannin 등

- **종자**

  리신lysin

  아스파라긴산asparagin acid 등

박태기꽃차 제다법

① 박태기꽃은 4월에 채취한다.
② 꽃을 하나씩 떼어낸다.
③ 저온에서 겹치지 않게 펼쳐 놓는다.
④ 중온에서 덖음과 식힘을 반복한다.
⑤ 고온에서 가향을 해서 완성한다.

박태기꽃차 블렌딩

- 박태기꽃차에 애플민트를 블렌딩한다.
- 애플민트는 멘톨성분으로 인해 마음이 차분하게 안정되고 소화기능이 개선되며, 살균작용으로 염증을 완화시킨다.
- 박태기꽃차 블렌딩은 열을 내려주고 혈액순환을 좋게 하며, 독성을 제거하고 뼈와 관절을 튼튼하게 한다.
- 블렌딩한 차의 우림한 탕색은 미색이고, 향기는 마늘향과 사과향이 나며, 맛은 단맛·신맛·사과 맛이 난다.

박태기꽃차 음용법

- 박태기꽃차 2g

100℃ 250ml 2분

- 박태기꽃차 1.5g
  애플민트차 0.5g

100℃ 250ml 2분

박태기꽃의 활용

- 음식에 장식용으로 이용한다.

박태기꽃차의 마음·기작용

- 박태기는 간肝에 좋은 소양인의 꽃차이다.
- 맛이 쓴 박태기는 밖으로 나가서 활동하기를 좋아하는 소양인 간의 기운을 도와서 너그럽고 느슨한 마음으로 시작한 일을 이루게 한다.
- 박태기는 피를 맑게 하고, 혈액순환 촉진·어혈 제거·월경불순·타박상에 효능이 있는데, 이는 수곡량기의 혈해血海와 관계된다. 수곡량기는 소장小腸에서 유油가 생성되어 배꼽의 유해油海로 들어가고, 유해의 맑은 기운은 코로 나아가서 혈血이 되고, 코의 혈이 허리로 들어가 혈해가 된다. 혈해의 맑은 즙을 간肝이 빨아 들여서 간의 원기를 보익하기 때문에 박태기는 혈해를 충만하게 하는 것이다.(아래 그림 참조)
- 박태기는 소장을 통하게 하고, 풍을 제거하고 해독작용을 하는데, 이는 수곡량기의 유해油海와 관계된다. 수곡량기에서 유해의 탁재濁滓는 소장을 보익하기 때문에 박태기는 배꼽의 유해를 충만하여 소장을 돕는 것이다.(옆 그림 참조)
- 또 소양인은 비대신소脾大腎小의 장국으로, 수곡한기가 작은 사람이다. 박태기는 기본적으로 신당腎黨의 수곡한기 기 흐름을 잘 흐르게 한다.

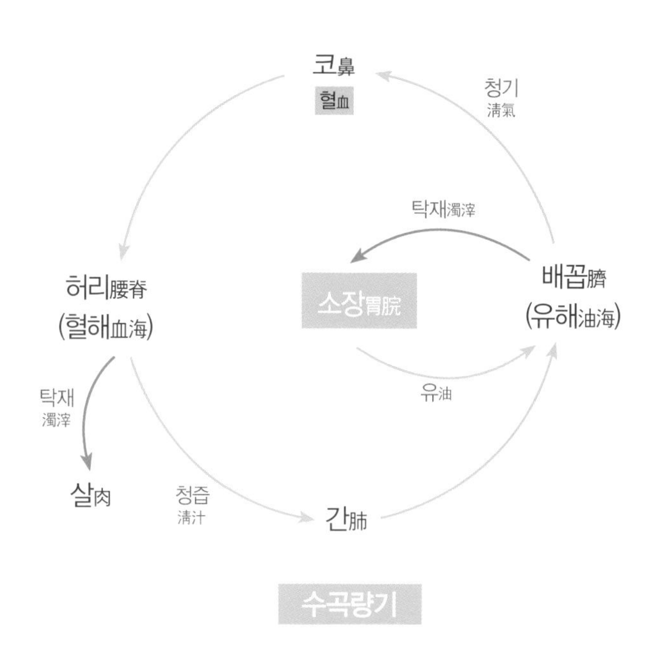

박하博荷

Mentha piperascens Malinv. Holmes.

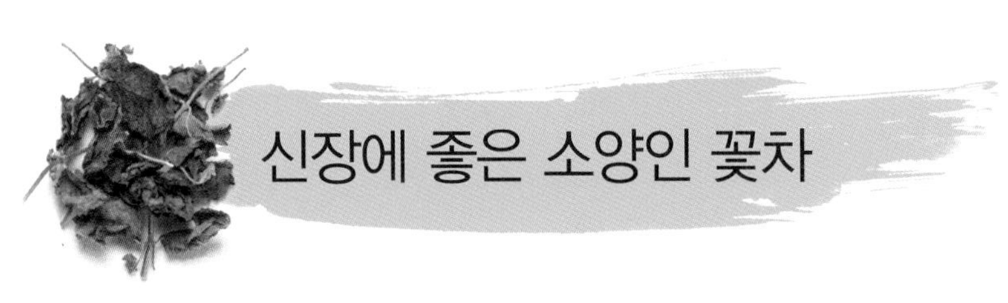

박하의 약성과 성분

약성

- 성질은 서늘하고, 맛은 맵다.
- 매운맛과 서늘한 성질은 풍열을 없애고, 담痰을 치료한다.
- 머리와 눈을 맑게 한다.
- 풍열 감기·두통·인후통·입안의 염증에 효능이 있다.
- 풍진風疹·마진痲疹 등 바이러스에 의한 급성 발진성 피부염 등을 다스린다.

성분

정유精油 1.0%~1.5% 중 멘톨menthol이 62.3%~87.2%함유

멘톤menthone

캄펜camphene

리모넨limonene

이소멘톤isomenthone

풀레곤pulegone

피넨pinine

피페리톤piperetone 등

기본 정보

- 학명은 *Mentha piperascens* Malinv. Holmes.이다.
- 꽃말은 '순진한 마음'·'미덕'·'정숙'·'덕'이며, 다른 이름은 구박하·번하채·인단초·코리아민트 등이다.
- 꿀풀과 박하속에 속한 여러해살이풀이다. 키는 50cm이고 꽃은 7~9월에 피며, 연한 자주색이다.
- 산지는 한국·중국·일본·러시아 등 동아시아에 분포하고 있다.
- 조선시대 『향약채취월령』에 '박하, 향명 영싱영생이'라는 기록이 있어 오래전부터 박하는 약초로 활용되었다.
- 이용부위는 전초全草 및 잎이며, 약용하거나 차로 활용한다.

박하잎차 제다법

① 박하잎은 7~10월에 채취한다.
② 박하잎을 깨끗히 씻어서 시들리기 한다.
③ 시들은 박하잎을 유념한다.
④ 중온에서 덖음과 식힘을 반복하여 덖는다.
⑤ 고온에서 맛내기 가향을 하여 완성한다.

박하잎차 블렌딩

- 박하잎차와 당아욱꽃차를 블렌딩한다.
- 당아욱꽃차는 기관지염 등 염증에 효능이 좋고 대소변을 잘 통하게 한다.
- 박하잎차 블렌딩은 속을 시원하게 식혀주고 각종 염증을 가라앉히며, 대·소변을 이롭게 한다.
- 블렌딩한 차의 우림한 탕색은 파란색이고, 향기는 박하의 화한 향이 나며, 맛은 시원한 박하 맛이 난다.

박하잎차 음용법

- 박하잎차 1g

- 박하잎차 0.5g
  당아욱꽃차 0.5g

- 위장이 허약하거나 찬 사람은 진하게 우려 마시지 않아야 한다.

박하잎의 활용

- 박하시럽·청을 만들어 이용한다.

박하잎차의 마음·기작용

- 박하는 신장腎臟에 좋은 소양인의 꽃차이다.
- 맛이 매운 박하는 밖으로 나가서 활동하기를 좋아하는 소양인에게 정신적 안정을 주고 두뇌 회전을 도와 집중력을 키워 내면을 살피게 한다.
- 박하의 주성분인 멘톨은 무엇보다 머리와 눈을 맑게 하는 데 도움이 되는데, 이는 수곡열기의 고해膏海와 관계된다. 수곡열기는 위胃에서 고膏가 생성되어 양 젖가슴의 고해로 들어가고, 고해의 맑은 기운은 눈으로 나가서 기氣가 되고, 눈의 기가 등으로 들어가 막해膜海가 된다. 성질이 차가운 박하는 고해를 충만하게 하여 눈을 맑게 하는 것을 돕는다.(아래 그림 참조)
- 박하는 해열과 진정효과가 있어 코 염증으로 인한 붓기 완화에 도움을 준다. 이는 수곡량기의 유해油海와 관계된다. 수곡량기는 소장小腸에서 유油가 생성되어 배꼽의 유해로 들어가고, 유해의 맑은 기운은 코로 나아가서 혈血이 된다. 박하는 유해의 맑은 기운이 코로 잘 나가게 하여 코의 질병을 치료하는 것이다.

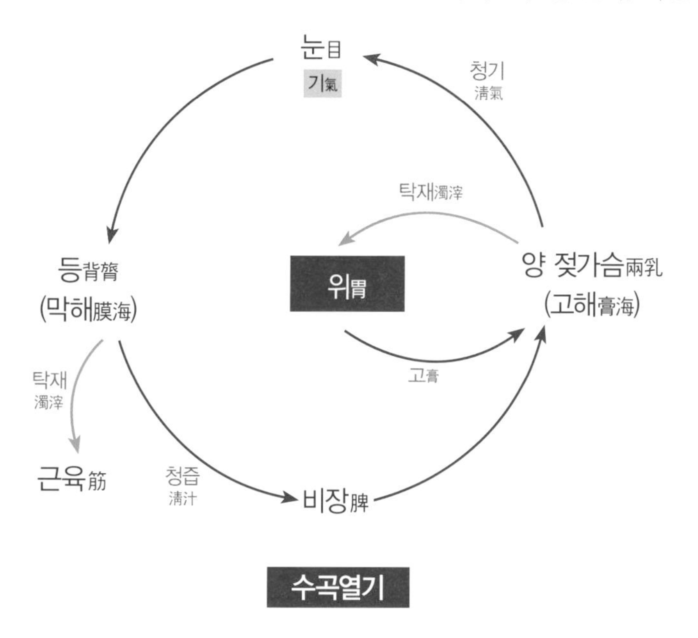

- 소양인은 비대신소脾大腎小의 장국으로 신당腎黨의 수곡한기가 적은데, 박하는 기본적으로 수곡한기의 기 흐름을 잘 흐르게 한다.

블루베리blueberry

Vaccinium spp.

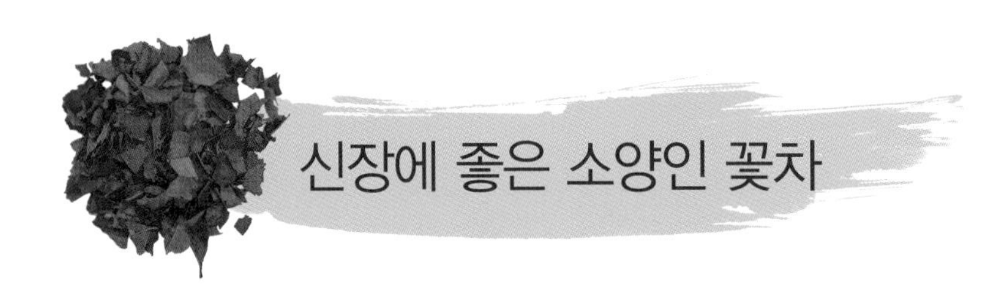

블루베리의 약성과 성분

기본 정보

- 학명은 *Vaccinium* spp.이다.
- 꽃말은 '친절'·'현명'·'지성'·'호의'이다.
- 진달래과에 속한 산앵도나무속 낙엽 활엽 관목이다. 꽃은 4월에 종 모양으로 피고, 열매는 8~9월에 익는다.
- 원산지는 북아메리카이다. 우리나라에는 1965년에 유입되어 2010년부터 전북을 시작으로 전국에서 재배를 하고 있다.
- 블루베리는 월귤나무의 일종으로 북아메리카의 인디언들이 야생 블루베리를 식용·약용으로 이용하였다. 1900년대 초반 미국 농무성에서 재배를 계획하여 북미에서 자생하는 야생종을 우량품종으로 개량하여 육성하기 시작하였다.
- 이용부위는 과실과 잎이며, 과실은 식용하고, 잎은 차로 사용한다.

약성

- 성질은 차며, 맛은 달고 시다.
- 백내장·안구건조·눈의 피로회복 등 눈 건강을 돕는다.
- 활성산소 제거·손상된 세포 생성으로 노화 방지와 피부를 탄력 있게 만든다.
- 혈액순환 개선으로 동맥경화 예방에 좋다.
- 염증과 암을 예방한다.

성분

안토시아닌anthocyanin
폴리페놀polyphenol
퀘르세틴quercetin
루테인lutein
펙틴pectin
칼슘calcium
당분
식이섬유
철
망간 등

블루베리잎차 제다법

① 블루베리의 잎은 가을 단풍이 들어가는 10~11월 초에 채취한다.
② 채취한 잎을 깨끗이 씻은 후 물기를 제거하고 1cm 크기로 자른다.
③ 고온에서 증제 후 식힌다.
④ 중온에서 덖음과 식힘을 반복한다.
⑤ 고온에서 가향을 해서 완성한다.

블루베리잎차 블렌딩

- 블루베리잎차에 박하를 블렌딩한다.
- 박하는 풍열을 흩으려주고 머리와 눈을 맑게 하며, 눈이 충혈 되거나 목구멍 통증이 있을 때 효능이 좋다.
- 블루베리잎차 블렌딩은 눈 건강을 돕고, 콜레스테롤을 억제시켜 심혈관계 질환을 다스리며, 속의 열을 흩어서 시원하게 해준다.
- 블렌딩한 차의 우림한 탕색은 등홍색이고, 향기는 구수하고 상쾌한 향이 강하고, 맛은 시원한 맛과 떫은맛이 약간 있다.

블루베리잎차 음용법

- 블루베리잎차 2g

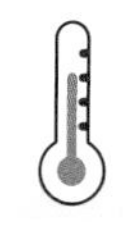  

100℃ 250ml 2분

- 블루베리잎차 1.5g
  박하잎차 2~3잎

100℃ 250ml 2분

블루베리의 활용

- 청·식초·잼 등으로 이용한다.

블루베리잎차의 마음·기작용

- 블루베리는 신장腎臟에 좋은 소양인의 꽃차이다.
- 맛이 달고 신 블루베리는 밖으로 나가서 활동하기를 좋아하는 소양인이 자신의 안을 살피게 하고, 두려운 마음을 고요하게 한다.
- 블루베리는 위胃의 열을 내리고 신장腎臟의 기운을 도와서 온화한 마음으로 시작한 일을 이루게 한다.
- 블루베리의 대표적 성분인 루테인은 백내장· 안구건조·눈의 피로회복 등 눈 건강을 좋게 하는데, 이는 수곡열기의 고해膏海와 관계된다. 수곡열기는 위胃에서 고膏가 생성되어 양 젖가슴으로 들어가 고해가 되고, 고해의 맑은 기운이 눈으로 나아간다. 즉, 블루베리는 고해를 충만하게 하여, 고해의 맑은 기운이 눈으로 잘 흐르게 한다.(아래 그림 참조)
- 블루베리는 활성산소 제거·손상된 세포 생성 촉진으로 노화 방지와 피부를 탄력있게 하는데, 이는 수곡온기의 니해膩海와 관계된다. 수곡온기에서 니해의 탁재濁滓는 피부를 보익하기 때문에 블루베리는 니해를 충만하게 하여 피부를 돕는 것이다.
- 또 소양인은 비대신소脾大腎小의 장국으로, 수곡한기가 작은 사람이다. 검은색 블루베리는 신당腎黨의 수곡한기기 흐름을 잘 흐르게 한다.

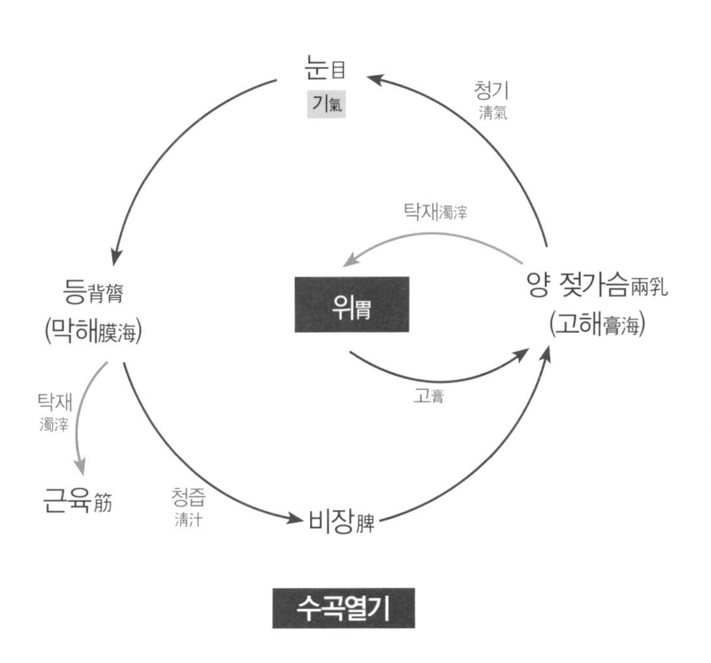

산수유山茱萸

Cornus officinalis Siebold & Zucc.

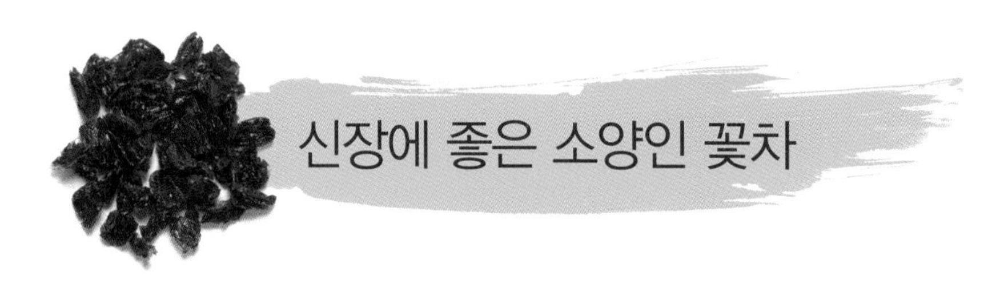

신장에 좋은 소양인 꽃차

산수유의 약성과 성분

기본 정보

- 학명은 *Cornus officinalis* Siebold & Zucc.이다.
- 꽃말은 '지속'·'불변'·'영원'·'불변의 사랑'이며, 다른 이름은 촉조蜀棗·육조肉棗, 산수육山水肉·기실鬾實 등이고, 생약명은 산수유山茱萸이다.
- 층층나무과 층층나무속 낙엽 활엽 소교목이다. 꽃은 암수 한꽃으로 3~4월 잎보다 먼저 피고 노란색이며, 열매는 장과로 긴 타원형이며, 종자는 타원형으로 8월에 성숙한다.
- 원산지는 한국·중국·일본 등이고, 우리나라 전 지역에서도 잘 자란다. 구례는 조선시대에 산수유를 처음 심어 주산지가 되었다.
- 『삼국유사』에 도림사道林寺 대나무 숲에서 바람이 불면 '임금님 귀는 당나귀 귀와 같다'라는 소리가 들려 왕이 대나무를 베어버리고, 산수유나무를 대신 심었다는 기록이 있다.
- 이용부위는 과육이며, 약용 또는 차로 사용한다.

약성

- 성질은 차고, 맛은 쓰고 매우며, 독이 없다.
- 열을 내리고 해독작용을 한다.
- 피부가 부어 오른 종창腫脹과 종독腫毒을 다스린다.
- 감기·두통·현기증을 치료하고 숙면을 유도한다.
- 간의 기운을 조화롭게 하고 충혈 된 눈을 밝게 한다.

성분

- **과육**

  코르닌cornin
  벨베나린사포닌verbenalin saponin
  탄닌tannin
  우르솔산ursolic acid
  몰식자산galic acid
  사과산malic acid
  주석산tartaric acid
  비타민 등

- **종자**

  팔미틴산palmitin acid
  올레산olein acid
  리놀산linolic acid 등

산수유차 제다법

① 산수유는 10~11월 과실이 빨갛게 성숙하였을 때 채취한다.
② 산수유 꼭지를 제거하고 깨끗이 씻는다.
③ 씨를 제거한 후 중온에서 수분을 건조한다.
④ 고온에서 덖음과 식힘을 반복한다.
⑤ 고온에서 타지 않게 가향을 하여 완성 한다.

산수유차 블렌딩

- 산수유와 숙지황·산약·구기자를 블렌딩한다.
- 숙지황은 양기가 부족하여 나타나는 요통·발기부전·몽정·조루증, 사타구니가 축축할 때, 산약은 소화기능을 돕고, 구기자는 자양강장에 좋은 효능이 있다.
- 산수유차 블렌딩은 간과 신장이 기가 부족하여 어지러움증과 이명증·허리와 무릎이 연약하고 시릴 때, 정액이 유실되거나, 소변을 자주 보는 병증에 도움이 된다.
- 블렌딩한 차의 우림한 탕색은 갈색이고, 향기는 한약향이 나며, 맛은 달고 쓰다.

산수유차 음용법

- 산수유차 2g

100℃ 250ml ?분

- 산수유차 3g
  숙지황차 2g
  산약차 1.5g
  구기자차 1.5g

100℃ 1000ml 10분

- 소변이 잘 나오지 않는 사람이나 부종이 있는 사람은 좋지가 않다. 또 씨는 인체에 유해한 렉틴성분이 함유되어 있으므로 씨를 반드시 제거하고 음용한다.

산수유의 활용

- 씨앗을 제거한 육질은 술·효소로 담가 사용한다.
- 생으로 먹거나 여름철에는 분말로 샐러드나 요플레 등에 타서 먹는다.

산수유차의 마음·기작용

- 산수유는 신장腎臟에 좋은 소양인의 차이다.
- 맛이 시고 떫은 산수유는 소양인의 신장腎臟의 기운을 도와서 온화한 마음으로 시작한 일을 이루게 한다.
- 산수유는 신장을 튼튼하게 하고 신기腎氣가 곧게 순행하도록 돕는데, 이는 수곡한기의 정해精海와 관계된다. 수곡한기는 대장에서 액液이 생성되어 생식기 앞의 액해液海로 들어가고, 액해의 맑은 기운이 입으로 나아가 정精이 되고, 정精이 방광으로 들어가 정해가 되며, 정해의 맑은 즙을 신장이 빨아들여서 신장의 원기를 보익한다. 산수유는 정해를 충만하게 하여 허약한 신장의 기를 보익함으로 유정·빈뇨·이뇨·현기증·이명증 등을 치료한다.(아래 그림 참조)
- 산수유는 간의 기능을 보익하며 허리와 무릎이 아픈 증상 완화에 도움을 주는데, 이는 수곡량기의 혈해血海와 관계된다. 수곡량기에서 코의 혈이 허리로 들어가 혈해가 되고, 혈해의 맑은 즙을 간肝이 빨아 들여서 간의 원기를 보익하기 때문에 산수유는 혈해를 충만하게 하고, 뼈에서 혈액세포를 만드는 골수 생성을 도와서 허리와 무릎의 통증을 완화하는 것이다.

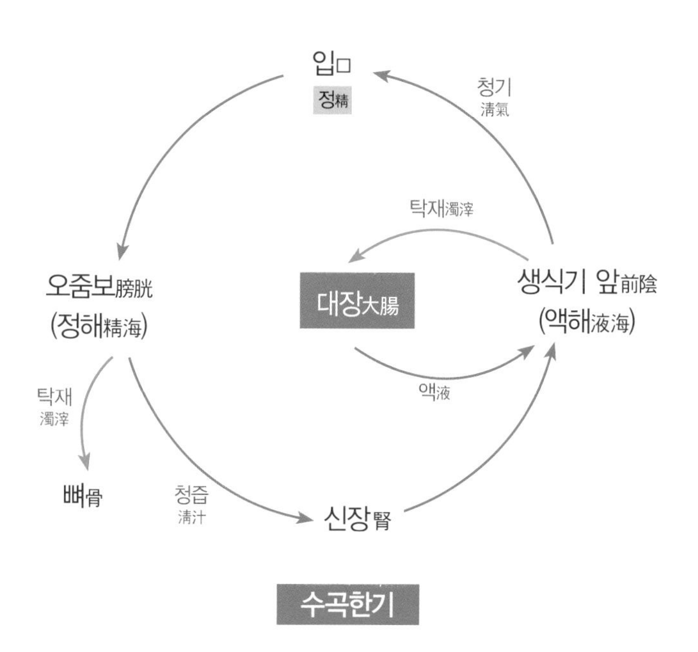

- 소양인은 비대신소脾大腎小의 장국으로 신당腎黨의 수곡한기가 적은데, 산수유는 기본적으로 수곡한기의 기 흐름을 잘 흐르게 한다.

여주

Momordica charantia L.

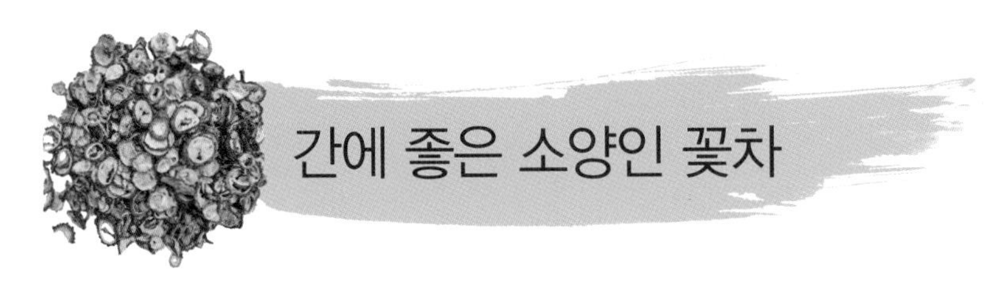

여주열매의 약성과 성분

기본 정보

- 학명은 *Momordica charantia* L.이다.
- 꽃말은 '열정'·'정열'·'강장'이며, 다른 이름은 고과·금여지·긴여주·나포도·만여지·여자·여지·유자이고, 생약명은 고과苦瓜이다.
- 박과 여주 속에 속한 덩굴성 한해살이풀이다. 꽃은 잎겨드랑이에 1송이씩 피며, 황색이고, 열매는 타원형이며 황적색이다.
- 원산지는 인도 등 열대 아시아이다. 우리나라에는 전국 각처에서 재배하고 있다.
- 이용부위는 뿌리·줄기·잎·꽃·과실·종자로 모두 약용하고, 과육은 차로 활용한다.

약성

- 성질은 차고, 맛은 쓰다.
- 카란틴 성분이 인슐린 분비를 촉진하여, 당뇨병을 치료하는데 효능이 탁월하다.
- 모모르데시틴 성분은 콜레스테롤을 저하시키고 혈압을 낮춰준다.
- 공액리놀레산 성분이 함유되어 다이어트에 효과가 좋다.
- 청열·해독작용과 열병으로 인한 갈증을 다스리며, 눈을 밝게 한다.
- 신장 결석·이질·종기 등 염증에 효능이 좋다.

성분

인슐린insulin

칼륨Kalium

모모르데시틴Momordetine

카란틴karantin

5-히드록시트립타민5-hydroxytryptamine

트리테르페노이드triterpenoid

아미노산amino acid

비타민C

사포닌

철분 등

여주열매차 제다법

① 여주는 7월 하순부터 채취 한다
② 깨끗하게 씻어 1~1.5mm 정도의 두께로 자르며 씨를 제거한다.
③ 고온에서 뒤집어주며 골고루 잘 익힌다.
④ 고온에서 덖음과 식힘을 반복하여 덖는다.
⑤ 고온에서 구수한 맛이 나도록 가향을 해서 완성한다.

여주열매차 블렌딩

- 여주차와 구기차자를 블렌딩한다.
- 구기자는 자양강장제로 간과 신장을 자양하여 음기陰氣운을 보강하며, 뼈와 힘줄을 튼튼하게 한다.
- 여주차 블렌딩은 열을 내려주고, 당뇨병을 다스리며, 음기운을 좋게 하여 근골을 튼튼하게 하고 신장의 기능을 돕는다.
- 블렌딩한 차의 우림한 탕색은 연한 미색이고, 향기는 구수하고 쓴 향이 나며, 맛은 쓰고 달다.

여주열매차 음용법

- 여주차 2g

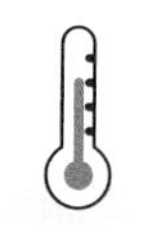

100℃ 250ml 2분

- 여주차 1.5g
  구기자차 0.5g

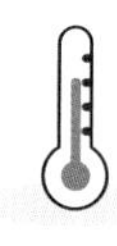

100℃ 250ml 2분

- 몸이 차가운 사람은 다량 음용시 설사 또는 복통을 일으킬 수 있으니 주의해서 음용한다.

여주열매의 활용

- 음식·효소를 만들어 이용한다.

여주열매차의 마음·기작용

- 여주는 간肝에 좋은 소양인의 꽃차이다.
- 맛이 단 여주는 밖으로 나가서 활동하기를 좋아하는 소양인 간의 기운을 도와서 너그럽고 느슨한 마음으로 시작한 일을 이루게 한다.
- 여주는 인슐린 분비를 촉진하여 당뇨병 개선 및 치료하는데, 이는 수곡량기의 혈해血海와 관계된다. 수곡량기는 소장小腸에서 유油이 생성되어 배꼽의 유해油海로 들어가고, 유해의 맑은 기운은 코로 나아가서 혈血이 되고, 혈은 허리로 들어가 혈해가 된다. 여주는 코에 있는 혈이 허리에 있는 혈해로 잘 들어가게 하여, 혈해를 충만하게 하는 것이다.(아래 그림 참조)
- 여주는 콜레스테롤을 저하시키고 혈압을 낮춰주는데, 이것도 수곡량기의 혈해血海와 관계된다. 수곡량기는 소장小腸에서 유油이 생성되어 배꼽의 유해油海로 들어가고, 유해의 맑은 기운은 코로 나아가서 혈血이 되고, 혈은 허리로 들어가 혈해가 되기 때문에 혈해를 충만하게 한다.

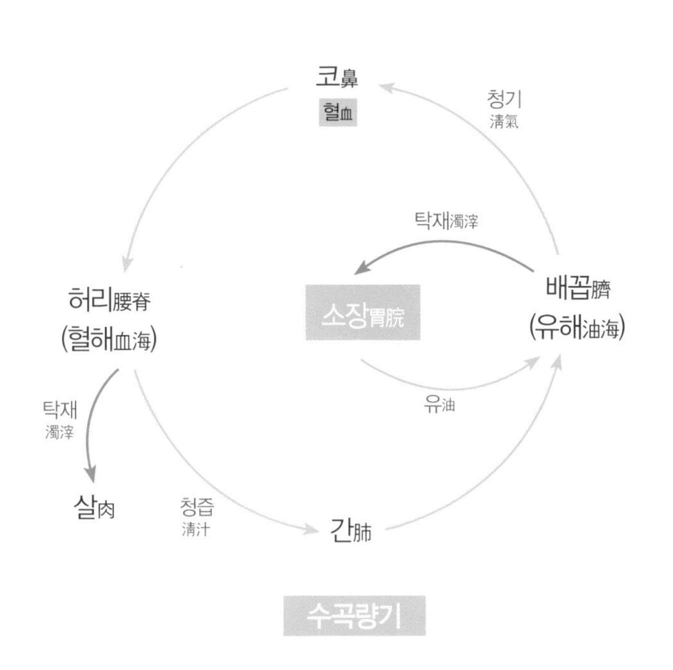

- 소양인은 비대신소脾大腎小의 장국으로 신당腎黨의 수곡한기가 적은데, 여주는 청열, 해독작용과 열병으로 인한 갈증을 다스려 수곡한기의 기 흐름을 좋게 한다.

영지버섯

Ganoderma lucidum curtis P.Karst.

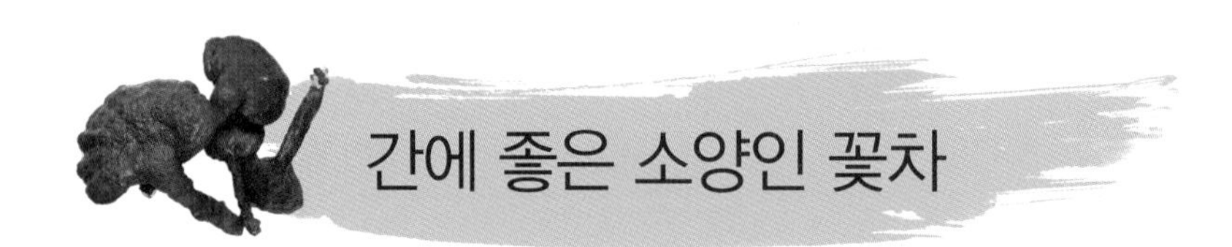

영지버섯의 약성과 성분

기본 정보

- 학명은 *Ganoderma lucidum* curtis P.Karst. 이다.
- 다른 이름은 만년버섯 · 불로초不老草 · 단지端芝 · 신지神芝 · 선초仙草이며, 생약명은 영지靈芝이다. 영지버섯의 별명은 만년버섯, 늙지 않는 약초라는 의미의 불로초不老草이며, 신령스럽다는 의미의 령靈과 버섯을 의미하는 지芝를 사용하고 있다.
- 불로초과 불로초속으로 한해살이풀이다. 영지는 신령스럽고 상서로운 버섯으로, 십장생 중 하나이다.
- 원산지는 열대 지방이다. 한국 · 일본 · 중국 등 북반구 온대 이북지역에서도 분포한다.
- 『신농본초경』에서 '영지는 꾸준히 복용하면 몸이 가벼워지고 노화가 늦어지며 수명을 연장시켜 신선처럼 된다'고 서술하고 있다. 영지는 오래전부터 애용되었던 약재였다.
- 이용부위는 영지이며, 약용 또는 차로 사용한다.

약성

- 성질은 평하고, 맛은 달고 약간 쓰다.
- 베타글루칸 성분은 면역력을 증강시켜 항암 및 각종 혈관 질환에 저항력을 키워 준다.
- 기氣를 보하고 혈血을 더해주어 어지러울 때 효능이 있다.
- 심혈관질환 고혈압 · 협심증 · 고지혈증 · 동맥경화 예방에 좋다.
- 기침을 멈추고 천식喘息을 안정되게 하는 효능이 있다.
- 암의 성장을 억제하는 항암효과가 있다.

성분

다당류polysaccharide
에르고스테롤ergosterol
리시놀산ricinoleic acid
푸마리스산fumaris acid
베타인betaine
만니톨mannitol
안식향산benzoic acid
4종의 펩타이드peptide
15종의 아미노산amino acid
4종의 염기
다당류
수지 등

영지버섯차 제다법

① 영지버섯을 깨끗이 씻는다.
② 영지버섯을 고온에서 살짝 쪄서 잘게 썰어준다.
③ 중온에서 덖음과 식힘을 반복하며 덖는다.
④ 고온에서 덖음과 식힘을 반복하며 덖는다.
⑤ 고온에서 맛내기와 가향을 하여 완성한다.
⑥ 영지를 깨끗이 씻어 그대로 건조해도 된다.

영지버섯차 블렌딩

- 영지버섯차와 대추차를 블렌딩한다.
- 대추는 신경을 안정시켜주고, 면역력 증강에 도움을 준다.
- 영지버섯차 블렌딩은 불면증·정신불안증·면역력이 저하될 때 기운을 보강해주고, 마음을 안정시켜 주며, 각종 성인병과 암 예방에 효과가 있다.
- 블렌딩한 차의 우림한 탕색은 갈색이고, 향기는 버섯향이 나며, 맛은 달고, 쓰다.

영지버섯차 음용법

- 영지버섯차 15g

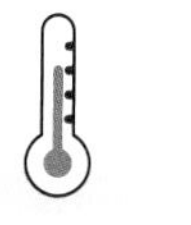
약한 불

1500ml

1시간

- 한번 우려낸 영지버섯은 다시 끓여서 음용한다.
- 소화기관이 약한 사람은 많이 마시지 않는 것이 좋다.

영지버섯의 활용

- 대추와 함께 담금주로 이용한다.

영지버섯차의 마음·기작용

- 영지버섯은 간肝에 좋은 소양인의 꽃차이다.
- 맛이 달고 약간 쓴맛을 가진 영지버섯은 소양인 간의 기운을 도와서 너그럽고 느슨한 마음으로 시작한 일을 이루게 한다.
- 영지버섯은 심혈관질환 고혈압·협심증·고지혈증·동맥경화 예방에 좋고, 면역력을 증가시켜 항암 및 각종 혈관 질환에 저항력을 키워준다. 이는 수곡량기의 혈해血海와 관계된다. 수곡량기는 소장小腸에서 유油가 생성되어 배꼽의 유해油海로 들어가고, 유해의 맑은 기운은 코로 나아가서 혈血이 되고, 혈은 허리로 들어가 혈해가 된다. 영지버섯은 코에 있는 혈이 허리에 있는 혈해로 잘 들어가게 하여, 혈해를 충만하게 하는 것이다.(아래 그림 참조)
- 영지버섯은 호흡기 질환·기침을 진정시키는 등 진해거담 작용의 효능이 있는데, 이는 수곡온기의 폐肺와 관계된다. 수곡온기에서 폐는 두뇌에 있는 니해膩海의 맑은 즙을 빨아들여 폐의 원기를 보익하고, 다시 혀 아래의 진해를 고동시킨다. 영지버섯은 니해를 충만하게 하여 폐의 원기를 보익하는 것이다.
- 또 소양인은 비대신소脾大腎小의 장국으로 신당腎黨의 수곡한기가 적은데, 영지버섯은 음혈陰血이 허약하여 신경이 불안하고, 잠이 오지 않으며 어지러울 때 효능이 있는 것으로, 수곡한기의 기 흐름을 좋게 한다.

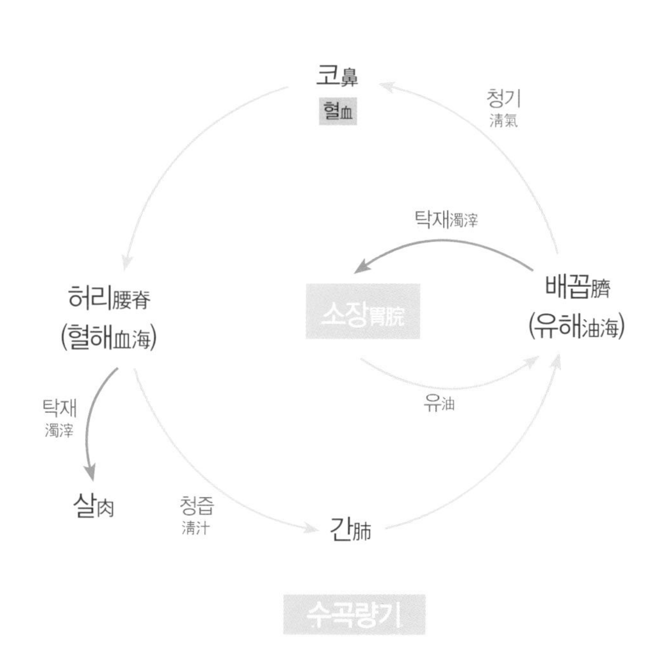

유채꽃

Brassica napus L.

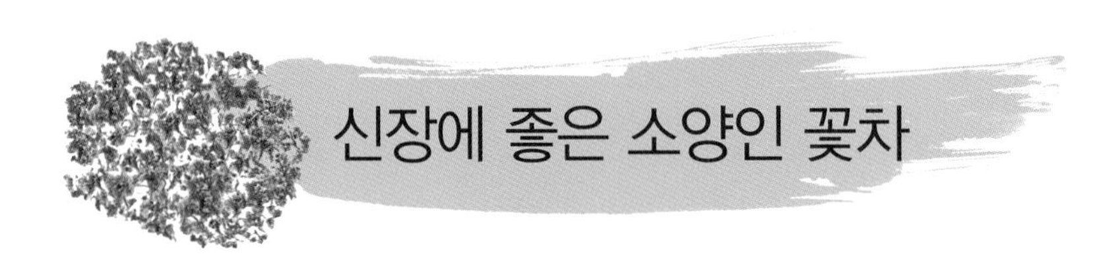

신장에 좋은 소양인 꽃차

유채의 약성과 성분

기본 정보

- 학명은 *Brassica napus* L.이다.
- 꽃말은 '쾌활'·'명랑'이며, 다른 이름은 호무우·호무·하루나·겨울초이고, 생약명은 운대蕓薹이다.
- 십자화과 배추속 두해살이 풀이다. 꽃은 3~4월에 피며, 씨앗에는 기름이 약 40% 함유하고 있는데, 그래서 '유채油菜'라고 부른다. 노란 유채꽃은 봄을 알리는 화신이며, 밀원식물로 유명하다.
- 원산지는 중국이며, 한국·일본·유럽 등에 분포하고 있다. 우리나라에는 제주 및 남해안에서 재배하고 있다.
- 조선 중기 양예수楊禮壽의 『의림촬요』에 유채의 활용으로 "운대芸薹는 좀을 물리친다. 책 속에 넣어두면 좀이 슬 걱정이 없다."는 기록이 있다.
- 이용부위는 잎·꽃·씨앗으로 잎은 식용하고, 씨앗은 약용하며, 꽃은 차로 사용한다.

약성

- 성질은 서늘하고, 맛은 맵고, 독이 없다.
- 피를 맑게 하고, 나트륨을 배출시켜 고혈압을 저하시킨다.
- 강력한 항산화 작용으로 활성산소를 제거하고, 암을 예방한다.
- 식이섬유가 풍부하여 변비예방과 장 건강을 돕는다.
- 피부건강과 미용에 좋다.

성분

- **줄기와 잎**

  퀘르세틴quercetin
  비타민K
  다당류
  아밀로이드amyloid
  글로불린globulin
  미네랄
  식이섬유 등

- **씨**

  캄페스테롤campesterol
  브라시카스테론brassicasterol
  콜레스테롤cholesterol
  토코페롤tocopherol
  루틴rutin 등

유채꽃차 제다법

① 유채꽃은 개화시기인 3~6월에 채취한다.
② 채취해온 꽃은 긴 줄기는 잘라내며 다듬는다.
③ 저온에서 유채꽃을 한 송이씩 뒤집어 가며 익힌 후 꺼낸다.
④ 중온에서 덖음과 식힘을 반복한다.
⑤ 고온에서 가향을 반복하여 완성한다.

유채꽃차 블렌딩

- 유채꽃차에 오렌지타임을 블렌딩한다.
- 오렌지타임은 항균작용·방부작용이 뛰어나게 좋다.
- 유채꽃차 블렌딩은 혈액순환이 잘되고 고지혈증·고혈압 등 성인병 예방에 효능이 있다. 또 식이섬유가 풍부하여 변비·대장질환과 염증 예방에 좋다.
- 블렌딩한 차의 우림한 탕색은 옅은 노란색이고, 향기는 오렌지 향이 나며, 맛은 시원하고 맵다.

유채꽃차 음용법

- 유채꽃차 2g

100℃ 250ml 2분

- 유채꽃차 1g
  오렌지타임 0.5g

100℃ 250ml 2분

유채꽃의 활용

- 어린잎은 나물·김치·씨는 식용유로 이용한다.

유채꽃차의 마음·기작용

- 유채는 신장腎臟에 좋은 소양인의 꽃차이다.
- 맛이 매운 유채는 소양인의 열을 발산시켜 신장腎臟의 기운을 도와서 온화한 마음으로 시작한 일을 이루게 한다.
- 유채는 식이섬유가 풍부하여 변비 예방과 장 건강을 돕는데, 이는 수곡한기의 액해液海와 관계된다. 수곡한기는 대장大腸에서 액液이 생성되어 생식기 앞으로 들어가 액해가 되고, 액해의 맑은 기운은 입으로 나아가고, 액해의 탁재濁滓는 대장을 보익한다. 유채는 생식기 앞에 있는 액해를 충만하게 하여, 대장을 돕는 것이다.(아래 그림 참조)
- 유채는 피를 맑게 하고, 나트륨을 배출시켜 고혈압을 저하시키는데, 이는 수곡량기의 혈해血海와 관계된다. 수곡량기는 코에 있는 혈이 허리로 들어가 혈해가 되고, 혈해의 맑은 즙을 간肝이 빨아 들여서 간의 원기를 보익하기 때문에 유채는 혈해를 충만하게 하는 것이다.
- 유채는 황산화 작용으로 피부건강과 미용에 좋은데, 이는 수곡온기의 니해膩海와 관계된다. 수곡온기에서 니해의 탁재濁滓는 피부를 보익하기 때문에 유채는 니해를 충만하게 하여 피부를 돕는 것이다.

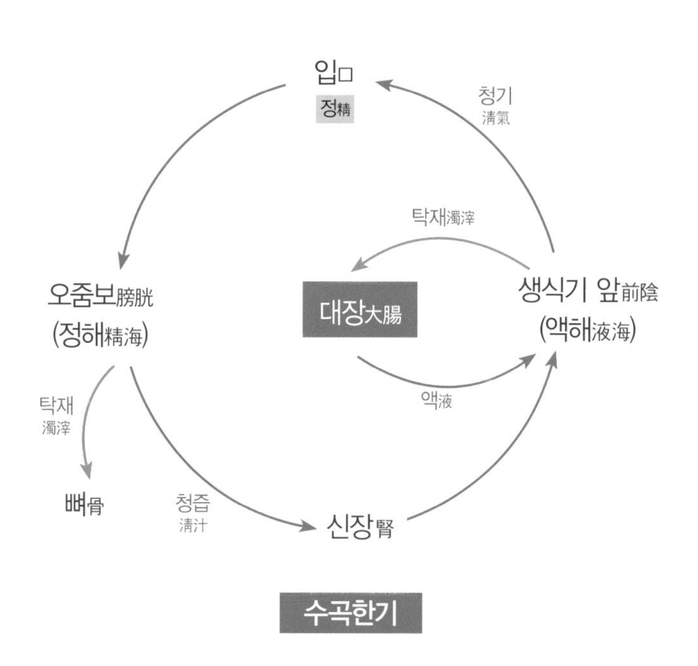

으름덩굴목통木桶

Akebia quinata Houtt. Decne.

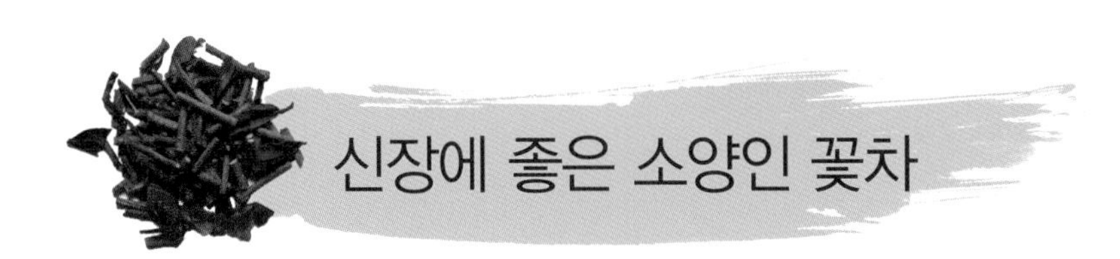

으름덩굴의 약성과 성분

기본 정보

- 학명은 *Akebia quinata* Houtt. Decne.이다.
- 꽃말은 '재능'이며, 별명은 목통 · 목통木通 · 어름나무 · 으름이다. 목통의 다른 이름으로 만년등萬年藤 · 부지附支 · 정옹丁翁 · 통초通草 · 복등葍藤이고, 생약명은 목통木桶이다. 열매는 생김새나 맛이 바나나와 비슷하여 '한국 바나나'로 부르기도 한다.
- 으름덩굴과 Lardizabalaceae 으름덩굴속에 속한 낙엽활엽 만경목이다. 덩굴 줄기는 5m 정도 자라고, 꽃은 암수한그루로 4월 말~5월 중순에 잎과 더불어 짧은 가지의 잎 사이에서 핀다.
- 원산지는 동북아시아의 중국 · 일본에 주로 분포하며, 우리나라 전국의 산이나 들에 자생하고 있다.
- 이용부위는 뿌리 · 줄기 · 꽃 · 과실로 과실은 식용하고, 뿌리 · 줄기 · 꽃은 약용하며, 꽃은 차로 사용한다.

약성

- 성질은 차고, 맛은 쓰다.
- 열기를 식히고, 소변을 잘 나가게 한다.
- 소변 혼탁 · 혈뇨 · 요로결석 · 부종을 치료한다.
- 혈맥을 잘 통하게 한다.
- 인후염 · 관절통 · 유즙 불통 · 생리통을 다스린다.

성분

- **열매**

  트리테르페노이드사포닌triterpenoidsaponin

  올레오놀산oleanol icacid

  헤드라게닌hederagenin

  콜린소니딘collinsonidin

  카로파낙스사포닌kalopanax saponin 등

- **덩굴줄기**

  헤드라게닌hederagenin

  게닌genin

  아케보시드akeboside

  키나토시드quinatosid

  트리테르페노이드triterpenoid

  알코롤의 스티그마스테롤stigmasterol

  스테롤sterol 등

- **뿌리**

  스티그마스테롤

  β-시토스테롤β-sitosterol

  β-시토스테롤β-D-글루코시드β-sitosterol-β-D-glucoside

  아케보시드Akeboside 등

으름덩굴차 제다법

① 으름덩굴은 9월에 채취하는 것이 좋다.
② 으름덩굴은 깨끗이 세척하여 외피를 벗긴다.
③ 소금물에 살짝 한번 증제 후 중온에서 덖는다.
④ 중온에서 덖음과 식힘을 반복한다.
⑤ 고온에서 건조시키고, 가향을 해서 완성한다.

으름덩굴차 블렌딩

- 으름덩굴차와 산죽차를 블렌딩한다.
- 산죽차는 열과 가슴이 답답한 것을 없애주고, 진액생성과 소변이 잘 나오게 하며, 갈증·기침·토혈 등을 다스린다.
- 으름덩굴차 블렌딩은 열을 식혀 속을 시원하게 하고, 신장 기능이 좋아지므로 소변을 잘 보며, 소변이 탁하거나 혈뇨 또는 요로결석 등이 있을 때 효과가 있다.
- 블렌딩한 차의 우림한 탕색은 연한 미색이고, 향기는 댓잎향이 나고, 맛은 시원하고 구수하다.

으름덩굴차 음용법

- 으름덩굴차 2g

100℃ 250ml 2분

- 으름덩굴차 1.5g
  산죽차 0.5g

100℃ 250ml 2분

으름덩굴의 활용

- 어린순은 반찬·막걸리를 만든다.
- 줄기는 바구니 등의 세공재로 쓴다.

으름덩굴차의 마음·기작용

- 으름덩굴은 신장腎臟에 좋은 소양인의 꽃차이다.
- 맛이 쓴 으름덩굴은 소양인의 신장腎臟의 기운을 도와서 온화한 마음으로 시작한 일을 이루게 한다.
- 으름덩굴은 기氣와 혈血의 순환장애를 개선하며, 급체로 음식이 잘 내려가지 않고 대변도 통하지 않는 것을 풀어준다. 이는 수곡한기의 액해液海와 관계된다. 수곡한기는 대장大腸에서 액液이 생성되어 생식기 앞으로 들어가 액해가 되고, 액해의 맑은 기운은 입으로 들어가고, 탁재濁滓는 대장을 보익한다. 으름덩굴은 대장에서 생성된 액해를 충만하게 하여 대변을 통하게 하는데 도움을 주는 것이다.(아래 그림 참조)
- 으름덩굴은 이뇨작용을 촉진하고, 혈뇨·탁뇨·요로결석·부종에 효능이 있는데, 이는 수곡한기의 정해精海와 관계된다. 수곡한기에서 방광에 있는 정해의 맑은 즙은 신장이 빨아들여서 신장의 원기를 보익하기 때문에 으름덩굴은 정해를 충만하게 하는 것이다.(옆 그림 참조)

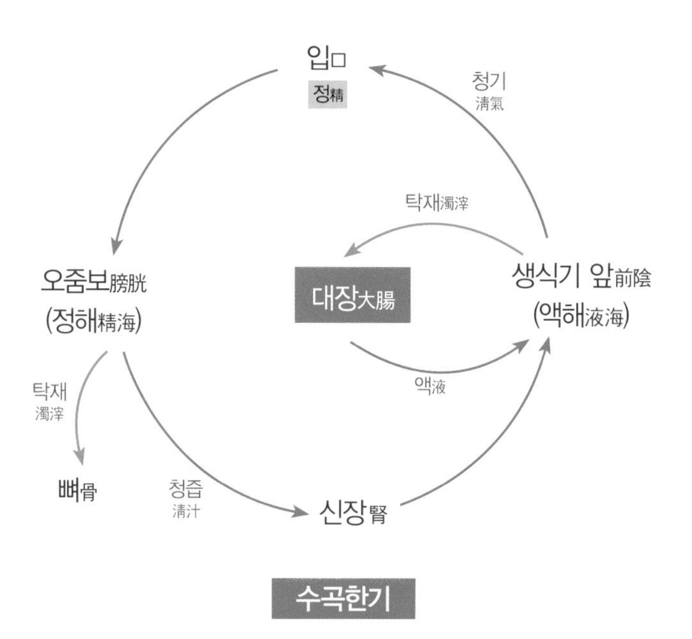

- 또 소양인은 비대신소脾大腎小의 장국으로 신당腎黨의 수곡한기가 적은데, 으름덩굴은 열이 심하여 생긴 화火를 없애고 갈증을 다스리기 때문에 수곡한기의 기 흐름을 잘 흐르게 한다.

장미薔薇

Rosa hybrida hort.

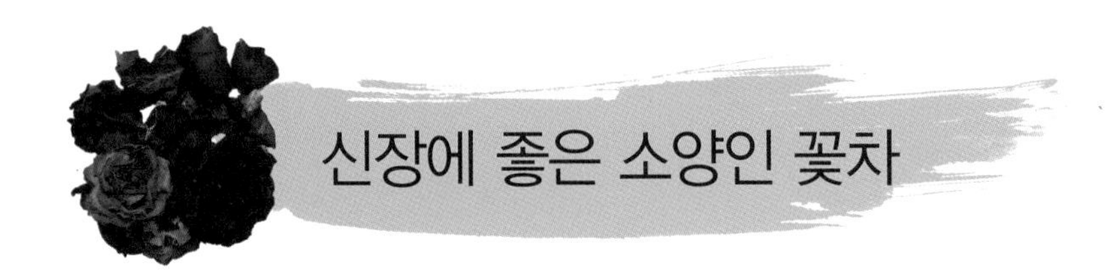

장미꽃의 약성과 성분

기본 정보

- 학명은 *Rosa hybrida* hort.이다
- 꽃말은 빨강은 '열렬한 사랑', 흰색은 '순결함'·'청순함', 노랑은 '우정'과 '영원한 사랑'이다.
- 장미과에 속한 다년생 관목 또는 덩굴식물이며, 꽃은 5~7월에 새가지 끝에 피며, 적색이지만 그밖에 여러 가지 색도 있다.
- 원산지는 아시아이다.
- 장미는 기원전 3,000년경에 중동지역에서 다마스크 장미가 관상용으로 재배되었다고 한다. 로마시대에는 장미를 증류해 향료를 얻어 귀족들의 생활필수품으로 애용되었다. 우리나라의 장미 유래는 『삼국사기』, 『고려사』, 『조선왕조실록』 등에서 언급하고 있다. 한국에 처음 장미가 등장한 것은 삼국시대로 추정된다.
- 이용부위는 꽃·잎·줄기·뿌리로 약용한다. 겨울에는 뿌리를 쓰고, 여름에는 줄기와 잎을 이용한다.

약성

- 성질은 서늘하고, 맛은 달다.
- 열을 내리고 갈증을 없애준다.
- 열이 많은 사람의 토혈·설사·학질 등에 효능이 있다.
- 스트레스와 긴장을 완화시키고, 갱년기 여성들의 우울증을 다스린다.
- 입이나 혀가 헐어 짓물러 오래도록 낫지 않을 때 진하게 달인 찻물을 입에 머금고 양치한다.
- 밤눈이 어두운 증상에 효과가 있다.

성분

에스트로겐astrogalin
폴리페놀polyphenol
카로티노이드carotinoid
안토시아닌anthocyanin
정유
비타민A
비타민C
미네랄 등

장미꽃차 제다법

① 꽃잎이 조금 벌어지는 꽃을 채취한다.
② 장미꽃 송이를 한 잎 한 잎 떼어 놓는다.
③ 꽃잎을 한 잎 한 잎 익힘 덖음을 한다.
④ 고온에서 맛내기 덖음을 한다.
⑤ 고온에서 가향 덖음을 하여 완성한다.

장미꽃차 블렌딩

- 장미꽃차는 청피차와 생강차를 블렌딩한다.
- 청피는 기운을 고르게 순환하도록 돕고, 생강은 비위脾胃의 원기를 북돋아 준다.
- 블렌딩한 장미꽃차 블렌딩은 몸의 열기熱氣가 위로 올라 혈액이 위로 쏠리고, 눈에 핏발이 서며, 머리가 아프고 피부가 허는 등의 증상을 치료한다.
- 블렌딩한 차의 우림한 탕색은 핑크색으로 향기는 장미 꽃향이 나고, 맛은 달콤하며 약간의 매운맛이 있다.

장미꽃차 음용법

- 장미꽃차 1g

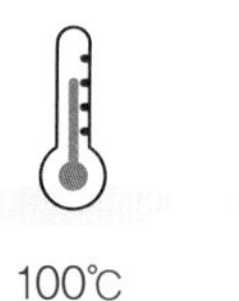

100℃ 300ml 2분

- 장미차 0.8g
  청귤차 0.5g
  생강차 0.3g

100℃ 300ml 2분

- 장미는 성질이 서늘하고, 향기는 원기를 소모시키므로 몸이 차가운 사람이나 또는 기운이 허한 사람은 많이 마시지 않아야 한다.

장미꽃의 활용

- 향수·장미꽃 얼음·장미꽃 식초·장미 시럽 등을 만들 수 있다.

장미꽃차의 마음·기작용

- 장미는 신장腎臟에 좋은 소양인의 꽃차이다.
- 맛이 단 장미는 밖으로 나가서 활동하기를 좋아하는 소양인 신장腎臟의 기운을 도와서 온화한 마음으로 시작한 일을 이루게 한다.
- 장미는 열을 내리고, 열이 많은 사람의 토혈·설사·학질 등에 효능이 있는데, 이는 수곡한기의 액해液海와 관계된다. 수곡한기는 대장大腸에서 액液이 생성되어 생식기 앞으로 들어가 액해가 되고, 액해의 맑은 기운은 입으로 나아가고, 액해의 탁재濁滓는 대장을 보익한다. 장미는 생식기 앞에 있는 액해를 충만하게 하여, 대장을 돕는 것이다.(아래 그림 참조)
- 장미는 밤눈이 어두운 증상에 효과가 있는데, 이는 수곡열기의 고해膏海와 관계된다. 양 젖가슴에 있는 고해의 맑은 기운이 눈으로 들어가 기氣가 되기 때문에 장미는 고해를 충만하게 하는 것이다.
- 또 소양인은 비대신소脾大腎小의 장국으로, 수곡한기가 작은 사람이다. 장미는 기본적으로 수곡한기의 기 흐름을 잘 흐르게 한다.

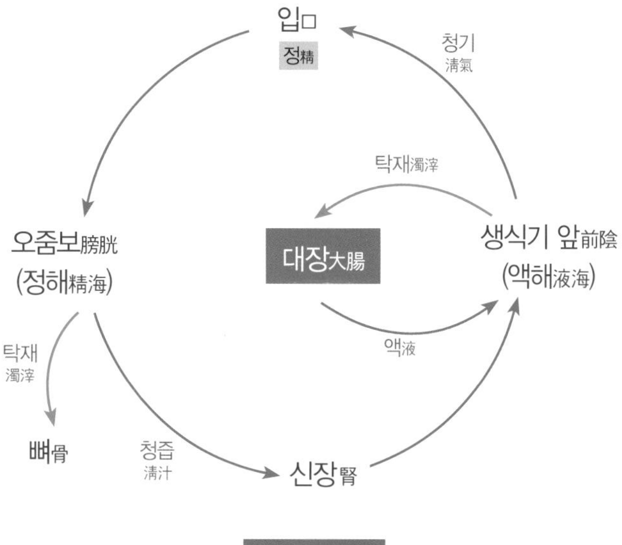

접시꽃

Althaea rosea L. Cav.

접시꽃의 약성과 성분

기본 정보

- 학명은 *Althaea rosea* L. Cav.이다.
- 꽃말은 '단순'·'편안'·'다산'·'풍요'이며, 다른 이름은 촉규화·향일화·접씨꽃·접중화이다.
- 아욱과 접시꽃속에 속한 두해살이풀이다. 꽃은 5~7월경에 피며 붉은색, 연한 홍색·노란색·흰색 등 꽃의 색이 다양하다.
- 원산지는 중국이며, 우리나라에는 전국 각지에 분포하고 있다.
- 접시꽃은 9세기 최치원이 지은 「촉규화」라는 시에 등장한 것으로 보아 약 1,200년 전 통일신라 때부터 이용했던 것으로 보인다.
- 이용부위는 뿌리·잎·꽃·씨앗으로 약용하고, 꽃은 차로 사용한다.

약성

- 성질은 차고, 맛은 달며, 물이 없다.
- 냉증·대하증·자궁출혈 등을 다스린다.
- 해열·해독작용을 한다.
- 대·소변의 배설을 돕는다.
- 충수염의 배농과 소염에 효능이 있다.

성분

- **뿌리**

  펜토오스pentose

- **씨**

  지방유脂肪油

  불포화유리산不飽和遊離酸 등

접시꽃차 제다법

① 접시꽃은 5~7월경에 채취한다.
② 접시꽃을 펼쳐서 수술을 떼어낸다.
③ 저온에서 꽃이 겹치지 않도록 올려서 익힌 후, 뒤집어서 익힌다.
④ 중온에서 덖음을 한다.
⑤ 고온에서 맛내기 가향을 하여 완성한다.

접시꽃차 블렌딩

- 접시꽃차에 당아욱꽃차와 박하차를 블렌딩한다.
- 당아욱꽃차는 열을 내려주고 습을 제거하며, 기를 순환시키고, 대변을 잘 통하게 하는 효능이 있다. 박하차도 열을 내려주고, 신경안정을 취하게 한다.
- 접시꽃차 블렌딩은 상체에 쌓여있는 열을 아래로 내려주고, 대소변을 잘 통하게 한다. 또 대하증과 자궁출혈에도 효능이 좋다.
- 블렌딩한 차의 우림한 탕색은 파란색이고, 향기는 상큼한 박하향이 나고, 맛은 단맛과 시원한 맛이 난다.

접시꽃차 음용법

- 접시꽃차 2g

100℃ 250ml 2분

- 접시꽃차 0.5g
  당아욱꽃차 0.5g
  민트잎 1~2개

100℃ 250ml 2분

- 접시꽃차는 분만촉진작용이 있어 임산부는 유산 위험이 있고, 몸이 차거나 설사를 자주 하는 사람은 음용을 주의해야 한다.

접시꽃의 활용

- 접시꽃차는 보자기 꽃차를 만드는데 적합하다.

접시꽃차의 마음·기작용

- 접시꽃은 신장腎臟에 좋은 소양인의 꽃차이다.
- 맛이 단 접시꽃은 밖으로 나가서 활동하기를 좋아하는 소양인이 자신의 안을 살피게 하고, 두려운 마음을 고요하게 한다.
- 접시꽃은 해열·해독작용하기 때문에 위胃의 열을 내리고 신장腎臟의 기운을 도와서 온화한 마음으로 시작한 일을 이루게 한다.
- 접시꽃은 대·소변의 배설을 돕는데, 이는 수곡한기의 액해液海와 관계된다. 수곡한기는 대장大腸에서 액液이 생성되어 생식기 앞으로 들어가 액해가 되고, 액해의 맑은 기운은 입으로 나아가고, 액해의 탁재濁滓는 대장을 보익한다. 유채는 생식기 앞에 있는 액해를 충만하게 하여, 대장을 돕는 것이다.(아래 그림 참조)
- 접시꽃은 냉증·대하·자궁출혈 등을 다스리는데, 이는 수곡량기의 혈해血海와 관계된다. 수곡량기는 소장小腸에서 유油가 생성되어 배꼽의 유해油海로 들어가고, 유해의 맑은 기운은 코로 나아가서 혈血이 되고, 코의 혈이 허리로 들어가 혈해가 된다. 혈해의 맑은 즙을 간肝이 빨아들여서 간의 원기를 보익하기 때문에 접시꽃은 혈해를 충만하게 하는 것이다.

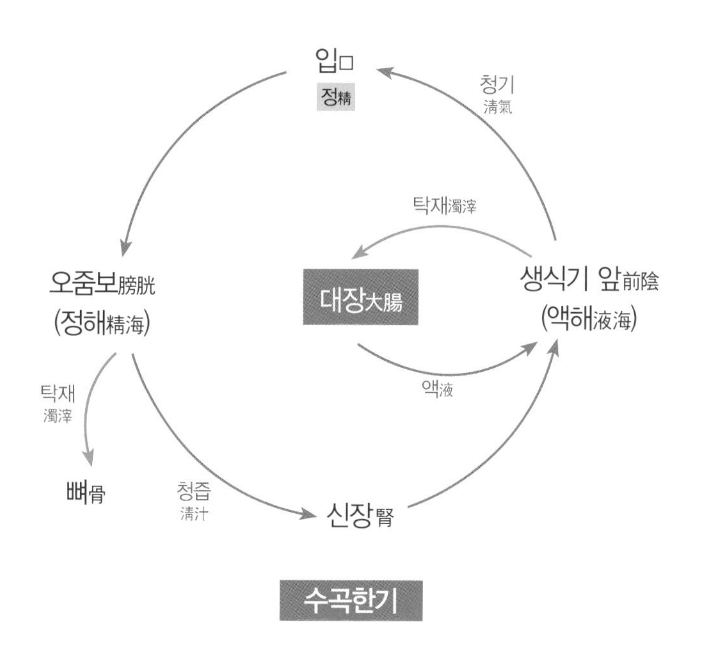

- 또 소양인은 비대신소脾大腎小의 장국으로, 접시꽃은 기본적으로 수곡한기의 기 흐름을 잘 흐르게 한다.

제비꽃

Viola mandshurica W. Becker.

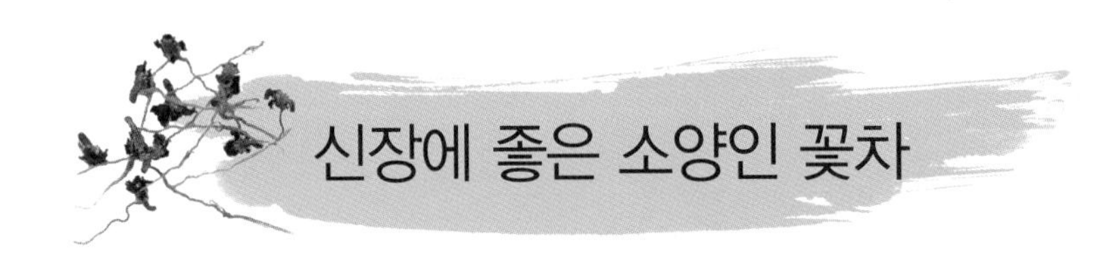

신장에 좋은 소양인 꽃차

제비꽃의 약성과 성분

기본 정보

- 학명은 *Viola mandshurica* W. Becker이다.
- 꽃말은 '겸양'이고, 다른 이름은 근채·동북근채·씨름꽃·앉은뱅이꽃·오랑캐꽃·자화지정이다.
- 제비꽃과에 속한 제비꽃속으로 여러해살이 풀이다. 제비꽃은 3~5월에 피며, 보라색 또는 짙은 자색이다. 유사종으로는 둥근털제비꽃·고깔제비꽃·삼색제비꽃·금강제비꽃이 있다.
- 산지는 한국·중국·일본·러시아이다.
- 조선중기 송익필宋翼弼의 『구봉집』에 "제비꽃과 복령은 서로 군신 작용을 하는 거고"라 하여, 제비꽃의 사용을 언급하고 있다.
- 이용부위는 뿌리·줄기·잎·꽃으로 약용하고, 꽃은 차로 사용한다.

약성

- 성질은 차고, 맛은 쓰며, 독이 없다.
- 청열해독 작용으로 열과 독을 제거한다.
- 결핵성 임파선염·급성 유선염·위염·방광염 등 염증에 효능이 있다.
- 눈이 붉게 충혈 되었을 때 도움이 된다.
- 혈血을 맑게 하고 부종을 가라앉게 하여, 심한 종기와 부스럼을 치료한다.

성분

- **전초**
  배당체配糖體
  플라보노이드flavonoid
  세로틴산cerotin acid 등
- 꽃
  세로틴산cerotin acid 등
- **잎**
  비타민C 등

제비꽃차 제다법

① 4~5월에 제비꽃을 채취한다.
② 꽃의 줄기를 잘라내어 다듬는다.
③ 저온에서 덖음을 한다.
④ 중온에서 덖음을 한다,
⑤ 고온에서 맛내기 가향을 하여 완성한다.

제비꽃차 블렌딩

- 제비꽃차에 금전초차를 블렌딩한다.
- 금전초차는 소변을 산성으로 변화시켜 알칼리성 결정체인 결석을 녹이는 효능이 뛰어나 방광을 튼튼하게 한다.
- 제비꽃차 블렌딩은 항산화물질이 풍부하여 항암·항균·항염증작용이 탁월하게 좋다. 결석·담석에 효과가 좋고, 다리에 힘이 없고 쥐가 나는 것을 다스린다.
- 블렌딩한 차의 우림한 탕색은 연 보라색이고, 향기는 시원한 허브향과 풋풋한 풀꽃향이 나고, 맛은 상큼하다.

제비꽃차 음용법

- 제비꽃차 0.5g

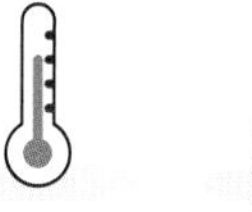

- 제비꽃차 0.5g
  금전초차 2~3잎

- 몸이 허약하고 찬 사람은 주의해서 음용한다.

제비꽃의 활용

- 양갱·꽃비빔밥·꽃전·꽃피자 등으로 이용한다.

제비꽃차의 마음·기작용

- 제비꽃은 신장腎臟에 좋은 소양인의 꽃차이다.
- 맛이 쓴 제비꽃은 밖으로 나가서 활동하기를 좋아하는 소양인 신장腎臟의 기운을 도와서 온화한 마음으로 시작한 일을 이루게 한다.
- 제비꽃은 몸의 열을 식혀 위염·급성 유선염 등에 효능이 있고, 눈이 붉게 충혈 되었을 때 도움이 되는데, 이는 수곡열기의 고해膏海와 관계된다. 수곡열기는 위胃에서 고膏가 생성되어 양 젖가슴의 고해로 들어가고, 고해의 맑은 기운은 눈으로 나가서 기氣가 되고, 눈의 기가 등으로 들어가 막해膜海가 된다. 고해의 탁재濁滓가 위를 보익하기 때문에 차가운 제비꽃은 고해를 충만하게 하여 위를 돕는 것이다.(아래 그림 참조)

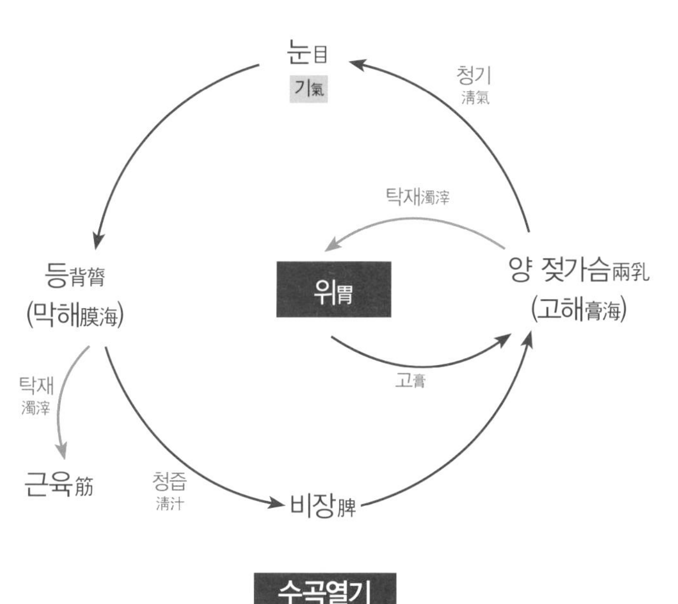

- 제비꽃은 심한 종기와 부스럼에 효과가 있는데, 이는 수곡온기의 니해膩海와 관계된다. 수곡온기에서 니해의 탁재濁滓는 피부를 보익하기 때문에 제비꽃은 니해를 충만하게 하여 피부를 돕는 것이다.
- 소양인은 비대신소脾大腎小의 장국으로 신당腎黨의 수곡한기가 적은데, 제비꽃은 기본적으로 수곡한기의 기 흐름을 잘 흐르게 한다.

조릿대 산죽山竹

Sasa borealis Hack. Makino.

조릿대의 약성과 성분

기본 정보

- 학명은 *Sasa borealis* Hack. Makino.이다.
- 꽃말은 '외유내강外柔內剛'이며 다른 이름은 기주조릿대 · 조리대이고, 조릿대와 비슷한 조릿대풀은 생약명이 담죽엽淡竹葉, Lophatherum gracile Brongn으로 혼동하기 쉬워 구별을 잘해야 한다.
- 벼과 조릿대속에 속하는 나무의 성질과 여러해살이풀의 성질을 갖고 있는 상록활엽관목이다. 유사종으로는 섬조릿대 · 신위대 · 신이대 · 갓대 등이 있다.
- 원산지는 한국 · 일본이다.
- 정약용의 『다산시문집』에 "붉은 꽃 숲 아래서 빗소리 듣고, 푸른 조릿대 사이에서 등불 돋우며"라는 시 구절이 있다.
- 이용부위는 줄기 · 잎으로 약용 또는 차로 사용한다.

약성

- 성질은 차고, 맛은 달며, 독이 없다.
- 열을 내리고, 진액을 생성시키며 입안이 마르는 것과 갈증을 멈추게 한다.
- 클로로필이 풍부하여 혈관 내 유해한 콜레스테롤과 활성산소를 제거한다.
- 혈액순환을 원활하게 하여, 혈전 억제·고혈압·중풍·당뇨 등 성인병을 예방한다.
- 기침을 하면서 기운이 치밀어 올라 숨이 차는 증상에 효과가 있다.
- 소변을 잘 나가게 한다.

성분

다당체
클로로필chlorophyll
리그닌lignin
아라비노스arabinose
크실로오스xylose
갈락토스galactose
아스파라긴산asparaginicacid
글루탐산glutamic acid
알라닌alanine
셀린celine
비타민K 등

조릿대차 제다법

① 잎의 채취는 사계절 상관없으나 겨울에 채취한 것이 더 욱 좋다.
② 잎은 깨끗이 씻어서 물기를 제거하여 1cm 크기로 자른다.
③ 고온에서 잘 익히면서 덖어서 유념을 한다.
④ 중온에서 덖음과 식힘을 반복하여 덖는다.
⑤ 고온에서 건조시키고 가향을 해서 완성한다.

조릿대차 블렌딩

- 조릿대차에 보리순차를 블렌딩한다.
- 보리순차는 셀레늄·폴리코사놀 성분이 함유되어 있어 고혈압·동맥경화·고지혈증·뇌졸중·심혈관질환 등의 혈관질환을 예방한다. 또 장을 튼튼하게 하며, 해독시키고 염증성 질환을 예방한다.
- 조릿대차 블렌딩은 열을 내리고 혈액을 맑게 하며, 혈관을 튼튼하게 하므로 성인병 예방에 효과가 좋다. 또 항암활성 물질이 다량 함유되어 있어 항암예방에도 좋다.
- 블렌딩한 차의 우림한 탕색은 연녹색이고, 향기는 풀 향이 나며, 맛은 달고 시원하다.

조릿대차 음용법

- 조릿대차 2g

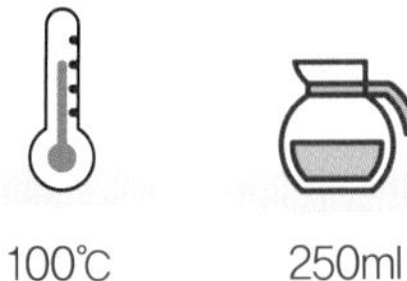

100℃ 250ml 2분

- 조릿대차 1.5g
  보리순차 0.5g

100℃ 250ml 2분

- 성질이 차가워 몸이 찬 사람은 각별히 조심하고, 비타민 K가 풍부하게 함유되어 있어 혈액을 응고시키는 작용을 하므로 주의가 필요하다.

조릿대의 활용

- 간장과 된장·고추장을 담글 때, 밥을 지을 때에 이용한다.

조릿대차의 마음·기작용

- 조릿대는 간肝에 좋은 소양인의 꽃차이다.
- 맛이 달고 독이 없는 조릿대는 소양인 간의 기운을 도와서 너그럽고 느슨한 마음으로 시작한 일을 이루게 한다.
- 조릿대에는 혈관 내 유해한 콜레스테롤과 활성산소를 없애 혈전 등을 막고 혈액순환을 원활하게 해주어 각종 혈관계 질환을 예방하고 개선해준다. 이는 수곡량기의 혈해血海와 관계된다. 수곡량기는 소장小腸에서 유油가 생성되어 배꼽의 유해油海로 들어가고, 유해의 맑은 기운은 코로 나아가서 혈血이 되고, 코의 혈이 허리로 들어가 혈해가 된다. 혈해의 맑은 즙을 간肝이 빨아 들여서 간의 원기를 보익하기 때문에 조릿대는 혈해를 충만하게 하는 것이다.(아래 그림 참조)
- 조릿대는 열로 인해 입 안이 마르는 것과 갈증을 멈추게 하고 진액을 생성시켜 주는데, 이는 수곡한기의 액해液海와 관계된다. 수곡한기는 대장大腸에서 액液이 생성되어 생식기 앞으로 들어가 액해가 되고, 액해의 맑은 기운은 입으로 나아가기 때문에 입안이 마르는 것과 갈증을 멈추게 도와주며, 진액을 생성시켜 주는 것이다. 또한 액해의 탁재濁滓는 대장을 보익하는데, 조릿대는 생식기 앞에 있는 액해를 충만하게 하여, 소변을 원활하게 통하게 한다.

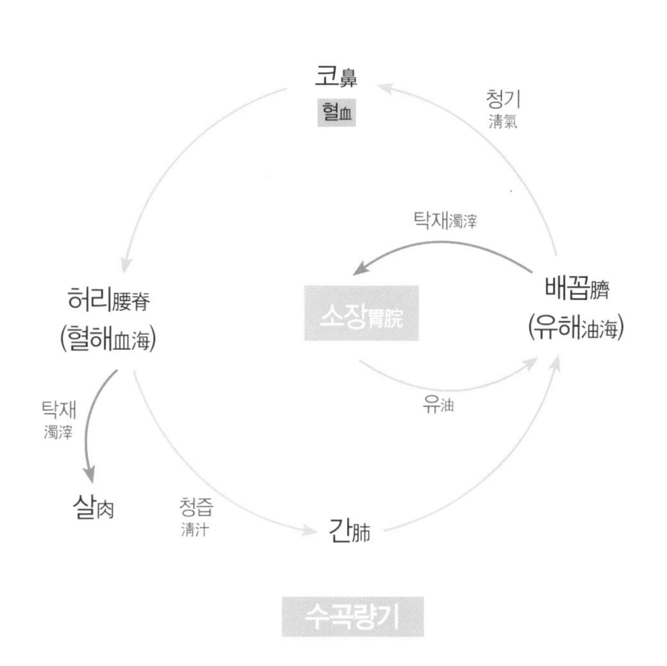

팥적두赤豆

Vigna angularis Willd. Ohwi &H.Ohashi.

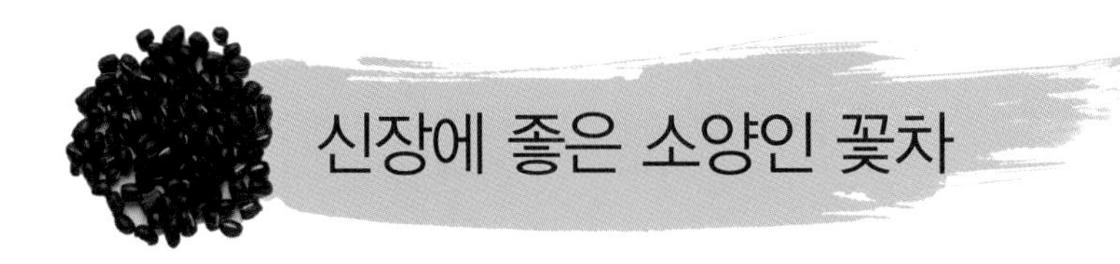

팥의 약성과 성분

기본 정보

- 학명은 *Vigna angularis* Willd. Ohwi &H.Ohashi. 이다.
- 다른 이름은 적두·적소두·팥콩이다. 붉은 색의 팥은 악귀를 막는 벽사辟邪의 의미가 있다.
- 콩과 동부속에 속하는 한해살이풀이다. 팥의 종류는 충주팥·새길팥·아라리·검구슬·연두채·거피팥 등이 있다.
- 태국·일본 등지를 원산지로 추정하고 있으나, 2,000년이 넘는 재배역사를 볼 때 중국을 원산지로 보며, 한국·일본·대만·중국북부·히말라야산맥에 분포한다.
- 고려시대 이곡李穀의 『가정집』에 팥을 이용한 예가 있는데, "새벽 창가에 동지 팥죽은 그대로 어김이 없네"라고 하였다.
- 이용부위는 팥으로 식용 또는 차로 사용한다.

약성

- 성질은 평하고, 맛은 달고 시다.
- 사포닌 성분은 이뇨작용을 돕고 부기를 가라앉힌다.
- 팥의 칼슘과 인은 청소년들의 성장발육과 노년층의 골다공증을 예방한다.
- 황달·당뇨병 등에 효능이 있고, 비타민 B1·B2 성분은 각기脚氣병을 예방한다.
- 폐경기증후군·골다공증·심혈관계 질환·유방암·전립선암 등과 같은 호르몬 관련 질환을 다스린다.
- 팥 추출물이 활성산소의 생성을 억제하고, DNA 손상 억제, 산화적 손상에 세포를 보호한다.

성분

단백질
지방
탄수화물
조섬유
회분
칼슘
인
철
비타민B1
비타민B2
니코틴산nicotinic acid
사포닌saponin
라이신lysine
트립토판tryptophan
사이아니딘cyanidin 등

팥차 제다법

① 팥의 채취는 11월에 한다.
② 팥을 깨끗이 씻는다.
③ 중온에서 골고루 익힌다.
④ 고온에서 덖음과 식힘을 반복하여 덖는다.
⑤ 고온에서 노릇노릇하게 가향을 하여 완성한다.

팥차 블렌딩

- 팥차와 녹차를 블렌딩한다.
- 녹차는 강력한 항산화제로 콜레스테롤을 제거하고, 고혈압·동맥경화 등 심혈관계 질환을 다스리고 항균·항암·항당뇨 등 성인병 예방에 탁월한 효능이 있다.
- 팥차 블렌딩은 대소변을 잘 통하게 하고 독을 풀어주며, 장을 깨끗하게 하고, 신장병·각기병·성인병 등을 예방한다.
- 블렌딩한 차의 우림한 탕색은 연두색이고, 향기는 풋풋한 녹차향이 나며, 맛은 구수하고 떫은맛이 난다.

팥차 음용법

- 팥차 2g

100℃ 250ml 2분

- 팥차 1.5g
  녹차 0.5g

100℃ 250ml 2분

팥의 활용

- 팥죽·떡·앙금·양갱·팥빙수로 이용한다.

팥차의 마음·기작용

- 팥은 신장腎臟에 좋은 소양인의 꽃차이다.
- 맛이 달고 신 팥은 소양인의 신장腎臟의 기운을 도와서 온화한 마음으로 시작한 일을 이루게 한다.
- 팥은 이뇨작용을 도와 소변을 잘 나오게 하고 부기를 없애는데, 이는 수곡한기의 정해精海와 관계된다. 방광에 있는 정해의 맑은 즙은 신장이 빨아들여서 신장의 원기를 보익하는 것이다. 또 팥의 칼슘과 인은 정해의 탁재가 밖으로 뼈에 돌아감으로써 골骨을 보익함으로 청소년들의 성장발육과 노년층의 골다공증을 예방하는데 도움을 준다.(아래 그림 참조)
- 팥은 고지혈증이나 고혈압 등 혈관질환을 예방하는데 도움이 되는데, 이는 수곡량기의 혈해血海와 관계된다. 수곡량기는 코에 있는 혈이 허리로 들어가 혈해가 되고, 혈해의 맑은 즙을 간肝이 빨아 들여서 간의 원기를 보익하기 때문에 팥은 혈해를 충만하게 하는 것이다.

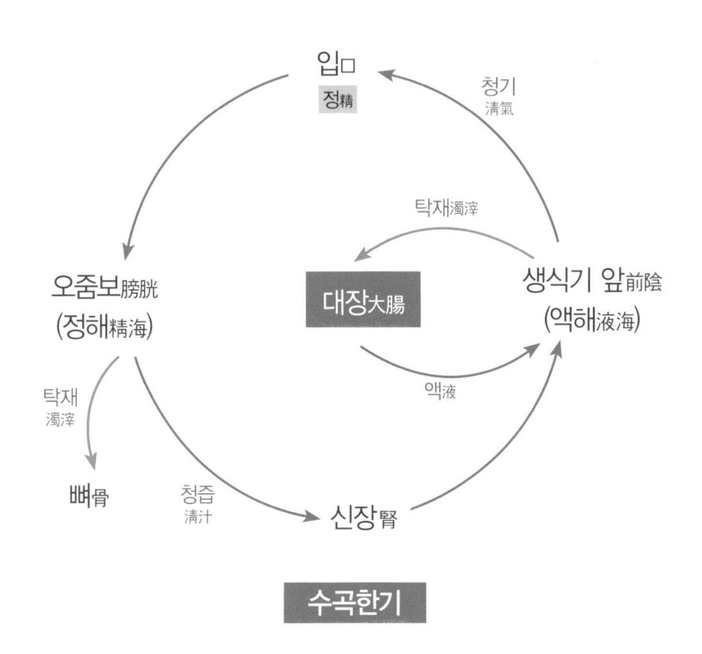

- 팥은 항산화 성분이 풍부하여 활성산소를 제거하므로 피부건강과 미용에 좋은데, 수곡온기의 니해膩海와 관계된다. 수곡온기에서 니해의 탁재濁滓는 피부를 보익하기 때문에 팥은 니해를 충만하게 하여 피부를 돕는 것이다.
- 소양인은 비대신소脾大腎小의 장국으로 팥은 기본적으로 수곡한기의 기 흐름을 잘 흐르게 한다.

패랭이구맥瞿麥

Chrysanthemum indicum L.

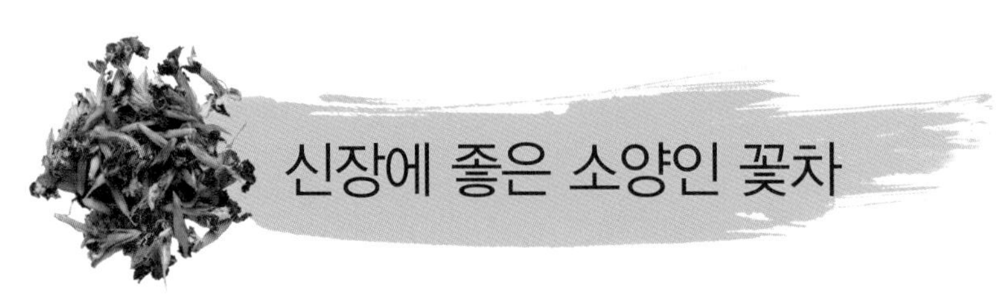

패랭이의 약성과 성분

기본 정보

- 학명은 *Dianthus superbus-chinensis* Y.N.Lee.이다.
- 꽃말은 '순결한 사랑'·'재능'·'거절'·'정절'이며, 다른 이름은 석죽화石竹花·거구맥巨句麥·대란大蘭·산구맥山瞿麥·남천축초南天竺草·죽절초竹節草 등이다. 패랭이는 '옛날 천민이 머리에 썼던 패랭이를 닮았다'하여 붙여진 이름이다.
- 석죽과 패랭이꽃속에 속한 여러해살이풀이다. 꽃은 5~7월에 피며, 분홍·빨강·흰색 등으로 핀다.
- 원산지는 한국·중국이다.
- 고려시대 이규보李奎報의 『동국이상국집』에는 "석죽 치마 펄럭이니 버선목 살며시 드러나고"라는 구절이 보이는데, 패랭이 무늬를 넣은 치마를 만들었다는 것은 그 시기 패랭이꽃을 보고 치마에 꽃문양을 활용한 것이다.
- 이용부위는 뿌리·잎·줄기·꽃으로 모두 약용하고, 꽃은 차로 사용한다.

약성

- 성질은 차고, 맛은 쓰다.
- 열을 아래로 내리게 하고 소변불통·신장염·혈뇨를 치료한다.
- 종기·부스럼·타박상 등을 다스린다.
- 혈액순환을 촉진시켜 어혈을 풀어준다.
- 여성들의 생리불순·무월경에 효능이 있다.

성분

유게놀eugenol
페닐에틸알코올phenylethylalcohol
살리실산메틸에스터salicylicacidmethylester
수분
조단백질
조섬유
조회분
인산
알칼로이드alkaloid 등

패랭이꽃차 제다법

① 패랭이꽃은 개화시기인 4~7월에 채취한다.
② 저온에서 꽃잎이 겹치지 않도록 올려서 덖음한다.
③ 중온에서 덖음과 식힘을 반복하여 덖는다.
④ 고온에서 가향을 해서 완성한다.

패랭이꽃차 블렌딩

- 패랭이꽃차에 당아욱꽃차를 블렌딩한다.
- 당아욱꽃차는 대소변을 잘 통하게 하고, 기관지염·인후통·림프절 결핵과 부인병인 대하증에 효능이 있다.
- 패랭이꽃차 블렌딩은 열을 내려주고 혈액순환을 도우며, 염증과 대소변을 원활하게 하고 기관지염과 인후염 등을 다스린다.
- 블렌딩한 차의 우림한 탕색은 하늘색이고, 향기는 매운맛이 나기도 하며, 맛은 구수하다.

패랭이꽃차 음용법

- 패랭이꽃차 5송이

- 패랭이꽃차 3~4송이
  당아욱꽃차 0.5g

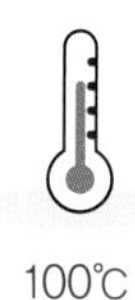

- 비위가 허하고 몸이 찬 사람은 주의해서 음용하여야 한다.

패랭이꽃의 활용

- 꽃잎은 장식용 또는 샐러드로 이용한다.

패랭이꽃차의 마음·기작용

- 패랭이는 신장腎臟에 좋은 소양인의 꽃차이다.
- 패랭이는 위의 열을 내려 소양인이 자신의 내면을 살피게 하고, 두려운 마음을 고요하게 한다.
- 패랭이는 혈액순환을 촉진시켜 어혈을 풀어주고, 혈뇨·소변불통·신장염·타박상에 효과가 있는데, 이는 수곡량기의 혈해血海와 관계된다. 수곡량기는 소장小腸에서 유油가 생성되어 배꼽의 유해油海로 들어가고, 유해의 맑은 기운은 코로 나아가서 혈血이 되고, 코의 혈이 허리로 들어가 혈해가 된다. 혈해의 맑은 즙을 간肝이 빨아 들여서 간의 원기를 보익하기 때문에 패랭이는 혈해를 충만하게 하는 것이다.(아래 그림 참조)

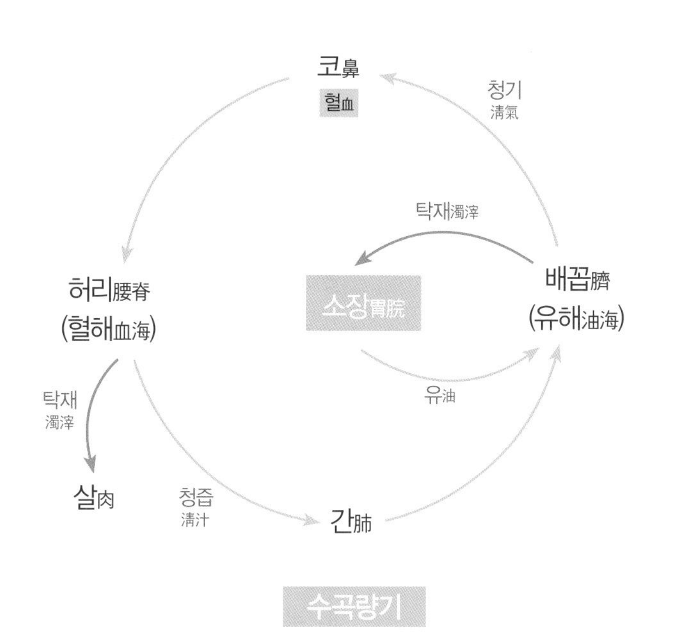

- 패랭이는 종기·부스럼 등을 다스리는데, 이는 수곡온기의 니해膩海와 관계된다. 수곡온기에서 두뇌에 있는 니해의 탁재濁滓가 피부를 보익하기 때문에 패랭이는 니해를 충만하게 하여 피부를 돕는 것이다.
- 또 소양인은 비대신소脾大腎小의 장국으로 신당腎黨의 수곡한기가 적은데, 패랭이는 기본적으로 수곡한기의 기 흐름을 좋게 한다.

소양인 꽃차 음용 사례

맨드라미

59세 / 여/ 태음인

친구들과 만나 식사를 마치고 나면 코스처럼 들리는 곳이 있다. 바로 찻집이다. 분위기도 좋고 아기자기한 소품들과 식물들이 유난히 많은 곳이다. 커피, 각종 음료수도 필요에 따라 가리지 않고 마셨던 때다.

어느 날 아침 일어나니 어깨가 뻐근하고 움직이기도 불편하고 통증까지 왔다. 무슨 일이지? 부딪힌 적도 없고 크게 무리한 일도 없었는데... 곰곰이 시간을 거꾸로 돌려 보다가 아하 그것 때문인가? 하는 생각이 스쳐 지나갔다. 몇 주전 동생네가 이사를 해 정리를 도와 준적이 있었고 무거운 것을 옮겼던 기억이 떠올랐다. 그런데 시간이 지날수록 아프고 누가 팔을 건드릴까 신경이 온통 곤두섰으며 머리 감고 샤워하기가 몹시 곤란한 지경에 이르렀다. 결국 병원을 찾으니 오십 견이라며 주사도 맞고 온 찜질과 다양한 의료기기를 통해 치료를 했지만 좀처럼 눈에 띄는 차도가 없었다.

그 즈음 내가 좋아했던 꽃차 맨드라미를 마시게 되고 향은 약하지만 색이 너무 고와 자주 마시게 됐다. 울안에서 많이 자라고 해서 꽃차로 만들어 놓았다가 조용히 마시면서 향을 떠올리면 은은한 버섯향이 느껴지면서 강하지 않은 향이 내겐 더 가까워지는 계기가 됐다. 늘 자주 마시면서 나도 모르게 어깨가 좋아짐을 느꼈다.

내가 만난 맨드라미 꽃차에서 지혈작용과 시력에 도움이 된다고 알고 있었지만 견통肩痛에도 효과가 있었음을 꾸준한 음용을 통해 도움 받았음을 몸소 체험한 일을 잊을 수 없다.

메리골드

55세 / 여 / 소양인

꽃차를 알고 꽃을 직접 심고, 엄마와 함께 정성껏 심은 꽃을 따서 차로 만들게 되었다. 특히 꽃차 식물 중에서 메리골드는 즐거운 놀이가 되었다. 엄마와 함께 꽃을 똑똑 따며, 소리와 향기에 행복했다. 메리골드에는 우리 눈에 좋은 루테인 성분이 많아서 인기가 있었고, 봄부터 가을까지 수확을 할 수 있어서 좋았다. 엄마는 매일 드시면서 눈이 좋아졌다고 하시며, 친구분들께도 선물해주시곤 하셨다.

나도 2020년부터 안구 건조증으로 인공누액을 넣었지만, 양쪽 눈가가 짓무르는 건 나아지지 않았다. 엄마가 눈이 좋아졌다고 말씀하신 생각이 나서 메리골드 꽃차를 마셔보기로 했다. 메리골드 꽃차로 마시며, 눈이 편안해짐을 느껴져서 오래 마실 수 있는 방법을 생각해보았다.

2021년 엄마를 생각하며, 색도 예쁘고 맛도 있으면 좋겠다는 생각에 메리골드에 블렌딩을 하고, '마음 눈차'로 이름을 지었다. '마음 눈차'는 마음을 편안하게 해주고 수면에도 도움을 주는 케모마일, 눈에 좋은 메리골드, 애플민트 소화기능·시력보호, 펜넬 시력보호, 약간의 단맛을 더하는 감초를 블렌딩한 것이다. 맛과 색 그리고 효능까지 배가 되어 좋았다. 마음 눈차로 만들어 마시며, 지금은 눈가 양쪽 짓무름이 없어졌다.

메리골드

69세 / 여 / 소양인

새롭게 시작한 친환경 소재, 자연염색 의류대리점을 운명하게 되면서 생각하게 된 고객 응접용으로 어떤 차가 좋을까 생각하였다. 우연히 이 새 매장 분위기와 잘 어울리는 차를 만나게 되었다.

목포대학교 평생교육원에서 개설된 '한방꽃차 소믈리에'에 등록하면서, 계절 꽃차, 열매차, 뿌리차를 공부하게 되었다. 예쁜 꽃잎을 불판 위에 올릴 때는 짠하기도 했지만, 찻잔 위에 다시 피어나는 신비스러운 여린 꽃잎에서 우러나는 향과 맛은 우리를 행복하게 만들었다.

많은 차들 가운데 나에게는 메리골드차가 향과 맛이 일품이었다. 그리고 눈에도 효능이 있다고 하였다. 그래서 오후 시간에는 고객님과 함께 차 나눔 시간을 가지게 되었다. 어느덧 벌써 4년쯤 된 듯하다. 나이가 들어가면서 안구 건조증이 심했었는데, 자연스럽게 불쾌했던 느낌이 사라져 지금은 편안하게 생활하고 있다.

앞으로도 메리골드꽃차의 사랑은 우리 고객님들과 함께 계속될 것 같다.

박하차

65세 / 여 / 소음인

나는 아랫배가 얼음장 같이 차서 여름에도 이불을 덮고 잔다. 또 수박, 참외 등 차가운 성질의 과일을 먹으면 배탈이 잘나기 때문에 소량으로 조심해서 먹어야 한다.

2016년 여름, 시골 친정에 갔을 때 생 박하잎을 우려마시고 탈이 났던 일이 있다. 아침에 자고 일어나니 속이 거북하고, 얼굴에 핏기가 없었으며 머리가 지끈지끈 아파오기 시작하였다. 그때 앞마당 울타리에 자라고 있는 박하 잎을 한줌정도 따다가 끓여 마셨다. 늘 소화가 되지 않을 때마다 박하차를 마시며 속이 답답한 것을 다스려왔기 때문에 망설이지 않았다.

성질이 서늘한 박하의 효능을 보면, 몸의 열을 식혀주고 감기증상인 두통, 인후통과 그밖에 치통, 피부염, 긴장완화에 도움이 된다. 또 체기로 인한 복부 팽만감 등에도 효능이 있다.

이러한 박하의 생리적 효능은 몸이 차서 소화기능이 약한 나에게는 맞지 않았던 것이다. 박하차를 마시고 난 후 바로 어지러우며 구토가 멈추지 않았고 증세가 점점 더 심해져서 결국 병원으로 실려가 치료를 받고 나은 적이 있다.

그 이후부터는 덖은 박하차를 1인분에 2g 정도 우려 마시거나, 생잎을 블렌딩 할 때는 한두 잎 정도 적절한 양으로 이용하고 있다.

태양인 꽃차

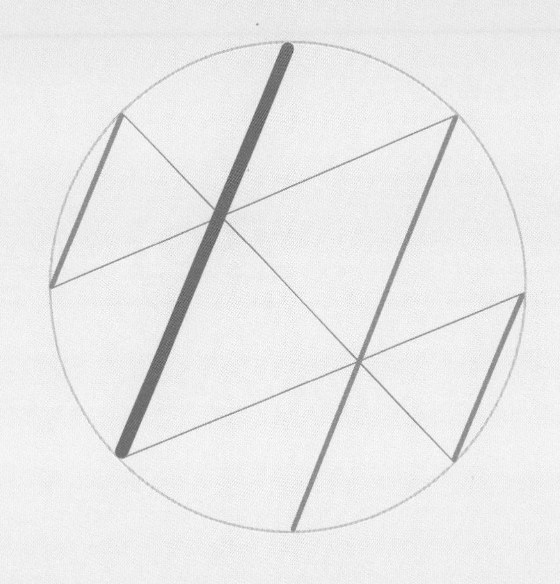

감잎시엽柿葉
노근蘆根
메밀교맥蕎麥
모과木瓜
솔잎송엽松葉
앵도꽃
포도뿌리

위 그림은 사상의학원리도의 기반이 되는『주역』의 문왕팔괘도文王八卦圖의 기흐름이다.
사상의학이 기氣철학에 근거하고 있음을 알수 있다.

감잎시엽柿葉

Diospyros kaki Thunb.

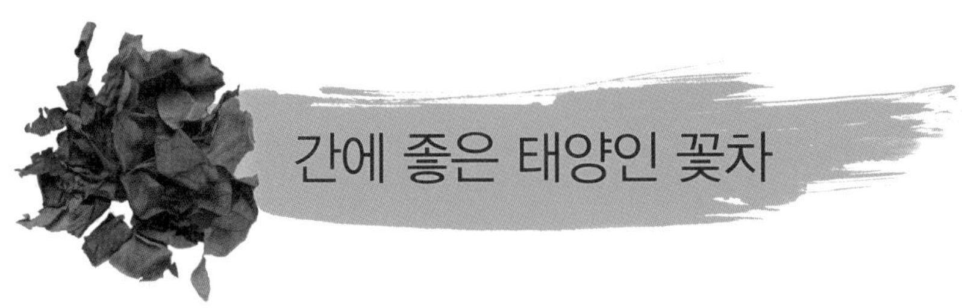

간에 좋은 태양인 꽃차

감·감잎의 약성과 성분

기본 정보

- 학명은 *Diospyros kaki* Thunb.이다.
- 꽃말은 '경의'·'자애'·'소박'이며, 다른 이름은 돌감나무·산감나무·똘감나무·과체果蒂·시화柿花이고 생약명은 시목柿木·시자柿子·시체柿蒂·시근柿根·시목피柿木皮·시엽柿葉이다.
- 감나무과에 속한 낙엽교목으로 키는 4m정도 자란다. 꽃이 피는 시기는 5~6월이며, 황백색으로 잎겨드랑이에서 피고 열매는 황적색이며, 10월에 성숙한다.
- 중국·대만·일본에 분포하고 있으며, 우리나라에서는 주로 경기도 이남지방에서 재배하고 있다.
- 고려중기에 간행된 『향약구급방』에 경상도 고령高靈에서 재배하였다는 기록이 있다.
- 이용부위는 뿌리·나무껍질·잎·꽃·과실·성숙한 감꼭지로 모두 약용하고, 과실은 식용하며, 잎은 차로 사용한다.

약성

- 감잎의 성질은 차고, 맛은 쓰다.
- 감의 성질은 차고, 맛은 달다.
- 기氣를 모으고 심폐心肺를 윤택하게 하며, 갈증을 멈추게 하고, 담을 삭인다.
- 감은 수렴시키고 굳게 하여 이질을 멈추게 한다.
- 감잎은 고혈압·천식·폐기종을 다스린다.
- 감꼭지는 딸국질을 진정시키며, 구토를 멎게 한다.

성분

- **감**

  탄닌tannin, 포도당, 과당, 서당

- **감꼭지**

  하이드록시트릭터페닉산hydroxytriterpenic acid
  베툴산betulic acid
  올레아놀릭산oleanolic acid
  우르솔산ursolic acid
  탄닌tannin, 포도당, 과당
  헤미셀룰로스hemicellulose

- **감잎**

  플라보노이드flavonoid
  아스트라갈린astragalin
  미리시트린myrici trin
  비타민C, 카로틴carotene
  수지樹脂, 환원당還元糖
  정유, 탄닌, 페놀류phenol 類
  올레아놀릭산
  베툴산, 우르솔산

감잎차 제다법

① 감잎은 5~6월에 채취한다.
② 감잎을 깨끗이 씻어 시들리기 한다.
③ 시들은 감잎을 1cm 크기로 자른다.
④ 중온에서 덖으며 잘 익혀준 뒤 유념을 한다.
⑤ 고온에서 덖음과 식힘을 반복하여 덖음한다.
⑥ 고온에서 맛내기 가향을 하여 완성한다.

감잎차 블렌딩

- 감잎·감꼭지차와 메밀차를 블렌딩한다.
- 메밀은 오장을 단련시키며 장을 실하게 한다. 메밀에 풍부하게 함유된 루틴성분은 모세혈관을 튼튼하게 하고, 이뇨작용을 도우며 변비를 해소시킨다.
- 감잎차 블렌딩은 심폐를 윤택하게 하고, 기침과 담을 삭인다. 또 몸을 서늘하게 하고 해독시켜 염증을 가라앉히며, 대·소변이 원활하도록 돕는다.
- 블렌딩한 차의 우림한 탕색은 연한 갈색이고, 향기는 감잎향이며, 맛은 시고 구수하다.

감잎차 음용법

- 감잎차 2g

100℃ 250ml 2분

- 감잎차 0.5g
  감꼭지차 1개
  메밀차 0.5g

100℃ 300ml 2분

- 감잎은 탄닌 성분이 있기 때문에 변비가 심한 사람은 많이 마시지 않는다.

감잎의 활용

- 청·장아찌 등으로 이용한다.

감잎차의 마음·기작용

- 감잎은 간肝에 좋은 태양인의 꽃차이다.
- 감은 기운을 모으고 수렴하기 때문에 항상 급박한 마음을 가지고 있는 태양인이 한 걸음 물러서서 일을 살펴 고요하게 해준다.
- 탄닌의 수렴작용과 감꼭지의 진정작용은 다른 사람의 모욕에 분노하는 것과 예의 없이 멋대로 하는 방종의 마음을 너그럽고 느슨하게 한다.
- 감은 심장心臟과 폐肺의 열을 내리고 윤택하게 하는데, 이는 수곡온기의 니해膩海와 관계된다. 수곡온기는 위완胃脘에서 진津이 생성되어 혀 아래의 진해津海로 들어가고, 진해의 맑은 기운은 귀로 나아가서 신神이 되고, 신神이 두뇌로 들어가 니해가 되고, 니해의 맑은 즙을 폐肺가 빨아들여서 원기를 보익한다. 니해의 맑은 즙이 폐의 원기를 보익하기 때문에 감은 니해를 충만하게 하는 것이다.(아래 그림 참조)
- 감잎은 고혈압·천식·폐기종 등을 다스리는데, 이것도 수곡온기의 니해膩海와 관계된다. 니해의 맑은 즙이 폐의 원기를 보익하기 때문에 감잎은 니해를 충만하게 하는 것이다.(옆 그림 참조)
- 태양인은 폐대간소肺大肝小의 장국으로 간당肝黨의 수곡량기가 적은데, 감은 기본적으로 수곡량기의 기흐름을 잘 흐르게 한다.

※) 수곡온기水穀溫氣는 상초上焦인 폐당肺黨에 흐르는 기운이다.

※) 진해津海는 혀 아래에 있는 기운 덩어리이다.

※) 니해膩海는 두뇌에 있는 기운 덩어리이다.

※) 탁재濁滓는 탁한 찌꺼기로 몸의 형체를 이루는 기운이다.

※) 보익補益은 돕고 더하는 것으로, 혈기血氣와 음양陰陽을 돕는 것이다.

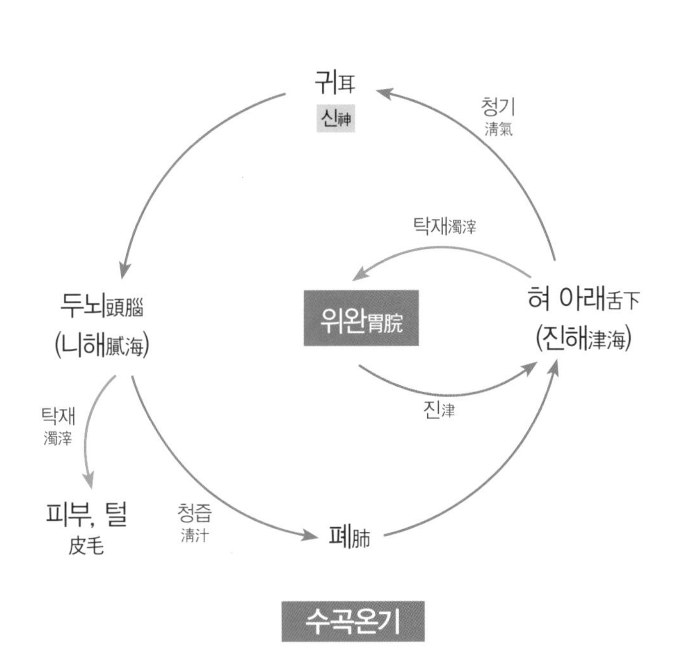

노근蘆根

phragmites communis Trinius.

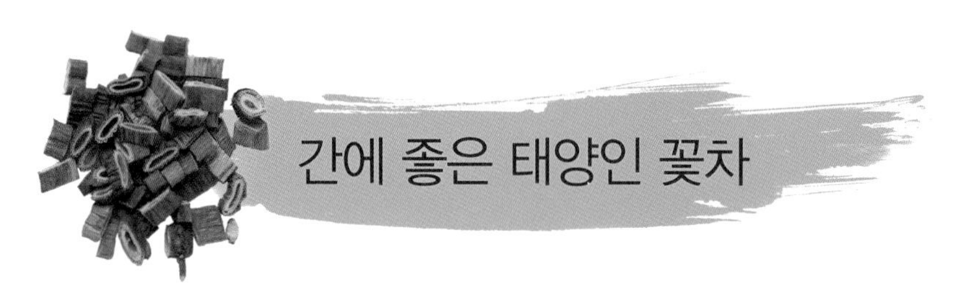

노근의 약성과 성분

기본 정보

- 노근의 학명은 *phragmites communis* Trinius.이다.
- 꽃말은 '깊은 애정'·'친절'·'순정' 등이고, 다른 이름은 노모근·순강룡·노고근·위근·노두·위근이며, 생약명은 노근蘆根이다.
- 벼과禾本科 화본과에 속한 다년생 초본이다. 우리나라 각지의 늪·강기슭·습지·바닷가 기슭에서 자란다. 길이는 일정하지 않고 표면은 황백색이고 광택이 있으며, 10~17㎝ 간격으로 마디가 있고 마디에는 잔뿌리가 있다.
- 산지는 아시아·유럽·아프리카·아메리카이다.
- 고려시대의『고려사절요』에는 "언덕 위에 초가草家 정자를 지었는데 오리가 놀고, 갈대가 우거진 것이 완연히 강호江湖의 경치와 같았다."라는 갈대를 이용한 기록이 있다.
- 이용부위는 근경·줄기·잎·꽃 등으로 약용한다.

약성

- 성질은 차고, 맛은 달다.
- 위와 폐의 열을 제거하고, 번갈이 심한 것을 다스린다.
- 곽란으로 토하거나 설사하고, 소변이 많은 것을 치료한다.
- 임산부가 가슴이 답답할 때 도움이 된다.
- 진액을 생성하고, 기침과 가래를 삭혀준다.

성분

- **근경根莖**

  코익솔coixol
  단백질
  지방
  탄수화물
  아스파라긴asparagin

- **줄기**

  셀룰로스cellulose
  리그닌lignin
  크실란xylan
  회분灰分
  다량의 비타민 B1, B2, C
  트리신tricin

노근차 제다법

① 노근은 가을에서 새봄 잎이 피기 전에 채취한다.
② 마디의 잔뿌리를 다듬어서 깨끗이 씻는다.
③ 0.5cm의 크기로 자른 다음 고온에서 덖으며 익힌다.
④ 고온에서 익힘과 식힘을 반복한다.
⑤ 고온에서 맛내기 덖음을 하여 완성한다.

노근차 블렌딩

- 노근차에 뽕잎차와 도라지꽃차를 블렌딩한다.
- 뽕잎은 활성산소 제거·모세혈관 강화·혈압강하·당뇨병 예방·소갈증 등을 다스린다. 도라지꽃은 기관지와 폐질환에 도움이 된다.
- 노근차 블렌딩은 혈중 콜레스테롤을 저하시키고, 혈액순환을 도와 고지혈증·동맥경화·뇌졸중 등을 예방한다. 또 위胃와 폐肺의 열로 인한 기침과 구토, 가슴이 답답하고 입안이 마르는 갈증에 도움이 된다.
- 블렌딩한 차의 우림한 탕색은 갈색이고, 향기는 구수한 향이 나며, 맛은 시원하고, 쓰고, 달다.

노근차 음용법

- 노근차 2g

100℃ 250ml 2분

- 노근차 1g
  뽕잎차 0.5g
  도라지꽃차 1송이

100℃ 250ml 2분

- 비위脾胃가 허약하고 몸이 찬 사람은 많이 마시면 좋지 않다.

노근의 활용

- 식초·시럽·조청을 만들어 이용한다.

노근차의 마음·기작용

- 노근은 간肝에 좋은 태양인의 꽃차이다.
- 성질이 찬 노근은 비장으로 들어가 위의 열을 내리기 때문에 성질 급한 태양인이 한 걸음 물러나 일을 살피며 편안해진다.
- 노근은 이완작용을 하여 간기肝氣를 보익하기 때문에 마음을 편안하게 하고 너그럽게 한다.
- 노근은 소변과다와 설사하는 것을 치료하는데, 이는 수곡량기와 관계된다. 수곡량기는 소장小腸에서 유油가 생성되어 배꼽의 유해油海로 들어가고, 유해의 맑은 기운은 코로 나아가서 혈血이 된다. 유해의 맑은 기운은 코로 들어가지만, 탁재는 소장을 보익하기 때문에 노근은 소장의 유油를 잘 생성시켜 유해를 충만하게 하는 것이다.(아래 그림 참조)

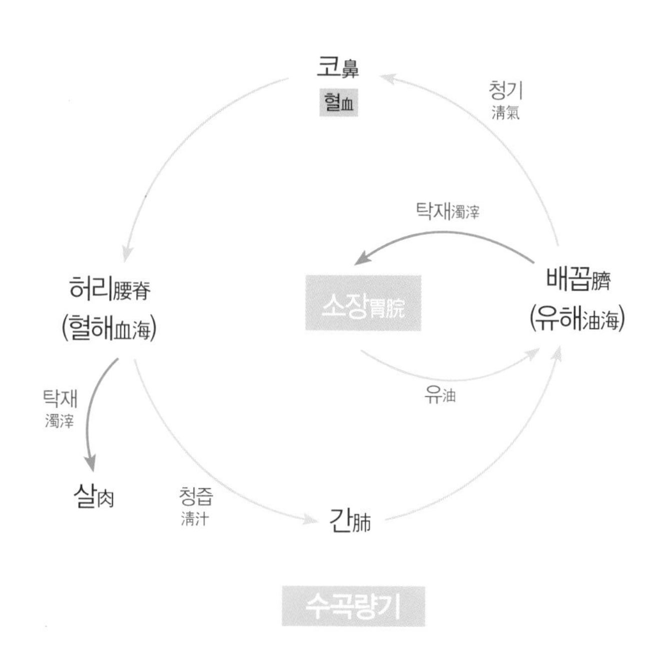

- 노근은 폐의 열을 없애고, 진액을 생성하고 기침과 가래를 삭혀주는데, 이는 수곡온기의 위완胃脘과 관계된다. 혀 아래에 있는 진해津海의 탁재가 위완을 보익하기 때문에 노근은 진해를 충만하게 하는 것이다.
- 태양인은 폐대간소肺大肝小의 장국으로 간당肝黨의 수곡량기가 적은데, 노근은 기본적으로 수곡량기의 기 흐름을 좋게 한다.

메밀 교맥蕎麥

Fagopyrum esculentum Moench.

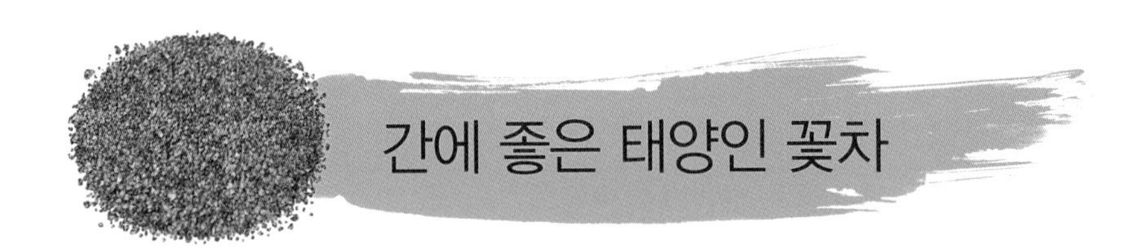

메밀의 약성과 성분

기본 정보

- 학명은 *Fagopyrum esculentum* Moench.이다.
- 꽃말은 '연인'이고, 다른 이름은 매물 · 뫼밀이며, 생약명은 교맥蕎麥이다.
- 마디풀과 메밀속으로 한해살이풀이다. 서늘하고 비가 알맞게 내리는 지역에서 잘 자라고, 꽃은 7~10월에 피는데 흰색으로 핀다.
- 원산지는 동부아시아 · 중앙아시아이다. 우리나라에서는 함경도에서 재배하였으나, 현재는 강원도 봉평의 지역 특산물로 자리 잡았다.
- 메밀은 최초로 고려시대『향약구급방』에 기록이 있으나 통일신라시대에 메밀종자가 검출된 기록이 있어, 그 이전부터 이용하였을 것으로 보인다.
- 이용부위는 잎 · 씨앗으로 식용 또는 약용하고, 또 차로 사용한다.

약성

- 성질은 차고, 맛은 달다.
- 장을 실하게 하고 기력을 도우며 오장을 단련시킨다.
- 모세혈관을 튼튼하게 하고, 혈액순환을 촉진시킨다.
- 고혈압·동맥경화·당뇨·심혈관계 질환 등 성인병 치료 및 예방을 한다.
- 폐렴·기관지염·인후염·자궁염·급성장염·종기 등 염증을 치료한다.
- 항산화물질이 풍부하여 피부미용과 다이어트에 효과가 있다.

성분

- **전초**

  루틴rutin

  퀘르세틴quercetin

  카페인산caffeic acid

- **메밀과 싹**

  오리엔틴orientin

  호모오리엔틴homoorientine

  비텍신vitexin

  사포나레틴saponaretin

  루틴, 퀘르세틴, 시아니딘cyanidin

  라이신, 아르기닌, 루신, 칼륨

  마그네슘, 칼슘, 인, 철분 등

- **껍질속**

  살리실아민salicylamine

  히드록시벤질아민4-hydroxy benzylamine

메밀차 제다법

① 메밀은 서리가 내린 전후 수확하여, 껍질을 벗긴 것을 구입한다.
② 깨끗하게 씻어 소쿠리에 건져 물기를 뺀다.
③ 중온에서 메밀을 덖으면서 익힌다.
④ 중온에서 덖음과 식힘을 반복한다.
⑤ 고온에서 구수한 맛이 나도록 가향을 해서 완성한다.

메밀차 블렌딩

- 메밀차에 무우차를 블렌딩한다.
- 무우차는 기침·가래를 없애주는 효능이 있고, 메밀껍질 속에 있는 유해물질을 해독시켜준다.
- 메밀차 블렌딩은 모세혈관이 튼튼해지고 동맥경화에 도움이 되며, 췌장을 도와 인슐린 분비를 돕는다. 몸을 서늘하게 하여 염증을 가라앉히고 기관지와 폐 기능을 도우며, 해독과 소화 작용으로 오장을 튼튼하게 한다.
- 블렌딩한 차의 우림한 탕색은 진한 갈색이고, 향기는 무우 향이 나며, 맛은 시원하고 시다.

메밀차 음용법

- 메밀차 2g

100℃ 250ml 2분

- 메밀차 1.5g
  무차 0.5g

100℃ 300ml 2분

- 비위가 허한 사람이 과다 음용하면 원기가 손상되어 수염과 머리카락이 빠지는 부작용이 발생한다.

메밀의 활용

- 메밀의 어린잎은 나물로 이용하고, 메밀가루는 묵과 전을 해 먹는다.

메밀차의 마음·기작용

- 메밀은 간肝에 좋은 태양인의 꽃차이다.
- 성질이 찬 메밀은 비장으로 들어가 위의 열을 내기 때문에 성질 급한 태양인을 느슨하게 하고, 간의 기운을 보익하여, 마음을 편안하게 하고 너그럽게 한다.
- 메밀은 모세혈관을 튼튼하게 하고, 혈액순환을 촉진시키며, 고혈압·동맹경화·심혈관 질환을 예방하는데, 이는 수곡량기의 혈해血海와 관계된다. 수곡량기는 소장小腸에서 유油가 생성되어 배꼽의 유해油海로 들어가고, 유해의 맑은 기운은 코로 나아가서 혈血이 되고, 코의 혈이 허리로 들어가 혈해가 된다. 혈해의 맑은 즙을 간肝이 빨아 들여서 간의 원기를 보익하기 때문에 메밀은 혈해를 충만하게 하는 것이다.(아래 그림 참조)
- 메밀은 급성장염을 치료하고 장을 실하게 하고 오장을 단련하는데, 이것도 수곡량기의 소장小腸과 관계된다. 배꼽에 있는 유해油海의 탁재濁滓가 소장을 보익하기 때문에 메밀은 소장의 유油를 잘 생성시켜 유해를 충만하게 하는 것이다.(옆 그림 참조)

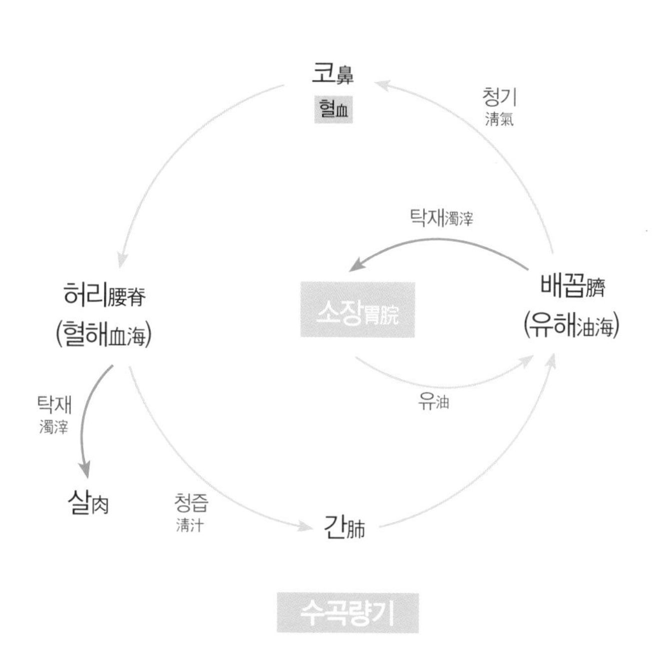

- 메밀은 폐렴·기관지염·인후염·종기 등 염증을 치료하고, 항산화물질이 풍부해 피부미용에 효과가 있는데, 이는 수곡온기의 니해膩海와 관계된다. 니해의 맑은 즙이 폐의 원기를 보익하고, 니해의 탁재濁滓는 피부를 돕기 때문에 메밀은 니해를 충만하게 하는 것이다.

모과木瓜

Pseudocydonia sinensis Thouin C.K.Schneid.

모과의 약성과 성분

기본 정보

- 학명은 *Pseudocydonia sinensis* Thouin C.K.Schneid.이다.
- 꽃말은 '풍만하고 아름다움'·'유일한 사랑'·'노력'·'우아'이며, 다른 이름은 모과·산목과酸木瓜·토목과土木瓜·화이목花梨木·화류목華榴木·향목과香木瓜 등이고, 생약명은 목과木瓜·명사榠樝이다.
- 장미과 모과나무속에 속한 낙엽활엽교목이다. 꽃은 4월 말경에 피며 분홍색이다. 열매는 원형 또는 타원형이며 대형이고 목질이 발달하며, 9월~10월에 황색으로 익고, 향기가 좋으나 신맛이 강하다.
- 원산지는 중국이다. 우리나라에는 중부 이남지역에 다수 분포하고 있다.
- 이용부위는 성숙한 열매로 차 또는 약용한다.

약성

- 성질은 따뜻하고, 맛은 시다.
- 모과의 온향溫香은 소화기능을 튼튼하게 하고, 구토와 설사를 멈추게 한다.
- 혈이나 진액이 부족하고, 근맥筋脈이 수축되어 잘 펴지지 않는 증상에 효과가 있다.
- 담을 치료한다.
- 폐와 기관지를 튼튼하게 하고, 기침과 가래를 삭혀준다.

성분

사포닌saponin
사과산malic acid
주석산tartaric acid
구연산
마린산malic acid
타타린산tartaric acid
시트르산citric acid
아스코르브산 비타민C
플라보노이드flavonoid
탄닌tannin 등

모과차 제다법

① 모과꽃과 숙성된 열매를 따서 차로 만든다.
② 모과꽃은 4월 말경 꽃봉오리가 터지려고 하거나 갓 핀 꽃을 채취한다.
③ 저온에서 덖음과 식힘을 한다.
④ 온도를 높여 조절하면서 덖음과 식힘을 반복하여 완성한다.
⑤ 모과는 깨끗이 씻어서 5~6등분으로 잘라서 씨를 제거한다.
⑥ 씨를 제거한 모과는 2mm 정도의 두께로 썬다.
⑦ 고온에서 잘 익혀서 덖음과 식힘을 반복하며 구증구포하여 완성한다.

모과차 블렌딩

- 모과차와 생강을 블렌딩한다.
- 생강은 식욕증진과 진통작용·항염 효과·골관절염을 다스린다.
- 모과차 블렌딩은 모과에 사과산·구연산·비타민C 등이 다량 함유되어 있어 피로 회복 및 감기 예방에 효과가 좋다.
- 블렌딩한 차의 우림한 탕색은 연한 미색이고, 향기는 생강향과 향긋한 모과향이 나며, 맛은 맵고, 시다.

모과차 음용법

- 모과차 2g

100℃ 250ml 2분

- 모과차 1.5g
  생강차 0.5g

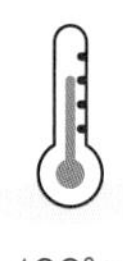

100℃ 250ml 2분

- 모과는 오래 음용하면 뼈 또는 치아가 손상될 수 있으므로 주의해서 음용 한다.

모과의 활용

- 모과씨는 시안화수소라는 독소가 있어 씨를 빼고 술을 담는다.

모과차의 마음·기작용

- 모과는 간肝에 좋은 태양인의 꽃차이다.
- 맛이 신 모과는 담을 제거하고 풍습을 없애, 성질 급한 태양인이 한걸음 뒤로 물러서서 일을 살펴 고요하게 한다.
- 모과는 팔다리가 당겨 뒤틀리고 아프며 오그라들어 펴기 어려운 증상을 낫게 하는데, 이는 태양인의 열격반위噎膈反胃와 해역解㑊 등에 작용한다.
- 모과는 방향성芳香性을 가진 거습약으로 소화기능을 튼튼하게 하고, 구토, 설사를 멈추게 하는데, 이는 위胃에서 발생하는 수곡열기와 관계된다. 수곡열기는 위에서 고膏가 생성되어 양 젖가슴의 고해膏海로 나아가고, 고해의 맑은 기운에 눈으로 들어가고, 탁재濁滓는 위를 보익한다. 모과는 고해를 충만하게 하여 위를 보익하는 것이다.(아래 그림 참조)
- 모과는 폐·기관지를 튼튼하게 하여 기침과 가래를 삭혀주는데, 이는 수곡온기의 폐肺와 관계된다. 수곡온기에서 폐는 두뇌에 있는 니해膩海의 맑은 즙을 빨아들여 폐의 원기를 보익하고, 다시 혀 아래의 진해를 고동시킨다. 모과는 니해를 충만하게 하여 폐의 원기를 보익하는 것이다.

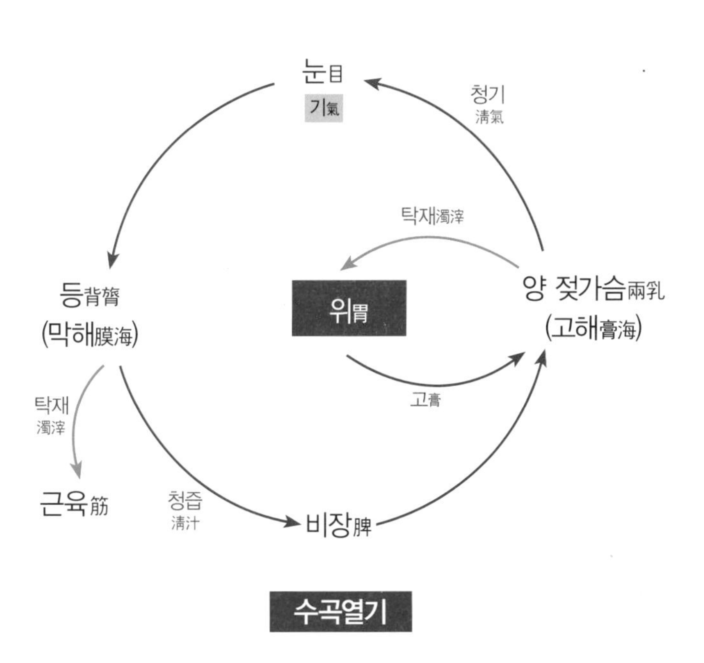

- 태양인은 폐대간소肺大肝小한 장국으로 수곡량기의 기운이 적은 사람인데, 모과는 기본적으로 수곡량기의 기흐름을 좋게 한다.

솔잎송엽松葉

Pinus densiflora Siebold & Zucc.

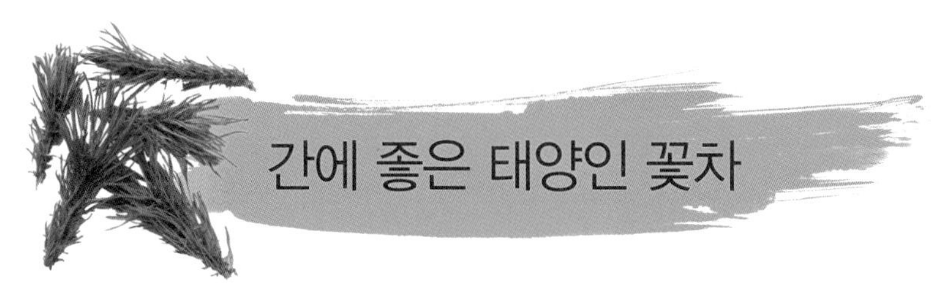

솔잎의 약성과 성분

기본 정보

- 학명은 *Pinus densiflora* Siebold & Zucc.이다.
- 꽃말은 '정절' · '장수'이며, 다른 이름은 솔 · 솔나무 · 여송 · 육송 · 적송이고, 생약명은 송엽松葉 · 송지松枝 · 송절松節 · 송화松花이다.
- 소나무과 소속나무속 상록 교목이다. 소나무는 키가 10m 정도이고, 잎은 어긋나기하고 뾰족하며, 꽃은 분홍색으로 4월 말에 핀다.
- 원산지는 한국 · 일본 · 중국 · 러시아이고, 우리나라에는 전국 각지의 산지 표고 1300m 이하에서 자생한다.
- 『산림경제』에 수해水害나 한재旱災로 흉년이 들었을 때, 솔잎을 먹는 구황救荒식품으로 활용되었다는 사례가 있다.
- 이용부위는 가지와 줄기 · 어린뿌리 · 잎 · 화분 · 나무껍질 · 송진 등으로 각 부위를 약용하고, 화분은 다식으로 이용하며, 잎과 화분은 차도로 활용한다.

약성

- 송엽은 성질이 따뜻하고, 맛은 쓰고, 무독하다.
- 송절은 성질이 따뜻하고, 맛은 쓰다.
- 송화는 성질이 따뜻하고, 맛은 달다.
- 송엽은 풍을 없애주고, 살충·타박상·가려움증·부종·습진 등을 치료한다.
- 송절은 혈 중의 습을 말리고, 근골의 풍습을 다스린다.
- 송화는 습을 말리고 거두어들이며, 지혈작용을 한다.

성분

- **열매**

  단백질, 지방, 탄수화물

- **뿌리**

  수지樹脂, 정유

  탄닌tannin

  퀘르세틴quercetin

- **잎**

  테르펜terpene

  알파피넨α-pinene

  베타피넨β-pinene

  캄펜camphene

  퀘르세틴

  캠퍼롤kaempferol

  탄닌

  수지

  아비에트산abietic acid

  색소 등

솔잎차·송화차 제다법

① 솔잎의 채취는 사계절 상관없으나 겨울철에 따는 잎이 더욱 좋다.

② 솔잎은 깨끗이 씻어 물기를 제거한다.

③ 고온에서 덖음과 식힘을 반복하거나 또는 한번 증제 후에 덖음해도 좋다.

④ 고온에서 맛내기와 가향을 해서 완성한다.

⑤ 송화는 송황松黃이라고도 하는데 소나무의 꽃가루이며 5월에 채취한다.

솔잎차 블렌딩

- 솔잎차에 노근차를 블렌딩한다.
- 노근차는 위와 폐의 열을 없애고, 열병으로 번갈이 심할 때 효능이 있다.
- 솔잎차 블렌딩은 항균작용·염증완화에 좋고, 혈관을 맑고 튼튼하게 하여 심혈관계 질환을 다스린다. 노폐물과 독소배출·신진대사가 잘되며, 피부미용·노화방지에도 효과가 좋다.
- 블렌딩한 차의 우림한 탕색은 연미색이고, 향기는 신선한 솔잎 향이 나며, 맛은 청량한 맛이 난다.

솔잎차 음용법

- 솔잎차 2g

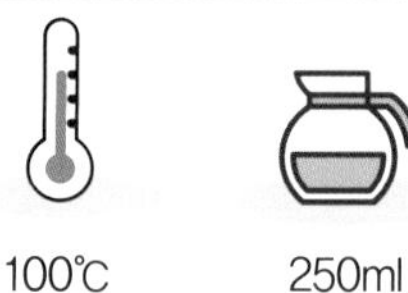

100℃ 250ml 2분

- 솔잎차 1.5g
  노근차 0.5g

100℃ 250ml 2분

- 송절·송엽차는 따뜻한 성질이므로 열이 많은 사람들은 열병이 발생할 수 있으니 과다하게 음용하는 것은 좋지 않다.

솔잎의 활용

- 솔잎효소·송화가루 다식·솔잎술 등으로 이용한다.

솔잎차의 마음·기작용

- 솔잎은 간肝에 좋은 태양인의 꽃차이다.
- 송절·솔잎차는 간과 신장의 기운을 보강해주어 태양인의 노심怒心과 애심哀心을 다스려 편안하게 한다.
- 송절은 근골을 튼튼하게 하여, 온몸이 노곤하고 다리에 맥이 없어 움직이기 싫은 태양인의 해역증을 예방한다.
- 송절은 고혈압·동맥경화·심근경색 등 심혈관질환과 중풍예방에 좋은데, 이는 수곡량기의 혈해血海와 관계된다. 수곡량기는 소장小腸에서 유油가 생성되어 배꼽의 유해油海로 들어가고, 유해의 맑은 기운은 코로 나아가서 혈血이 되고, 코의 혈이 허리로 들어가 혈해가 된다. 혈해의 맑은 즙을 간肝이 빨아 들여서 간의 원기를 보익하기 때문에 송절은 혈해를 충만하게 하는 것이다.(아래 그림 참조)
- 송화는 심폐를 윤택하게 하고 습을 수렴하며 풍을 제거하는데, 이는 수곡온기의 니해膩海와 관계된다. 두뇌에 있는 니해의 맑은 즙을 폐肺가 빨아들여서 폐의 원기를 보익하기 때문에 송화는 니해를 충만하게 하는 것이다.
- 태양인은 폐대간소肺大肝小의 장국으로 간당肝黨의 수곡량기가 적은데, 송절은 혈 중의 습을 말리고 근골의 풍습을 치료하는 수곡량기의 기 흐름을 도와준다.

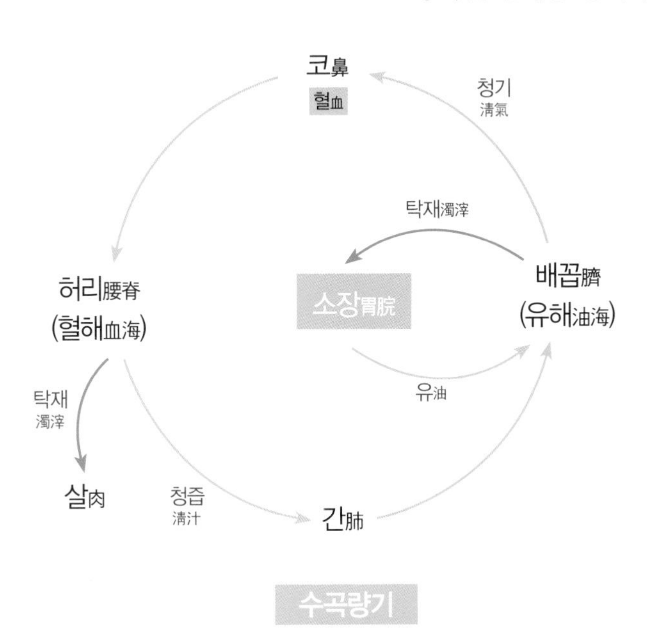

앵도꽃

Prunus tomentosa Thunb.

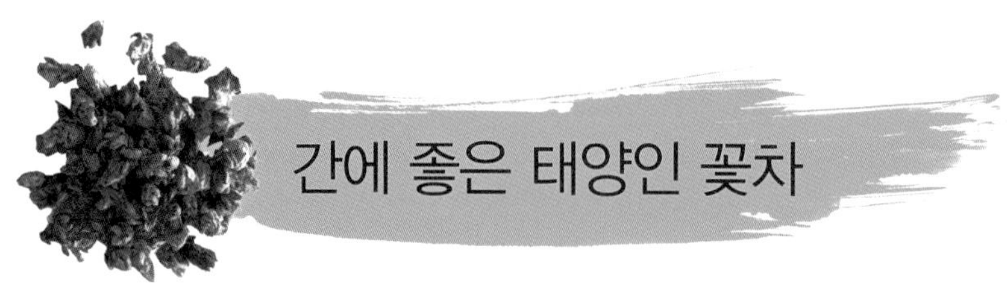

앵도의 약성과 성분

기본 정보

- 학명은 *Prunus tomentosa* Thunb.이다.
- 꽃말은 '수줍음'·'향수'·'눈부심'이고, 다른 이름은 매도梅桃·앵櫻·모앵도·주앵朱櫻·앵도나무·앵두나무이며, 생약명은 욱리인郁李仁이다.
- 장미과 벚나무속에 속한 낙엽관목이다. 꽃은 5월에 잎보다 먼저 또는 같이 피기도 하며, 꽃 색은 백색 또는 연홍색이다. 열매는 붉은색으로 6월에 성숙한다.
- 원산지는 중국이며, 우리나라에는 전국에서 심어 기르고 있다.
- 앵도의 용례는 『선화봉사고려도경』에 최초로 기록되어 있다. 고려시대 송나라 사절로 온 서긍徐兢, 1091~1153의 말에 의하면, "고려에는 6월에 함도含桃 : 앵도가 있는데 신맛이 식초와 비슷하다."고 하였다.
- 이용부위는 열매·씨앗으로 열매는 식용하고, 씨앗은 약용한다.

약성

- 성질은 뜨겁거나 따뜻하고, 맛은 시고 쓰고 달다.
- 풍습을 제거하여 속을 고르게 하고, 소화기능을 좋게 한다.
- 기 순환을 아래로 촉진시켜 수분이 잘 빠지도록 돕는다.
- 몸의 부종을 다스리고, 대·소변을 이롭게 한다.
- 속을 편안하게 하여 얼굴색을 좋게 한다.

성분

- **산앵도의 종자**
  아미그달린amygdalin
  지방유
  조단백질
  휘발성유기산
  셀룰로스cellulose
  전분
  올레인산olein acid
  사포닌
  피토스테롤phytosterol
  비타민 B1
- **양앵도나무P.humilis의 과실**
  프룩토오스fructoxe
- **꽃**
  비타민C

앵도꽃차 제다법

① 앵도꽃은 4월에 막 핀 것으로 채취한다.
② 저온에서 꽃이 겹치지 않도록 올려놓는다.
③ 저온에서 덖음과 식힘을 반복하면서 덖음한다.
④ 고온에서 가향을 해서 완성한다.

앵도꽃차 블렌딩

- 앵도꽃차에 메밀차를 블렌딩한다.
- 메밀은 장을 튼튼하게 하고 기력을 도우며, 오장을 단련시키는 효능이 있다.
- 앵도꽃차 블렌딩은 오장을 튼튼하게 하고, 대장 운동을 원활하도록 도와 대·소변을 이롭게 한다.
- 블렌딩한 차의 탕색은 연한 노란색이며, 향기는 벚나무향이 강하게 나면서 구수한 향도 있고, 맛은 약간 쓰면서 구수하다.

앵도꽃차 음용법

- 앵도꽃은 꽃 5~6송이

100℃ 250ml 2분

- 앵도꽃차 3송이
  메밀차 1g

100℃ 250ml 2분

- 임산부와 열이 많은 사람은 음용시 주의한다.

앵도의 활용

- 앵도는 청·쨈 등으로 이용한다.

앵도꽃차의 마음·기작용

- 앵도는 간肝에 좋은 태양인의 꽃차이다.
- 앵도는 수렴 작용이 강해 때문에 항상 급박한 마음을 가지고 있는 태양인이 한 걸음 물러서서 일을 살펴 고요하게 한다.
- 앵도는 얼굴색을 좋게 하고, 피부미용에 도움이 되는데, 이는 수곡온기의 니해膩海와 관계된다. 니해의 탁재濁滓가 피부를 보익하기 때문에 앵도는 두뇌에 있는 니해를 충만하게 하는 것이다.
- 앵도는 장腸을 윤택하게 하고 대소변을 이롭게 하는데, 이는 수곡량기의 유해油海와 관계된다. 수곡량기는 소장에서 유油가 생성되어 배꼽의 유해로 들어가고, 유해의 맑은 기운은 코로 가서 혈血이 되고, 탁재는 소장을 보익한다. 즉, 앵도는 소장의 유油를 잘 생성시켜 정액이 유실되는 것을 치료하며, 설사를 그치게 하는 것이다.(옆 그림 참조)

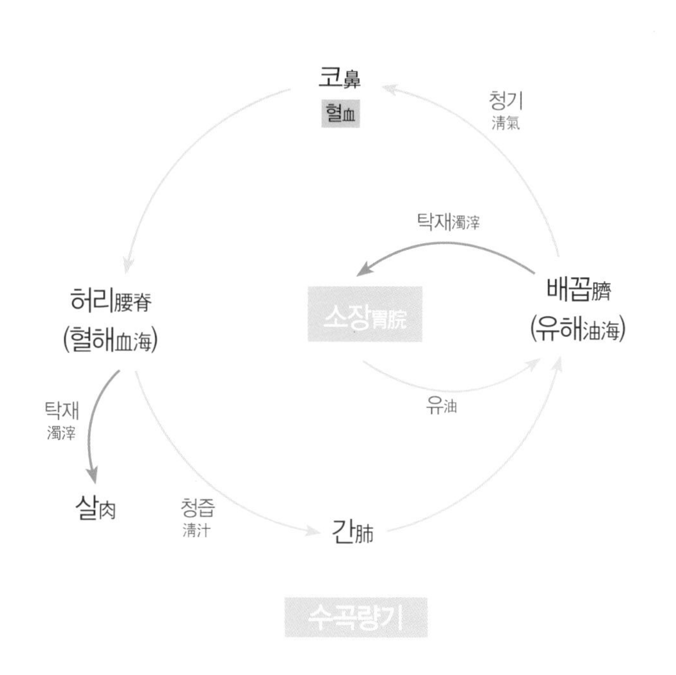

- 태양인은 폐대간소肺大肝小의 장국으로 간당肝黨의 수곡량기가 적은데, 앵도는 혈관건강·피로회복에 도움이 되고 수곡량기의 기 흐름을 좋게 한다.

포도뿌리

Vitis vinifera L.

포도의 약성과 성분

약성

- 성질은 평하고, 맛은 달고, 떫다.
- 습으로 인한 신경통·류마티즘을 낫게 하며, 임질을 치료한다.
- 기력을 돕는다.
- 뿌리는 구역질을 멈추게 한다.
- 임신 중에 태기가 위로 치밀어 명치끝이 아픈 것을 다스린다.

성분

스틸빈스stilbenes
폴리페놀polyphenol
플라보노이드flavonoid
안토시아닌anthocyanin
단백질
당질
지질
철분
칼륨
칼슘
인
비타민
아연
엽산
회분 등

기본 정보

- 학명은 *Vitis vinifera* L.이다.
- 꽃말은 '박애'·'도취'·'유쾌함'·'환희'이며, 생약명은 포도근葡萄根이다. 산포도는 왕머루라고도 하는데, 머루 가운데 열매가 커서 붙여진 이름이다.
- 포도과 포도속에 속한 낙엽 덩굴식물이다. 꽃은 6월에 피고, 열매는 둥글고 8~9월에 다갈색으로 익는다. 유사종으로는 섬머루·머루·개머루 등이 있다.
- 산지는 한국·러시아·중국·일본이다.
- 『동문선』에는 "포도는 겹겹이 그늘 맺었는데"라는 내용이 있어, 고려 말에도 포도가 있었다.
- 이용부위는 과실·뿌리·잎으로 모두 약용하고, 과실은 식용한다.

포도뿌리차 제다법

① 포도뿌리는 10~11월에 채취한다.
② 깨끗이 씻어 0.5cm 크기로 자른다.
③ 고온에서 덖음과 식힘을 반복하며 익힌다.
④ 고온에서 덖고 식히며 건조한다.
⑤ 고온에서 가향을 하여 완성한다.

포도뿌리차 블렌딩

- 포도뿌리차에 노근, 앵도꽃을 블렌딩한다.
- 노근은 위열을 없애주고 가슴이 답답하여 입이 마르고, 갈증이 나는 것을 다스린다. 앵도꽃은 비타민C가 들어 있어 피부미용에 좋다.
- 포도뿌리차 블렌딩은 혓구역질과 오열로 가슴이 답답할 때 효능이 있고, 뼈와 근육을 튼튼하게 하며 구토·갈증에 효과가 있다.
- 포도뿌리·노근·앵도꽃차의 우림한 탕색은 미색이고, 향기는 은은한 버찌향이 나며, 맛은 구수하면서 달고 쓰다.

포도뿌리차 음용법

- 포도뿌리차 2g

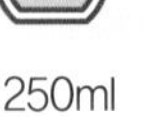

100℃ 250ml 2분

- 포도뿌리차 1g
  노근차 0.5g
  앵도꽃차 2송이

100℃ 250ml 2분

포도의 활용

- 포도주·포도잼·쥬스 등 다양하게 이용할 수 있다.

포도뿌리차의 마음·기작용

- 포도는 간肝에 좋은 태양인의 꽃차이다.
- 성질이 평한 포도는 기력을 돕고 의지를 강하게 하여, 성질 급한 태양인이 한걸음 뒤로 물러서서 일을 살펴 고요하게 한다.
- 포도는 신장으로 들어가 이뇨작용을 원활하게 하여 정기의 유실을 막고 분노하고 슬퍼하는 마음을 멀리하게 한다.
- 포도는 임질淋疾을 치료하는데, 이는 수곡량기와 관계된다. 수곡량기는 소장에서 유油가 생성되어 배꼽의 유해油海로 들어가고, 유해의 맑은 기운은 코로 가서 혈血이 되고, 탁한 찌꺼기는 소장을 보익한다. 즉, 포도는 소장의 유油를 잘 생성시켜 습을 제거하고 성병을 치료하는 것이다.(아래 그림 참조)
- 포도는 습으로 인한 신경통·류마티즘을 낫게 하는데, 이는 수곡한기의 정해精海와 관계된다. 정해의 맑은 즙이 신장의 원기를 보익하고, 정해의 탁재濁滓는 뼈를 돕기 때문에 포도는 정해를 충만하게 하는 것이다.

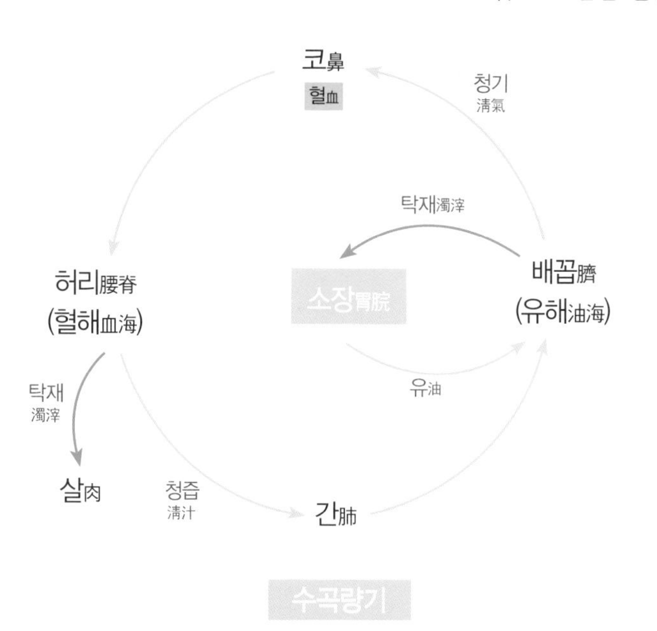

- 태양인은 폐대간소肺大肝小의 장국으로 간당肝黨의 수곡량기가 적은데, 포도는 혈관건강, 피로회복을 도와 수곡량기의 기 흐름을 좋게 한다.

태양인 꽃차 음용 사례

솔잎차

45세 / 여 / 태음인

나는 타고나기를 아주 약하면서 예민하고, 부드러운 기운을 타고났다. 일상적인 생활에서 정신적, 심적 스트레스가 너무 심해서 30대 후반부터는 정상적인 생활이 힘들만큼 컨디션이 나빠졌다. 개인적으로 병원을 좋아하지 않아서, 자연치유를 위주로 했다. 평소에 산에 가면 소나무를 오래 만난 친구처럼 쳐다본다. 소나무는 뇌를 맑게 하는 숲속의 요정 같은 느낌이다.

실제로 솔잎차를 마시는 순간, 몸의 변화가 일어났다. 뇌를 뚫고 들어가면서 기혈의 흐름을 느꼈다. 그리고 몸 안의 누런 독소들이 소변으로 나왔다. 몇일 마시니 어깨 결림이 풀어지면서 몸이 가뿐해졌다. 머리가 맑아지니 코와 눈이 예민해진다. 라면의 수프 냄새가 독하게 느껴졌다.

솔잎차는 신경계질환과 순환계 질환에 아주 좋지만, 위장胃腸에는 별로인 것 같다. 소화불량처럼 소화가 잘 되지는 않는다. 뭐든지 일장일단一長一短이 있으니, 다 좋을 수는 없다고 생각한다. 숲속의 요정인 솔잎차를 알게 되어서 너무 기쁘다. 내 몸이 자연과 하나 되면서 나도 숲속의 요정이 된다.

모과차

45세 / 여 / 태음인

나는 거의 앉아서 일을 한다. 그리고 땀을 흘린 적을 손에 꼽을 만큼 몸이 냉하다. 나의 손과 발끝은 한 여름에도 차다.

모과나무는 사람을 네 번 놀라게 한다고 한다. 독특한 수피껍질에 놀라고, 못 생긴 모양에 놀라고, 맛이 없어서 놀라고, 모과향에 놀란다고 한다. 나는 모과차 효능에 놀랐다.

모과차를 두 잔 마시니, 머리와 손, 발끝에 따뜻한 기운이 감돌았다. 그리고 다음 날부터 가래가 계속 나왔다. 가래는 머리의 고름들이 몸 밖으로 배출되는 현상이다. 나이가 드니까 머리 뒤쪽이 울퉁불퉁해지면서 계속 아팠다. 이걸 어떻게 하나, 고민하고 있었는데..... 모과차로 많이 해결되었다.

지금은 커피 대신에 내 몸에 좋은 차를 자주 마신다. 여러분도 자연의 선물에 기적을 경험해 보시길 권유합니다.

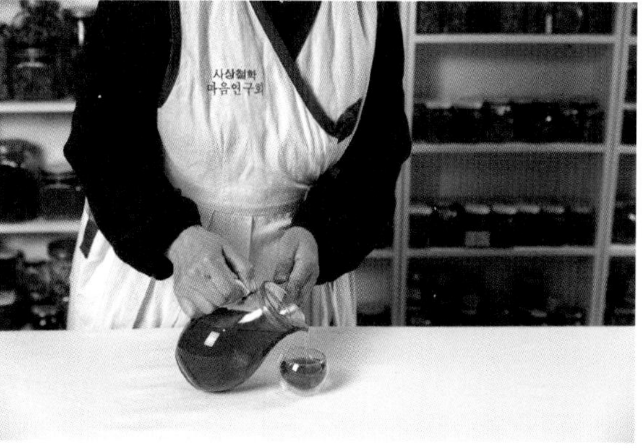

사상인 변별 질문지

2022.

원광대 마음학연구회

1. 나의 체형은?
   ① 아담하고 왜소하며, 뼈가 가는 편이다.
   ② 상체(가슴)가 발달, 하체는 빈약한 편이다.
   ③ 골격이 큰 편이고, 발목·손목이 굵은 편이다.
   ④ 머리가 큰 편이고, 하체가 빈약하다.

2. 나의 얼굴 특징은?
   ① 눈·코·입이 크지 않고, 귀엽고 애교스럽다.
   ② 얼굴이 각이 지고 눈매가 날카롭다.
   ③ 얼굴이 큰 편이고, 머리숱이 많이 빠졌다.
   ④ 목덜미가 크고, 눈썹이 짙고 눈이 부리부리하다.

3. 나의 피부는?
   ① 부드럽고 땀구멍이 적다.
   ② 건조하고 거친 편이다.
   ③ 땀구멍이 크며, 피부가 약하다.
   ④ 살갗이 엷으며 건조하다.

4. 나는 평소 땀을 흘리면?
① 땀이 끈적끈적하고, 기분이 별로 좋지 않다.
② 운동하지 않으면 거의 땀을 흘리지 않는다.
③ 땀이 맑고 잘 흘리며, 기분이 나쁘지 않다.
④ 땀에 대해 생각해보지 않았다.

5. 나의 걸음걸이는?
① 얌전하며 보폭이 짧게 걷는다.(아장아장 느낌)
② 몸을 세우고 빠르게 걷는다.(빠르다는 느낌)
③ 여유 있고 점잖게 걷는 편이다.(의젓한 느낌)
④ 성큼성큼 걷는다.

6. 나의 예민한 감각기관은?
① 입–맛 (맛에 민감한 미식가이다)
② 눈–빛 (순간적인 눈썰미가 좋다)
③ 코–냄새 (냄새에 예민하고 잘 맡는다)
④ 귀–소리 (소리에 예민하다)

7. 평소 식생활은?
① 평소 조금씩 자주 먹는다.(맛을 잘 아는 미식가)
② 음식을 빨리 먹는 편이다.(짧은 입맛)
③ 식탐이 있고 아무거나 잘 먹는 편이다.(대식가)
④ 정량의 식사를 하고 숟가락을 놓는 편이다.

8. 내가 좋아하는 음식은?
① 따뜻하거나 국물이 있는 음식
② 시원한 냉면이나 메밀, 소바 등 찬 음식
③ 다 잘 먹지만 고기류의 음식
④ 육류보다는 채소

9. 몸이 건강하다고 생각하는 척도는?

① 나는 소화가 잘되면 좋다.

② 나는 대변을 규칙적으로 보면 좋다.

③ 나는 땀을 잘 흘리고, 배출을 잘 하면 좋다.

④ 나는 소변을 잘 보면 좋다.

10. 나에게 있는 증상은?

① 손발이 차고, 긴장하면 손에 힘이 빠지는 증상이 있다.

② 무언가 두려움이 있고, 심할 때는 건망증이 있다.

③ 겁이 있고, 평상시 이유 없이 가슴이 두근거리는 증상이 있다.

④ 음식을 잘 토하는 증상이 있다.

11. 나의 평소 성격은?

① 나는 소심한 편이고, 화를 참는 편이다.

② 나는 평소 화를 잘 낸다.

③ 나는 성격이 좋은데, 욕심이 많은 편이다.

④ 나는 매사 급한 성격이다.

12. 나의 생활습관에서 자주?

① 나는 평소 한숨을 자주 쉰다.

② 나는 더위를 싫어하고, 한증막에 가지 않는다.

③ 나는 운동을 통해 땀을 흘리기를 좋아한다.

④ 나는 걷기나 달리기 등 하체 운동이 힘들다.

13. 나의 삶에서 가장 우선시 하는 가족은?

① 나는 자식이 삶의 전부와 같이 생각한다.

② 나는 형제에 대해 이야기를 많이 한다.

③ 나는 동반자인 남편(아내)이 자식보다 먼저이다.

④ 나는 부모님이 가장 우선이다.

14. 어린 아이를 키우는데, 나의 마음은?
① 아이의 생활을 계획하고, 나의 영역 안에 있어야 한다.
② 홀로 사는 세상에 아이는 강하게 키워야 한다.
③ 아이를 관리하지만, 스스로 하도록 내버려 두는 편이다.
④ 아이의 생활에 특별하게 개입하지 않는다.

15. 나는 일을 추진할 때?
① 꼼꼼하게 계획하는데, 실행에 옮기는 것이 부족하다.
② 일을 시작은 하지만 끈기 있게 마무리하는 것이 부족하다.
③ 일의 방향을 정하면 추진력 있고, 끈기 있게 일을 해낸다.
④ 전략에 뛰어나며, 적극적으로 추진하는 편이다.

16. 일 처리 능력에서 나타나는 나의 장점?
① 그 일의 과정을 미리 계획하고, 차분하게 진행한다.
② 일을 정직하고 법과 원칙에 맞게 한다.
③ 맡은 일은 책임감을 가지고 끝까지 마무리 한다.
④ 소통을 하지만, 내 식대로 일 처리하는 편이다.

17. 나의 시험공부 타입은?
① 미리 계획을 세우고, 계획대로 노력하는 타입
② 노력에 비해 좋은 성적을 거두는 타입
③ 계획을 세우지만 몰아서 벼락치기로 공부하는 타입
④ 명석한 두뇌를 가지고 있지만 급하게 하는 타입

18. 나를 참지 못하게 하는 사람의 유형은?
① 능력은 없으면서 허풍만 많은 사람
② 자기 욕심에 집착하는 아둔한 사람
③ 일 처리 속도가 느리고 게으른 사람
④ 악한 사람이라고 판단되는 사람

19. 다음 중 나의 장점은?
① 주변 사람들을 배려하고, 다정하게 잘 따르게 한다.
② 법과 원칙을 잘 지키고 정직하다.
③ 가정을 우선시 하고, 주변 사람들에 배려는 부족한 편이다.
④ 내 판단을 중시하고, 주변을 잘 이끄는 리더십이 있다.

20. 평상시 나의 행동 방향은?
① 다른 사람의 눈을 많이 의식한다.
② 나의 직관을 믿고 행동한다.
③ 생활공간인 가정이나 직장의 안정을 중요시한다.
④ 일을 급하고 독단적으로 추진한다.

21. 내가 생각하는 나의 사상인(체질)은?
① 소음인
② 소양인
③ 태음인
④ 태양인

감사합니다 ^^

사상인 변별 테스트 결과

①번의 답이 가장 많은 사상인 ⟶ 소음인
②번의 답이 가장 많은 사상인 ⟶ 소양인
③번의 답이 가장 많은 사상인 ⟶ 태음인
④번의 답이 가장 많은 사상인 ⟶ 태양인

몸과 사상인四象人

태음인

특징

- 대체적으로 체구가 큰 편이고, 특히 허리가 발달되어 굵다.
- 땀이 많은 편이다.
- 폐기능이 약해서 기관지염, 호흡기 질환이 있다.
- 피모가 약해 대머리가 많다.
- 냄새에 민감하게 반응한다.

건강한 상태

- 땀을 잘 흘린다.
- 규칙적인 식습관을 가지고 있다.
- 체중 증가가 심하지 않고 잘 유지한다.

좋은 음식

쇠고기, 오징어, 청어, 정어리, 통밀, 콩류, 잣, 호두, 도라지, 버섯, 들깨, 당근, 호박, 옥수수, 해조류, 뿌리식물, 수박, 밤, 사과, 칡, 율무차, 발효차 등.

소음인

특징

- 상체는 빈약하고 엉덩이 부분이 크다.
- 대체적으로 선이 가늘고 단아하며, 여성스런 면이 있다.
- 소화기능이 약하다.

- 손과 발이 냉하고 땀을 흘리지 않는다.
- 미각이 발달하여 맛에 예민하고 미식가이다.

건강한 상태

- 소화가 잘 된다.
- 땀이 적게 난다.
- 배변 습관이 잘 유지된다.

좋은 음식

닭고기, 양고기, 명태, 참치, 갈치, 찹쌀, 부추, 갓김치, 고추, 감자, 고구마, 복숭아, 귤, 바나나, 쑥, 꿀, 인삼, 홍삼, 대추 등

소양인

특징

- 가슴이 발달되어 있고, 하체가 약한 편이다.
- 외모를 중시하여 치중하고, 화려함을 추구한다.
- 상황판단이 빠르다.
- 시각이 발달하여 색채 감각이 있다.

건강한 상태

- 대변의 소통이 원활하다.
- 땀을 잘 흘리지 않는다.
- 잠을 잘 잔다,

좋은 음식

돼지고기, 굴, 전복, 복어, 오리, 보리, 팥, 참깨, 녹두, 오이, 배추, 딸기, 참외, 메론, 배, 복분자, 녹차 등

태양인

특징

- 머리가 크고, 하체가 약하다.
- 이마가 넓고, 귀가 크다.
- 이목구비가 크고 뚜렷하고, 인상이 강하다.

건강한 상태

- 소변을 시원하게 본다.
- 구역, 구토가 없다.
- 땀 배출이 많지 않다.

좋은 음식

조개류, 붕어, 뱅어, 새우, 말고기, 게, 메밀, 잎채소, 포도, 키위, 파인애플, 모과, 동충하초, 오가피차, 솔잎차, 감잎차 등

마음과 사상인四象人

태음인

특징

- 항상 겁내는 마음이 있다.
- 일에 대한 책임감을 가지고 일을 끝까지 이루어 낸다.
- 사람들이 게으른지 부지런한지를 잘 안다.

가지고 있는 욕심

- 물질을 과도하게 탐낸다.
- 자기는 많이 가지고, 남을 적게 주려고 한다.
- 자기를 최고라고 생각하고, 다른 사람을 무시한다.
- 상대방이 속이는 것을 잘 알지 못한다.

마음 자세

- 물질적 욕심을 항상 경계한다.
- 지나친 성과 위주의 삶을 경계하고, 과정의 중요성을 인정한다.
- 나와 다름을 포용하고, 자기 것을 베푼다.

소음인

특징

- 항상 불안한 마음이 있다.
- 남을 잘 배려한다.
- 사적인 관계를 잘 맺는다.

- 다른 사람이 능력이 있는지 없는지를 잘 안다.

가지고 있는 욕심

- 남에게 의지하는 마음이 크고 게으르다.
- 자기는 이롭게 하고, 남을 해롭게 한다.
- 시기, 질투심이 있다.
- 모욕감을 잘 못 느낀다.

마음 자세

- 겉 다르고 속 다른 이중적 마음을 경계한다.
- 내가 솔선수범하고, 남에게 미루지 않아야 한다.
- 개인의 이익보다 공공의 이익을 생각한다.

소양인

특징

- 항상 두려움이 있다.
- 일을 정직하게 하려고 한다.
- 열정은 있으나 그 일을 끝까지 못하고 중간에 포기한다.
- 사람들이 똑똑한지 어리석은지를 잘 안다.

가지고 있는 욕심

- 명예에 대한 욕심이 지나치다.
- 자신을 비하하고, 남을 오히려 중하게 생각한다.
- 스스로는 거짓 행동을 하고, 상대에게 진실성을 요구한다.
- 일에 대한 책임을 지지 않으려고 한다.

마음 자세

- 명분과 실리에 대한 균형을 추구한다.
- 화려한 겉모습보다 내실을 기한다.
- 관대함과 따뜻함으로 다른 사람과 조화를 이룬다.

태양인

특징

- 항상 급하게 하려고 한다.
- 공적인 관계를 잘 맺고, 소통을 잘 한다.
- 사람들의 선함과 악함을 잘 구별한다.

가지고 있는 욕심

- 다른 사람의 의견을 무시하고, 독불장군으로 일한다.
- 예의 없이 멋대로 행동한다.
- 거짓된 충성심으로 속인다.

마음 자세

- 멋대로 하는 마음을 경계한다.
- 상대를 존중하고, 배려하는 마음을 가진다.
- 다른 사람과 소통하고 협동한다.

〈참고문헌〉

이제마, 『동의수세보원』.

이제마, 『격치고』.

이제마, 『동무유고』, 해동의학사, 1999.

허 준, 『동의보감』

곽준수·성환길, 『동의보감 약초대백과』, 푸른행복, 2018.

김규열 외 3인, 『시료본초학』, 의성당, 2010.

김영섭, 『허준동의보감』, 아이템북스, 2012.

김형기·임병학, 『꽃차, 사상의학으로 만나다』, 도서출판 중도, 2021.

박종철, 『동의보감속 한방약초』, 푸른 행복, 2014.

빅토리아 비소노, 『티블렌딩』, 한국티소믈리에연구원, 2018.

사라파르 지음, 유주리 옮김, 『힐링 허브티의 101가지 티블렌딩』, 한국티소믈리에연구원, 2019.

성선희, 『꽃차 약선차』, 한국약용작물교육협회, 2015.

임병학, 『동의수세보원, 주역으로 풀다』, 골든북스, 2017.

______, 『하늘을 품은 한자, 주역으로 풀다』, 골든북스, 2018.

임종필 외 7인, 『본초 생약학』, 신일북스, 2003.

조신호 외, 『식품학』, 교문사, 2008.

생약학교재 편찬위원회, 『생약학』, 동명사, 2015.

곽준수·성환길, 『동의보감 약초 대백과』, 고양, 2018.

전국한의과대학 본초학공동교재 편찬위원회, 『본초학』, 도서출판 영림사, 2012.

정 민, 『새로 쓰는 조선의 차문화』, 김영사, 2015.

편집부, 『오늘도 꽃차를 마십니다』, 리스컴, 2021.

한국자격개발원, 『약용식물학각론』, 한국자격개발원, 2014.

한국생약교수협의회, 『한방약리학』, 정담, 1998.

김득신, 「다산 정약용의 차 활용에 관한 연구」, 원광대학교 박사논문, 2020.
김형기, 「사상철학으로 본 태음인의 한방꽃차 연구」, 원광대학교 석사논문, 2016.
박용금, 「인성의 핵심 덕목과 사상인의 인성교육 연구」, 원광대학교 석사논문, 2019.
윤수정, 「『동의수세보원』「성명론」의 마음 연구」, 원광대학교 석사논문, 2019.
조용태, 「이제마 『격치고』의 사상적 사유체계 연구」, 원광대학교 박사논문, 2022.
주 숙, 「소음인의 심신치유와 한방꽃차 연구」, 원광대학교 석사논문, 2018.
최구원, 「이제마 『동의수세보원』의 마음론과 사상인 변별 연구」, 원광대학교 박사논문, 2019.

국립수목원 https://search.naver.com
모아모MOYAMO www.moyamo.co.kr
한국고전DB https://db.itkc.or.kr/
한의학고전DB https://mediclassics.kr
한국한의학연구원 www.kiom.re.kr

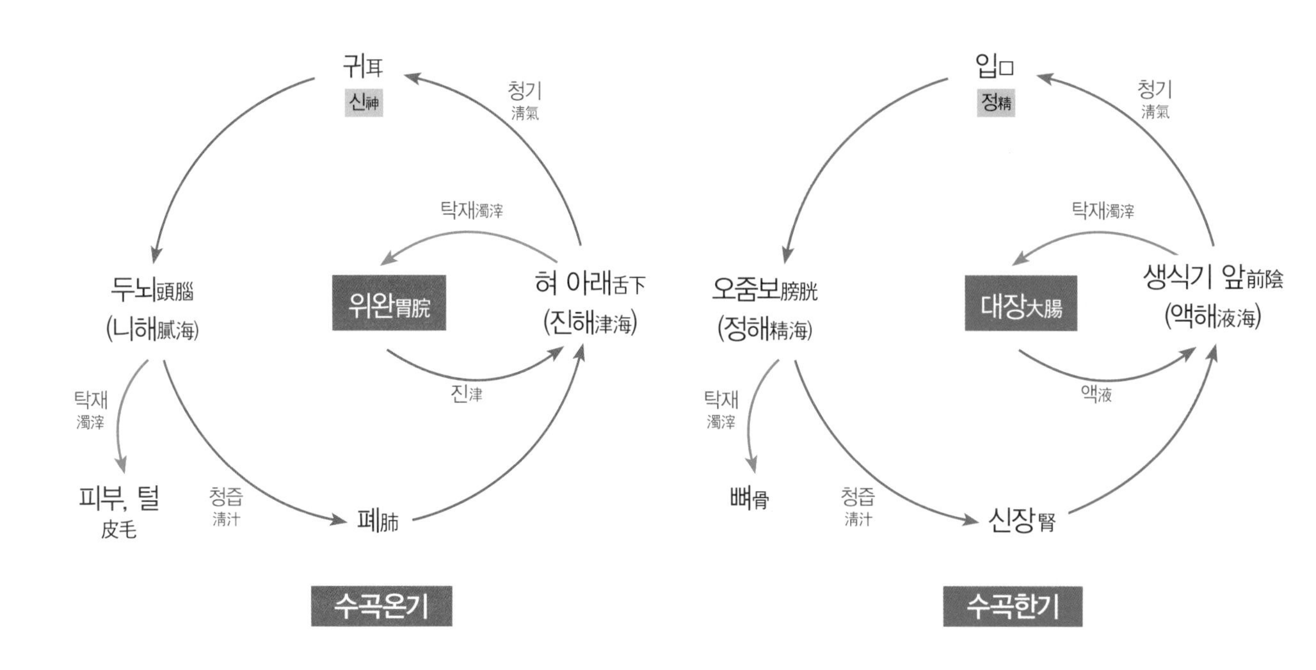

귀耳
신神
청기
清氣
탁재濁滓
두뇌頭腦
(니해膩海)
위완胃脘
혀 아래舌下
(진해津海)
진津
탁재
濁滓
피부, 털
皮毛
청즙
清汁
폐肺
수곡온기
입口
정精
청기
清氣
탁재濁滓
오줌보膀胱
(정해精海)
대장大腸
생식기 앞前陰
(액해液海)
액液
탁재
濁滓
뼈骨
청즙
清汁
신장腎
수곡한기

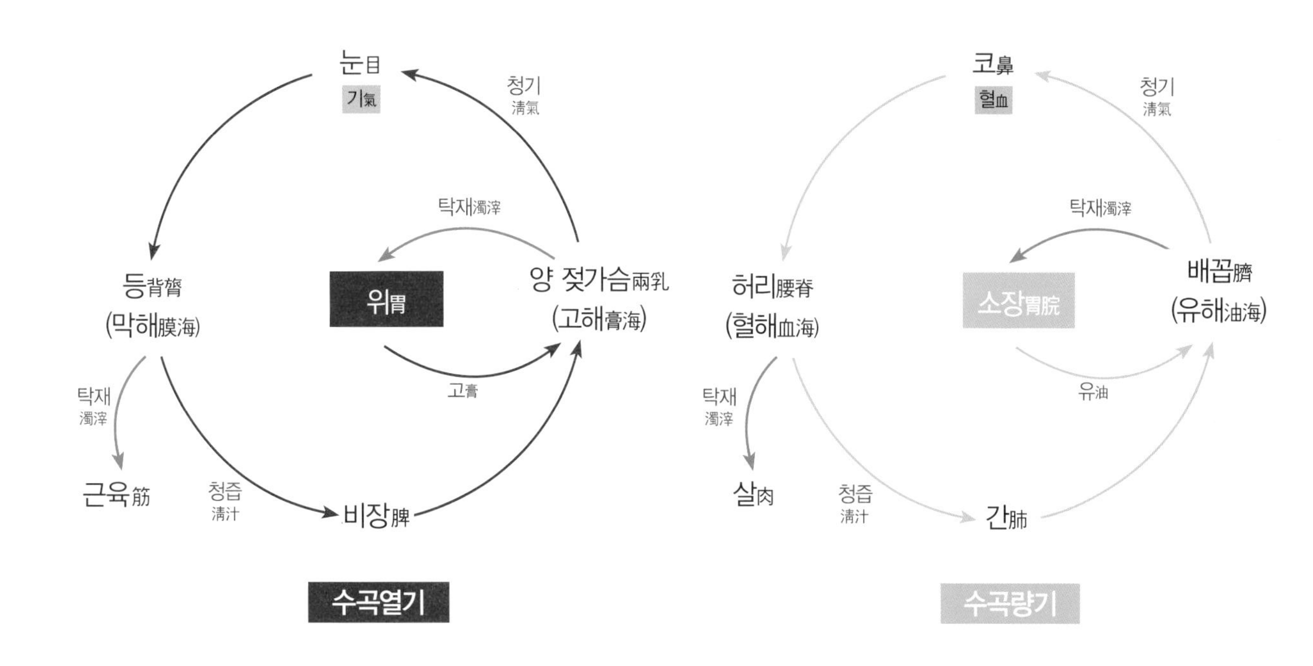

눈目
기氣
청기
清氣
탁재濁滓
등背膂
(막해膜海)
위胃
양 젖가슴兩乳
(고해膏海)
고膏
탁재
濁滓
근육筋
청즙
清汁
비장脾
수곡열기
코鼻
혈血
청기
清氣
탁재濁滓
허리腰脊
(혈해血海)
소장胃脘
배꼽臍
(유해油海)
유油
탁재
濁滓
살肉
청즙
清汁
간肺
수곡량기

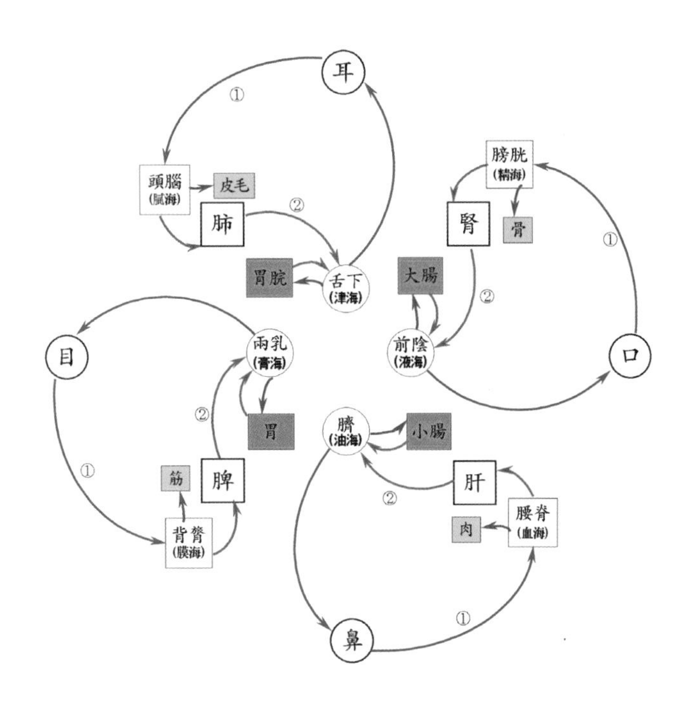
耳
①
頭腦
(膩海)
皮毛
肺
②
胃脘
舌下
(津海)
膀胱
(精海)
腎
骨
①
大腸
②
前陰
(液海)
口
目
兩乳
(膏海)
②
胃
①
筋
脾
背膂
(膜海)
臍
(油海)
小腸
肝
②
腰脊
(血海)
肉
①
鼻

꽃차,
사상의학으로
만나다 Ⅱ

2022년 6월 20일 초판 인쇄
2022년 6월 25일 초판 발행

지 은 이 임병학 · 김형기 · 김득신 · 주 숙 · 박용금 · 윤수정
사진촬영 정인태
편집디자인 함유선
펴 낸 이 신원식
펴 낸 곳 도서출판 중도
서울 종로구 삼봉로81 두산위브파빌리온 921호
등 록 2007. 2. 7. 제2-4556호
전 화 02-2278-2240

값 : 28,000원

ISBN 979-11-85175-50-8 03590